● 新・工科系の物理学 ●
TKP-6

工学基礎
物性物理学

藤原毅夫

数理工学社

編者のことば

　21世紀に入っても，工学分野はますます高度に発達しつつある．今後も，工学に基づいた頭脳集約型産業がわが国を支える中心的な力であり続けるであろう．
　工学とはいうまでもなく科学技術の成果と論理に基づいて人間社会に貢献する学問である．工学に共通した基盤の中心には数学と物理学がある．数学はいわば工学における言葉であり，物理学や化学は工学の基本的な道具である．一方で工学が急速に拡大するあまりに，工学の基礎に関する準備をなおざりにしたまま工学を学ぶことをよしとする考え方が広まっているようにも思う．しかし実際には，以前にもまして数学や基礎物理学が工学の中に深く浸透しており，物理学の知識や概念を欠いたまま工学を学ぶことはできなくなっている．例えば弾塑性論や破壊現象，流体現象，様々な電子デバイス，量子エレクトロニクスや量子情報工学の基礎としての量子力学あるいはシミュレーション技術など挙げればきりがない．新しい生命科学，生命工学，脳科学，医療に用いられる計測技術もすべて物理学の成果である．したがって工学の先端に深く関わりたいと願うならば，やはり基礎物理学を工学基礎として学ぶことが必要となる．
　一方，最近の傾向として，高校の課程で物理学を学ばずに大学工学部に進学する学生が多くなっているようである．それを単純に悪いことだというのではなく，大学進学後にレベルを著しく落とすことなく大学の物理学に合流していくことができないだろうかと考えた．
　以上のようないくつかの観点から全体を構成し，工学の諸分野で活躍しておられる方々に執筆をお願いしたのが本ライブラリ「新・工科系の物理学」である．
　全体は3つのグループから構成されている．第I群は，工学部で学ぶための物理学の基礎を十分学んでこなかった学生のための物理学予備「第0巻大学物理学への基礎」と全体を概観する「第1巻物理学概論」である．第II群は，標準的な物理学各分野「力学」「電磁気学」「熱力学・統計力学」「量子力学」「物性物理学」を用意した．量子力学や物性物理学は，現在のところまだ限られた

学科でのみ講義が行われているが，しかし 30 年前と比べるとその広がりは著しい．これから 20 年後には，このような物理学を基礎とする工学分野はさらに拡大すると考え，これらも第 II 群に入れた．第 III 群には工学基礎となる物理学の各論的分野または物理学に基礎を置く工学諸分野を配した．いわば第 II 群が縦糸であり，第 III 群が横糸である．数年後にはもっと沢山のものを第 III 群に並べればよかったと思うことがあるかもしれないが，それはむしろ喜ばしいことと考える．また個々の書籍の選択には編者の個人的志向が大きく反映しているかもしれないが，この点については読者諸兄の批判に待ちたい．本ライブラリが，工学の基礎を学ぶ上で，あるいは工学を進める上でいささかでも役に立った，という評価を得られれば編者としてこれにすぐる喜びはない．

2005 年 1 月

編者　藤原毅夫

石井　靖

「新・工科系の物理学」書目一覧

書目群 I	書目群 III	
0　工科系 大学物理学への基礎	A–1	応用物理学
1　工科系 物理学概論	A–2	高分子物理学
書目群 II	A–3	バイオテクノロジーのための物理学
2　工学基礎 力学	A–4	シミュレーション
3　工学基礎 電磁気学	A–5	エネルギーと情報
4　工学基礎 熱力学・統計力学	A–6	物理情報計測
5　工学基礎 量子力学	A–7	エレクトロニクス素子
6　工学基礎 物性物理学	A–8	量子光学と量子情報科学

(A: Advanced)

まえがき

　我々の周りにはさまざまな性質を示す多様な物質がある．素粒子，原子，単純な分子から結晶，高分子，さらには生命を担う生体高分子までその大きさのスケールにして 15 桁以上もの幅に広がり，構造の単純なものあるいは複雑なものと変化に富んでいる．それらの物質は，金属，半導体，絶縁体といった電気伝導に関する異なった物性を示し，あるいは磁性，超伝導，相転移といったさまざまな物性および物理現象の舞台になっている．これまであまり物性物理学の対象とならなかった高分子・ソフトマターあるいは生体物質も新たに物性物理学の立場から研究されるようになってきた．そのような物性物理学の対象となる物質の多様さに加えて最近では，自然の理解の最前線は工学と密接な関係を保ち，たとえば最先端の工学が新しい現象を実現する第一の動機となり，それらが自然の理解をさらに一歩すすめるという機会が大変多くなっている．電子波工学，超伝導工学，量子光学，量子情報工学，ナノテクノロジーといった分野がこのような新しい科学技術の中から生まれてきた．

　本書は新しい科学技術の基本としての物質の理解の学問（物性物理学）を学ぶことを目的としている．従来は物性物理学というと固体物理学とほぼ同義であったが，最近の発展を考慮し宇宙創成の部分とソフトマターも取り入れた．ソフトマターの物理学はすでに今日の物性物理学における大きな流れの一つであり，最先端工学と切り離せないからである．

　本書は，著者が 2000 年から 2003 年まで，および 2004 年から 2008 年まで，放送大学で行った講義のために準備した印刷教材をもとに，それを大幅に書き直しあるいは手を加えたものである．数式は物理学の言葉であるから数式の意味するところを具体的なイメージとして理解することが重要である．そのため，なるべく式の取り扱いなども省略しないように記述することを心がけた．具体的な現象を頭に浮かべながら，式を理解するように努めてほしい．今，改めて

まえがき

読み直し，あるいは推敲を重ねると，いささか難しい問題にも足を踏み入れすぎていて，学部3，4年生のレベルを超えているという思いもする．しかし，これからの物性物理学のさらなる展開を考えると，やはり少し広い立場で問題を捉えておいた方が良いのではないかと思うからである．本書を旧原稿から書き改めるにあたり，中央大学理工学部物理学科の石井靖教授に原稿を読んでいただき，いくつかの書き誤りや，思い違い，不正確な部分を指摘していただいた．厚くお礼申し上げる．本書がこれから物質科学を学び，研究や教育，開発等に携わる若い方々のお役にたてれば，著者としてこれにすぐる喜びはない．

2009年4月

藤原毅夫

目　　　次

■第1章　物性物理学とは　　1
- 1.1　モノの成り立ち　　2
- 1.2　凝縮系の特徴：集団運動と協力現象　　6
- 1.3　物性物理における大きさ　　8
- 1章の問題　　13

■第2章　物質の構造と結合　　15
- 2.1　原子の配列　　16
- 2.2　方向と結晶面　　21
- 2.3　結　　合　　22
- 2.4　結合エネルギー　　28
- 2章の問題　　28

■第3章　物質の構造とX線・粒子線回折　　29
- 3.1　物質の原子構造に関する直接観察　　30
- 3.2　回折に対するブラッグ条件　　31
- 3.3　逆　格　子　　33
- 3.4　格子欠陥　　40
- 3章の問題　　42

■第4章　固体の弾塑性　　43
- 4.1　歪と応力　　44
- 4.2　歪エネルギー密度　　50
- コラム　基本単位と誘導単位　　51

目　　次　　vii

　4.3　結晶の弾性 …………………………………………… 52
　4 章の問題 ………………………………………………… 55

第 5 章　固体の動力学的性質と格子振動　57

　5.1　原子振動のモデル ……………………………………… 58
　5.2　格子振動と比熱 ………………………………………… 64
　5.3　非調和振動と熱的性質 ………………………………… 69
　5 章の問題 ………………………………………………… 73

第 6 章　量子力学と原子の電子配置　75

　6.1　電子の波と確率 ………………………………………… 76
　6.2　シュレーディンガー方程式 …………………………… 77
　6.3　軌道角運動量 …………………………………………… 81
　6.4　動径方向の固有関数 $R_{nl}(r)$ と主量子数 n ………… 84
　コラム　SI 接頭辞 …………………………………………… 85
　6.5　スピン角運動量 ………………………………………… 86
　6.6　多電子波動関数と交換相互作用 ……………………… 87
　6.7　電子とフェルミ統計 …………………………………… 90
　6.8　原子の電子配置と周期表 ……………………………… 91
　6 章の問題 ………………………………………………… 93

第 7 章　固体中の電子の振舞い—エネルギーバンド—　95

　7.1　1 次元系における 1 つの井戸型ポテンシャル ……… 96
　コラム　物性物理学とわれわれの生活 …………………… 97
　7.2　周期的ポテンシャル場内の電子の振舞い …………… 98
　7.3　結合軌道と反結合軌道 ………………………………… 105
　7.4　バンドギャップと金属，絶縁体の区別 ……………… 108
　7 章の問題 ………………………………………………… 109
　コラム　固体素子の集積化と IT 技術の発達 …………… 109

第 8 章　固体の光学的，誘電的性質　111

　8.1　物質の誘電率：屈折，吸収，反射 …………………… 112

8.2 束縛された電子のローレンツモデル：絶縁体 ·············· 115
8.3 自由な電子の運動：金属 ························· 117
8.4 格子振動の光学的性質 ·························· 119
コラム　半導体素子の集積度 ···························· 120
8.5 バンド間遷移 ······························ 121
コラム　マイクロプロセッサと日本人 ························ 122
8.6 エキシトン ······························· 123
8.7 物質の誘電的性質 ···························· 125
8章の問題 ··································· 127

第9章　金属と電子輸送　129

9.1 ドルーデの古典気体モデル ························ 130
9.2 フェルミ分布と状態密度 ························· 132
9.3 電子比熱, 帯磁率, 電気伝導 ······················· 135
9.4 電気伝導度の温度依存性 ························· 139
9.5 ホール効果 ······························· 141
9.6 バンド構造とフェルミ面の形 ······················ 143
9章の問題 ··································· 144

第10章　半　導　体　145

10.1 バンド構造とキャリア ························· 146
10.2 真性半導体と不純物半導体 ······················· 149
10.3 不純物半導体のキャリア濃度 ······················ 152
10.4 散　　　乱 ······························ 155
10.5 pn接合 ································· 157
10.6 発光ダイオード ···························· 160
10.7 トランジスタ ····························· 160
10章の問題 ·································· 160

第11章　磁　　性　161

11.1 電子の示す磁性 ···························· 162
11.2 自由イオンの常磁性 ·························· 165

　　　　　　　　目　　次　　　　　　　　ix

 11.3 強磁性，反強磁性 ································· 170

 11 章の問題 ··· 175

第 12 章　相　転　移　　　　　　　　　　177

 12.1 物質の安定状態：相 ······························ 178

 コラム ムーアの法則 ································· 180

 12.2 強磁性体の統計理論 ······························ 181

 12.3 相転移の現象論：ランダウ理論 ···················· 184

 12 章の問題 ··· 187

第 13 章　超　伝　導　　　　　　　　　　189

 13.1 超伝導とは：永久電流と完全反磁性 ················ 190

 13.2 第 1 種超伝導，第 2 種超伝導 ····················· 193

 13.3 ロンドン方程式 ··································· 195

 コラム 光科学と時間標準 ······························ 197

 13.4 超伝導の熱力学 ··································· 198

 13.5 電子間相互作用と超伝導状態：クーパー対と BCS 理論 ······· 200

 13.6 電子波動関数の位相 ······························ 204

 コラム GPS と相対性理論 ······························ 205

 13.7 磁束の量子化：ジョセフソン効果と超伝導エレクトロニクス ··· 206

 13.8 超伝導の応用 ····································· 208

 13 章の問題 ··· 208

第 14 章　ソフトマターの構造　　　　　　209

 14.1 ソフトマターとは ································ 210

 コラム 有限の資源 ····································· 210

 14.2 ソフトマターの構造 ······························ 211

 14.3 粗視化された鎖のモデル ·························· 215

 14.4 排除体積効果 ····································· 218

 コラム 有限の地球：地球温暖化 ······················· 220

 14 章の問題 ··· 221

第15章 ソフトマターの物性　223

15.1　1本の高分子鎖 …………………………………………224

15.2　高分子鎖の絡み合いと分子運動……………………………226

15.3　高分子ネットワーク ……………………………………229

15.4　粘弾性 (レオロジー) ……………………………………231

15.5　高分子物質の電子物性 ……………………………………234

15章の問題……………………………………………………235

問題の解答　236

索　引　247

1 物性物理学とは

　物性物理学は物理学の中でも他のいくつかの分野とは少し違っている．力学はニュートンの運動の法則あるいは仮想仕事の原理から，電磁気学はマクスウェルの方程式から出発して公理的に組み立てられている．熱力学，統計力学，量子力学あるいは相対性理論なども同様にいくつかの基本原理や基本法則から組み立てられ公理的な構造を持っている．一方，物性物理学はそれとは違って出発の原理というものはない．その代わり古典力学，電磁気学，量子力学，熱・統計力学を初めとしてすべての物理学の法則を駆使し，物質系という現実的で複雑な体系を理解しようという学問である．

　物質を小さく分けていけば原子 1 個に行き着く．原子 1 個の性質が分かっても，物質の性質を理解したことにはならない．原子 1 個の性質と原子集団の性質は大きく異なる．物質の始まりを概観し，物性物理学 (固体物理学，凝縮系物理学ともいう) で何を学ぶのか，を考えてみよう．

> **1 章で学ぶ概念・キーワード**
> - 宇宙の始まり，ビッグバン，中性子，陽子
> - 電子，光子，原子，分子，固体，集団運動
> - 協力現象，ド・ブロイ波長

1.1 モノの成り立ち

1.1.1 モノの始まり——最初の3分間——

物質の究極的な起源は宇宙そのものの起源と共に考えなければならない．宇宙は137億年前の開闢以来膨張を続けている．宇宙の最も初期 (宇宙誕生の直後 $10^{-35} \sim 10^{-34}$ 秒までの間) の急膨張 (**インフレーション**) に続く超高温・超高密度の灼熱の火の玉 (**ビッグバン**) 状態の中で，最初に**光子**や**電子**，**クォーク**その他の大量の**素粒子**が作られた．その後 (宇宙誕生後 10^{-4} 秒ごろ)，クォーク同士が結合して**中性子**と**陽子**が形成された (水素原子核の誕生)．ヘリウムの大半は宇宙誕生のあと1秒 (温度百億度) から3分ほどまでに，陽子と中性子から作られた．宇宙の時間20分ぐらいまでにビッグバンによる元素合成 (ヘリウムとリチウム) はほぼ完了した．宇宙誕生から約37万年後，温度が約3000度に低下し，そのため電子と原子核が結合し，水素，ヘリウム，リチウム原子が形成された．それまで光と電子が相互作用して光は強く散乱され直進することはなかったが，電子が**原子核**に捕まったこのときから，光は電子との相互作用から逃れ，宇宙の真空の中を直進することができるようになった (これを「宇宙の晴れ上がり」という)．宇宙全体から観測される 2.725 K の「**宇宙マイクロ波背景放射**」が，ビッグバンの証拠と考えられる．

星が最初にできたのは宇宙誕生から2億年後と考えられている．人体を構成する炭素や空気中の酸素，窒素などの元素は，恒星の誕生後その中での核融合反応によって水素とヘリウム原子を原料として作られたものである．恒星の中で「自然な形 (重力収縮)」で核融合反応により生成されたのは，鉄やニッケルまでの元素である．これより重い元素に関しては核分裂反応によりエネルギーが解放され安定な鉄の方向に向かうからである．

星の終末は超新星爆発と呼ばれる大爆発である．超新星爆発では，鉄より重い元素を作る核融合反応が可能になるとともに，それまでに星の内部で生成された元素が宇宙にばら撒かれた．元素が宇宙空間に遍在しているのは，超新星爆発によりばら撒かれたからである．このようにして，われわれが本書で問題にするさまざまな元素が構成された．物質の創生は「光」から始まり，またわれわれの身体を作る元素はその昔，星の中心にあったものなのである．宇宙の中の元素存在比は，上のような宇宙の成長・進化の過程で決まったものであり，

1.1 モノの成り立ち

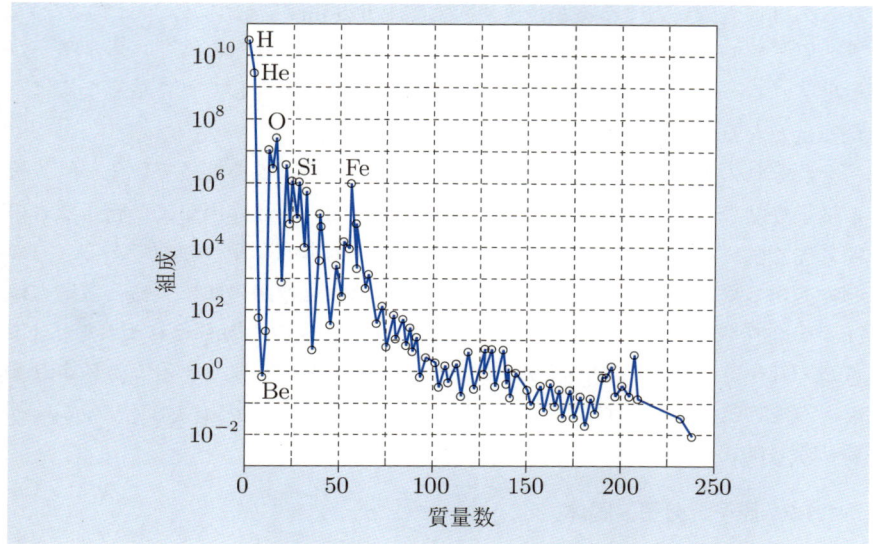

図 1.1 太陽系に存在する核種の組成比 (Si の元素数を 10^6 に規格化). 質量にして水素が 70.7%, ヘリウム He が 27.4% を占め, それ以外の元素は合わせて 1.9% である. E. Anders and N. Grevesse, Geochim. Cosmochim. Acta. **53**, 197 (1989) の結果より作成.

観測結果と理論は驚くほどよく一致している. 図 1.1 に示すのは隕石などの化学分析から求めた太陽系での元素の組成比である.

微視的世界の最も基礎的な階層の粒子が, クォーク, 電子, 光子などの素粒子である. 陽子や中性子 (これを**核子**と呼ぶ) は, クォークから構成される. 陽子の質量は中性子の質量よりわずかに軽く, ともに電子の質量の約 1840 倍である. 一方, 光の粒子である光子には重さはない. 陽子と中性子が核力という相互作用で結合し, 原子核ができている. 原子核の大きさ (広がり) は 10^{-16} m であり, 原子の広がりと比べると, 大きさのない点と考えてよい. 水素の原子核は例外で, 陽子 1 個からなる. 核力は強い相互作用と呼ばれ[1], クーロン力よ

---

[1] 湯川秀樹は, 核力を担うものとして中間子 (今日ではパイ中間子, パイ粒子と呼ぶ) を核子がやり取りしていると考えて中間子論を作った. パイ中間子は中間子理論発表後に宇宙線の観測により見出された. 中間子論はそれ以降の素粒子物理学の理論構築の基本的モデルとなっている.

りも100倍も強い力であるが，核子同士が十分近距離に近づかないと働かない．重い原子核では，原子核分裂によって，より安定になりその結合エネルギーが放出される．一方，軽い原子核では，原子核が複数融合してより重くなるほうが安定となる．

それぞれのスケールの世界で特徴的に働く力も階層性を持っている．原子核と電子を結びつける電磁力，素粒子の間に働く弱い相互作用および核子などの間に働く強い相互作用および重力が自然の中の基本的な4つの力である．力の弱い方から**重力**，**弱い相互作用**，**電磁力**，**強い相互作用**の順になる．電磁力は光子をやり取りすることにより働くように，残り3つの力もそれぞれ粒子 (これらの粒子を，光子も含めて**ゲージ粒子**という) をやり取りすることにより働く．力も物質の始まりおよびその階層性と同じように，宇宙の始まりのごく初期に階層的に進化したと考えられている．

1.1.2 原子，分子，固体

素粒子，核子，原子核，原子という存在が階層的であるだけではない．さらに，原子，分子，高分子あるいは固体という形態も階層的である．あるいは宇宙の構造自身も階層的である．またこれらの異なったスケールの構造を担う力も階層的であり，それぞれの構造を特徴的な相互作用が担っている．

原子は10^{-13} m (メートル) 程度の領域に広がった原子核と，その周り$10^{-10}\sim 10^{-9}$ m の領域に広がった軌道の上を運動する電子とからできている．原子核は複数の中性子および陽子からできているが，中性子も陽子も電子の質量

$$m = 9.1095 \times 10^{-31}\,\text{kg} (キログラム)$$

に比べて約1840倍の重さであるので，原子核と電子を合わせた系の重心は原子核の位置にあるといってよい．このような原子の構造は20世紀の初めに長岡半太郎やラザフォードによって実験的に知られるようになった．原子の性質は量子力学によって記述される．

分子には水素分子や水分子のように数個の原子が集まってできた簡単な構造のものからたくさんの原子集団からなる高分子やさらに大きなタンパク質 (蛋白質) 分子まであり，全体としてたいへん変化に富んでいる．現在知られている最も大きな単独の高分子は肺魚のDNAで分子量が6.9×10^{13} (69兆) (長さ

34.7 m),また合成高分子では分子量が 3×10^6,長さ 0.027 mm (ミリメートル) である.簡単な構造の分子,すなわち数原子からなる分子の性質は量子力学により支配される.一方,複雑な分子の性質たとえば蛋白質の機能にはその立体的な構造が本質的である.蛋白質の立体構造を決める要因としては古典力学や分子間の静電相互作用や水素結合,あるいは分子鎖の折りたたみに対するエントロピーの効果が本質的に重要であり,さまざまな物理学の原理が階層的に働いている.

現実の固体の多くは原子が乱雑に並んだものであるが,われわれが学ぶ対象はまず結晶である.結晶は原子が周期的に配列して構成されている.結晶というと宝石が頭に浮かぶ.しかしそればかりでなく,食塩,氷や雪,クオーツ時計の振動子,さまざまな電子機器に使われている固体素子などわれわれの身のまわりの至るところにある.

結晶のように原子が周期的に配列するのがなぜ安定なのかということは大変難しい問題であるが,現在ではある程度これに対して定量的にも答えることができる.ダイヤモンドは炭素原子がダイヤモンド構造という周期的な構造に並んだもので,透明で美しい光の輝きを見せる屈折率を持っている.一方炭素が別の結晶構造であるグラファイト構造を作ったものが黒鉛であり,黒くて不透明な物質である.

電子デバイスの材料として用いられるシリコン Si の結晶はシリコン原子がダイヤモンド構造に配列したもので,不透明で灰色の金属光沢を示す.シリコンには黒鉛のような構造はない.炭素もシリコンも周期律表では第 IV 族に属するが,なぜこれほどに違うのか.どこが共通でどこが違うのか,それはなぜなのか.同じ原子でも構造の違いによってまったく違う性質をとる,あるいは同じ構造をとっても元素が違えばずいぶんと違った性質を示す.

原子が周期的に並んでいるのを実際に見ることもできる.たとえば構造を見るには X 線,電子線,中性子線やトンネル顕微鏡と呼ばれるものなどを使う.原子と光,あるいは外から入った電子や中性子との相互作用を知ることが重要である.

1.2 凝縮系の特徴：集団運動と協力現象

これまで考えたのは，自由粒子の運動，気体分子の衝突がない場合の運動についてである．実際には，固体は原子が平均距離 $10^{-10} \sim 10^{-9}$ m で配列しているから原子間の相互作用は重要である．剛体球をぎっしりと並べてみよう．この配列は球が互いに接して詰まっているので1つの球を大きく動かすことはできない．同じようなことが固体の中でも起こっている．原子は剛体ではないからお互いに少し重なり合うことができるがその結果はそれぞれの原子の周りにある電子の分布が重なり合いエネルギーの損は eV のオーダーとなり大きい．実際には原子が1個動けば必ず隣の原子を押し出しさらにその隣が押し出されるというように全体の原子に少しずつ歪エネルギーが分け持たされ，その結果1つ1つの原子の隣の原子からの相対的な変位は少ない．このような変位では，歪エネルギーの損は総和としても1個だけの原子が変位した場合のエネルギーに比べて小さくなる (図 1.2)．固体中の原子粗密波 (音波の伝播) や熱振動の伝播などでは歪は体系全体で分け持たれる．固体中ではこのように，原子数個あるいは分子数個の系には存在しない「**集団運動**」の励起状態が存在する．

もう1つ重要な概念は「**協力現象**」である．強い粒子間相互作用の場合，全系が温度に依存してある種の秩序を形成することがある．ここに A, B 2種の原子が同数あるとしよう．隣り合った AA, BB および AB 原子間の相互作用をそれぞれ e_{AA}, e_{BB}, e_{AB} とし，その大きさの間に $e_{AB} < e_{AA}, e_{BB}$ の関係があるとしよう．3次元的な桝目に A, B を1つずつ置いていくなら，エネルギー的な安定性から桝目は A, B で交互に規則的に占められるはずである (図 1.3)．温度が上昇するとエントロピーの寄与によりこの秩序が不安定になり，系は不

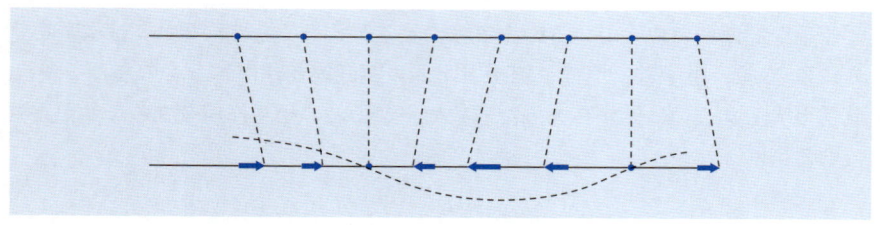

図 1.2 固体内原子の歪波の伝播

1.2 凝縮系の特徴：集団運動と協力現象

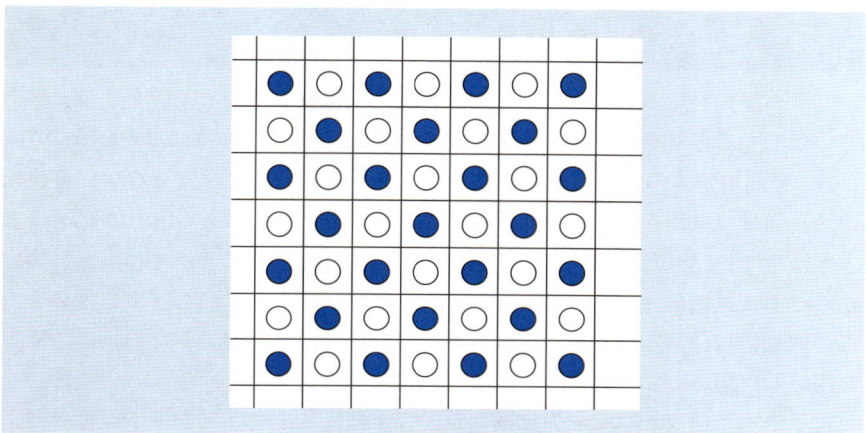

図 1.3 AB 規則合金

規則相に転移する．この低温相のように，強い相互作用のため系に自明でない秩序状態が発生することがある．これを協力現象という．固体内の現象が多くの多様な変化を見せる 1 つの理由は協力現象にある．

1.3　物性物理における大きさ

原子の配列を見るといっても私たちが机の上に置いてある茶碗を手にとりあるいは形やその肌合いや色を自分の目で直接見るようなわけにはいかない（図1.4）．最高の倍率の光学顕微鏡を使っても原子を見ることはできない．可視光の波長領域は$400 \sim 750\,\mathrm{nm}$（ナノメートル$= 10^{-9}\,\mathrm{m}$）である．一方原子の大きさはすでに述べたとおり$10^{-10}\,\mathrm{m}$であり可視光の波長に比べてはるかに短いからである．電磁波の中で波長領域$10^{-2} \sim 50\,\mathrm{nm}$程度のものをX線という．この波長領域はちょうど原子の大きさを含むから，原子を見るためには，X線を用いる．あるいは次に述べる量子力学的粒子を用いる．

電子や中性子などは量子力学的な粒子である．量子力学的粒子は波としての性質すなわち波長が定義され**干渉**という現象を示す．運動量p（速度v）の量子力学的粒子は波長λ

$$\lambda = \frac{h}{p} = \frac{h}{mv} \tag{1.1}$$

の量子力学的波でもある．ここでhは**プランク定数**といい

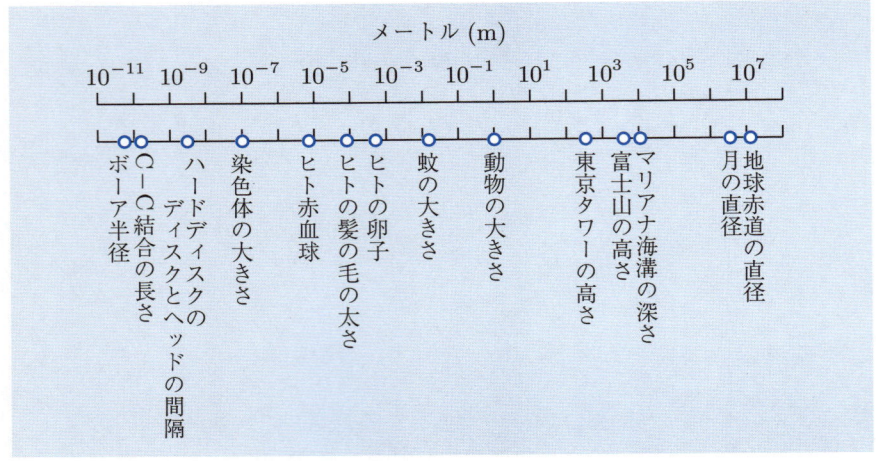

図 1.4　人間世界のスケール

1.3 物性物理における大きさ

$$h = 6.62559 \times 10^{-34} \, \text{J·s} \, (\text{ジュール・秒}) \tag{1.2}$$

である．この波長 λ を**ド・ブロイ波長**という．

$$\hbar = h/2\pi = 1.05457 \times 10^{-34} \, \text{J·s}$$

という定数もこれから以降登場する．粒子の運動エネルギーは

$$E = \frac{mv^2}{2} \tag{1.3}$$

であるからド・ブロイ波長は

$$\lambda = \frac{h}{\sqrt{2mE}} \tag{1.4}$$

である．E を電子ボルトで表し，波長を m で表せば電子の場合には

$$\lambda = \frac{12.3}{\sqrt{E}} \times 10^{-10} \, \text{m} \tag{1.5}$$

となる．したがって数 100 ボルトで加速された電子線のド・ブロイ波長は 10^{-10} m 程度の長さとなり，原子の配列の周期と同程度である．これが量子力学的な粒子を用いて物質の構造を見ることのできる理由である．

原子配列の長さのスケールがわれわれの日常のスケールであるメートルやセンチメートルに比べて 10 桁も違う．同じようにエネルギーのスケールも日常のものとは異なる．粒子の運動エネルギーが $E = mv^2/2$ であることから分かるように，エネルギーの次元は

$$\text{J} = \text{ML}^2\text{T}^{-2} \, (\text{kg·m}^2\text{·s}^{-2}) \tag{1.6}$$

である．

物質中で問題にする電子のエネルギーや熱エネルギーはどのぐらいの大きさであろうか．電子を 1 ボルトの電位差で加速したときに得られるエネルギーを 1 eV (1 電子ボルト) という．電磁気学の難しさの 1 つはいくつかの単位系があり，それぞれで基本単位の選び方が異なるところにある．SI 単位系では電気量の単位を C (クーロン)，電位の単位を V (ボルト) と呼ぶ．電荷の単位 C は誘導単位であり，電荷 1 C は 1 A の電流が 1 秒間に運ぶ電荷量である．

$$1\text{C} \, (\text{クーロン}) = 1\text{A} \, (\text{アンペア}) \cdot \text{s} \, (\text{秒})$$

電子の電荷を $-e$ と書くと

$$e = 1.6021 \times 10^{-19}\,\text{C} \tag{1.7}$$

という大変に小さい量になる．電位の単位 (ボルト) は

$$1\,\text{V}\,(\text{ボルト}) = 1\,\text{J}\,(\text{ジュール})/\text{C}\,(\text{クーロン}) = 1\,\text{m}^2\cdot\text{kg}\cdot\text{s}^{-3}\cdot\text{A}^{-1}$$

である．言い換えると 1V の電位差で 1A の電流を流したとき単位時間に発生する熱量が 1J である．電場の強さには固有の名前がないが，単位は

$$\text{電場の強さ} = [\text{力}]/[\text{電荷}] = [\text{力}]/([\text{電流}]\cdot[\text{時間}]) = \text{N}\cdot\text{A}^{-1}\cdot\text{s}^{-1}$$

である．1m の間で 1V の電位差を与える定電場であるならば，その強さは 1V/m と表すことができる．電流の定義に従うと，真空中で 1m 離れた平行な導線に同じ電流が流れるとき，導線間に働く力が導線 1m あたりそれぞれの電流に対して $2\times 10^{-7}\,\text{N}$ (ニュートン) であるとき，その電流の強さが 1A と定義されている．

電場 E 中の電荷 q に働く力 F は $F = qE$ であるから，1V/m の定電場中の電子に働く力は $1.6021 \times 10^{-19}\,\text{N}$ である．この電場の中を 1m 走ると電子は 1V の電位差を感じ，$1.6021 \times 10^{-19}\,\text{N}\cdot\text{m}$ すなわち $1.6021 \times 10^{-19}\,\text{J}$ の仕事をされそれだけのエネルギーを得る．

$$1\,\text{eV}\,(\text{電子ボルト，エレクトロンボルト}) = 1.6021 \times 10^{-19}\,\text{J} \tag{1.8}$$

これがこれからしばしばわれわれが使うエネルギーの単位である．水素原子中の 1s 電子の束縛エネルギーは約 13.6 eV で，固体中で電子が関係するエネルギーは大体 eV のオーダーである．固体中で電子の速度がどの程度であるかは後で金属電子について学ぶときに考えることにしよう．

物質と電磁場との相互作用が重要であると述べた．これについては電磁場に関係した粒子である光子 (フォトン) のエネルギーがどのぐらいか知っておかなくてはならない．フォトンの振動数 (周波数) を ν，角振動数 (角周波数) を ω (こちらを単に振動数，周波数ということもある)，波長を λ とし，光速を c と書くと光子のエネルギー E は

$$E = h\nu = \frac{h}{2\pi}\omega = h\frac{c}{\lambda} \tag{1.9}$$

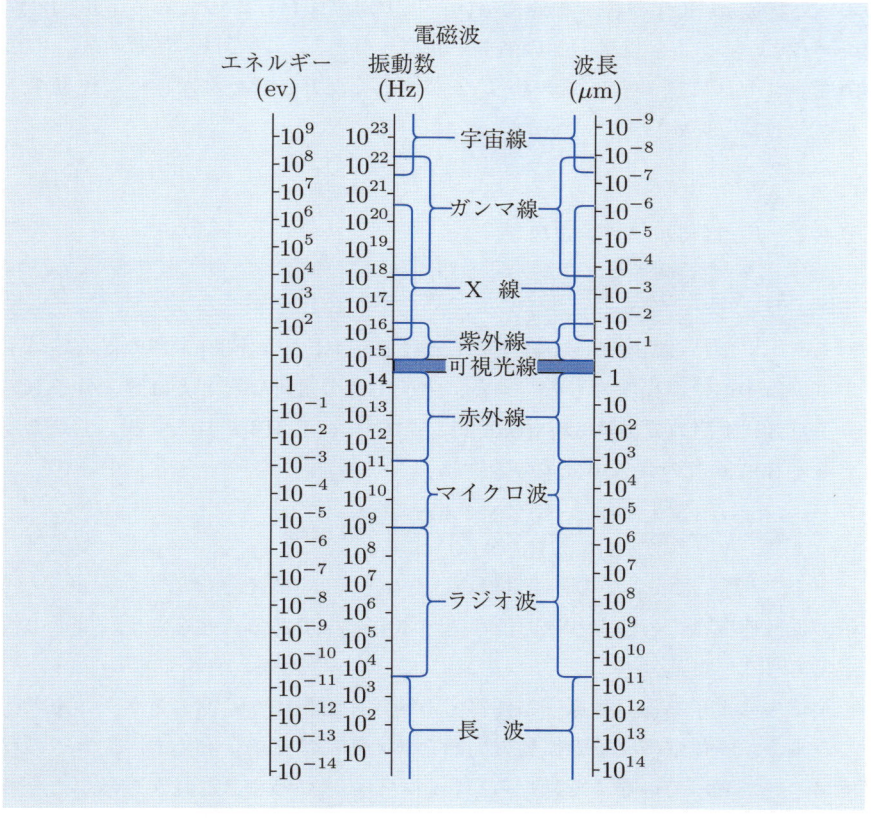

図 1.5 電磁波の波長とエネルギーのスケール

である．(1.9) 式を使ってエネルギーを光の波長，温度 (K, ケルビン)，周波数に換算することもある (図 1.5 参照)．

$$
\begin{aligned}
1\mathrm{eV}\,(\text{エネルギー}\,E) &= 8.07 \times 10^5 \mathrm{m}^{-1}\,(\text{波長}\,\lambda\,\text{の逆数}) \\
&= 1.16 \times 10^4 \mathrm{K}\,(\text{温度}\,T) = 2.42 \times 10^{14}\mathrm{cycle/s}\,(\text{振動数}\,\nu)
\end{aligned} \quad (1.10)
$$

1 cm の間に波が何波長分あるかを cm^{-1} で表したものを波数ということもある．振動数 ν の単位である cycle/s を Hz (ヘルツ) と呼ぶ．

　原子の熱エネルギーはどのくらいであろうか．今度はこれについて考えてみ

よう．質量 $m\,(\mathrm{kg})$ の粒子が速度 $v\,(\mathrm{m/s})$ で運動すればその運動エネルギーは $mv^2/2\,(\mathrm{J})$ である．統計力学の熱エネルギー等分配法則では，運動の3つの自由度それぞれに熱エネルギー $k_BT/2$ が等しく配分されそれが粒子の運動エネルギーと等しいから

$$\frac{m}{2}v^2 = \frac{3}{2}k_BT \tag{1.11}$$

である．k_B はボルツマン定数で

$$k_B = 1.3805 \times 10^{-23}\,\mathrm{J\cdot K^{-1}}$$

である．すなわち温度1度上昇するごとに原子 (または分子) 1個の得る熱エネルギーは 10^{-23} J 程度のものである．分子1個の質量はたとえば酸素分子 (O_2 分子量 32) 1個の質量は $32\mathrm{g}/(6.02252 \times 10^{23}) = 5.313 \times 10^{-26}$ kg, したがって温度 300 K でのガス中分子の速度は

$$v = \sqrt{\frac{3 \times 1.3805 \times 10^{-23} \times 300}{5.313 \times 10^{-26}}} = 484\,\mathrm{m/s} \tag{1.12}$$

となる．実際には気体中の分子はいろいろな方向に運動し衝突しているから，分子の拡散速度はこの値より遅い．音速が $300\,\mathrm{m/s}$ であることを考えればこの数字にもうなずける．

　固体中の電子あるいは原子に関係する現象に特徴的な時間のスケールを考えてみよう．固体中の原子の振動の周期を考えるには原子に働く力の大きさの程度について知っていなくてはならないが，それについてはこれから学ぶことである．しかし実際に原子の振動的運動は赤外線と相互作用することを考えればおよそ $10^{-12} \sim 10^{-13}$ s であることが分かる (1 ピコ秒 (ps) $= 1.0 \times 10^{-12}$ s)．電子の関係する現象に特徴的な時間は，電子と相互作用する電磁波は紫外〜ガンマ線領域であるからその振動周期がおおよその特徴的な時間であると考えれば，$10^{-15} \sim 10^{-17}$ s となる (1 フェムト秒 (fs) $= 1.0 \times 10^{-15}$ s)．このように固体の中での現象を特徴づける時間は日常の時間スケールに比べてはるかに短い．真空中 1 fs で光は 2.9979×10^{-7} m しか進まない．赤い光の波長はほぼ 6.5×10^{-7} m 程度であるが，この光だと 1 fs で 1/2 波長分しか進まないということになる．

1章の問題

☐ **1** いろいろな色の光のエネルギーを計算してみよ．

☐ **2** 原子，地球上の物質，星，宇宙の大きさを1つのスケールの上に載せて比較せよ．

☐ **3** 酸素原子の速度がマクスウェル分布をしているとして，温度300Kの場合の分布を計算せよ．

2 物質の構造と結合

　固体を電気伝導に関する性質から見れば，絶縁体，半導体，金属に分類される．固体を作っている原子相互の結合の仕方によって，イオン結合，共有結合，金属結合，水素結合，ファンデルワールス (van der Waals) 結合などに分けられる．電気伝導に関する性質や結合のしくみは，その原子配置と複雑にからみあっている．たとえば半導体は硬くかつ結合に方向性があって原子間の空隙が広い．これは一般に共有結合からくる構造の特徴である．一方金属は軟らかくまた稠密な構造をとる．これは金属結合の特徴である．シリコン Si やゲルマニウム Ge は結晶では典型的な半導体であるが，液体状態では金属となる．これは構造が結合様式を決め，結合様式が物性を決めているためである．この章では結晶の構造と原子間の結合について学ぶ．

> **2 章で学ぶ概念・キーワード**
> - 周期性，並進ベクトル，(基本) 単位格子
> - ブラベー格子，単位胞，並進対称性
> - 回転対称性，充填率，結晶軸，結晶面
> - イオン結合，金属結合，共有結合
> - 水素結合，ファンデルワールス結合
> - マーデルング係数

2.1 原子の配列

2.1.1 周期構造と対称性

固体を構造の対称性という点から分類すれば，原子が周期的に配列している**結晶** (crystal)，並進周期性はないが長距離の秩序 (規則性) がある**準結晶** (quasicrystal)，長距離秩序のない**非晶質** (アモルファス) に分けられる．

3 次元の結晶の原子配列に関する周期性は 3 つの独立な基本ベクトル $\boldsymbol{a}_i$ ($i = 1, 2, 3$) によって特徴づけられる．基本ベクトルの整数倍の和からなる平行移動ベクトル (並進ベクトル)

$$\boldsymbol{t}_n = n_1 \boldsymbol{a}_1 + n_2 \boldsymbol{a}_2 + n_3 \boldsymbol{a}_3 \quad (n_i = 0, \pm 1, \pm 2, \cdots) \tag{2.1}$$

の全体を**格子** (lattice) という．$\boldsymbol{a}_1, \boldsymbol{a}_2, \boldsymbol{a}_3$ の 3 つのベクトルで張られる平行 6 面体

$$\{x_1 \boldsymbol{a}_1 + x_2 \boldsymbol{a}_2 + x_3 \boldsymbol{a}_3 \mid 0 \leq x_i \leq 1\} \tag{2.2}$$

を**基本単位格子** (primitive cell) という．基本単位格子は格子点 (2.1) を 1 つだけ含む．各原子位置は基本単位格子の中で指定すれば十分で，平行移動によって，図 2.1 に示すように全空間に拡げていくことができる．

基本単位格子を複数個組み合わせて単位とすることもある．これを単位格子という．単位格子はその中に 2 つ以上の格子点を含んでもかまわない．そのようにして作った 3 次元の格子は大きく 7 種類の**晶系**に分けられる．これらを表 2.1 と図 2.2 に示す．各晶系には**単純格子** (P：格子点が隅にだけある)，**底心格子** (C：底面と上面の中心にも格子点がある)，**面心格子** (F：すべての面の中心にも格子点がある)，

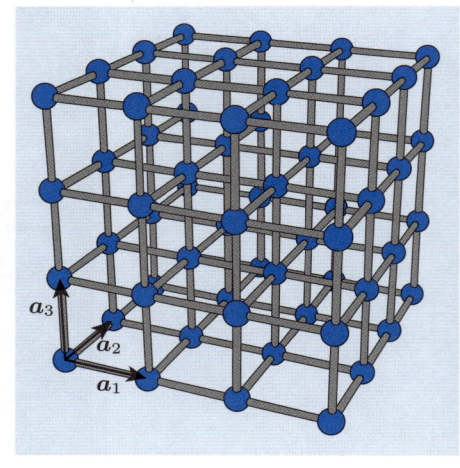

図 2.1 基本ベクトル $\boldsymbol{a}_1$, $\boldsymbol{a}_2$, $\boldsymbol{a}_3$ と格子

2.1 原子の配列

表 2.1 7つの晶系と 14 のブラベー格子

晶系	ブラベー格子	基本ベクトルの長さと角度
立方晶	単純, 面心, 体心	$a = b = c,\ \alpha = \beta = \gamma = 90°$
正方晶	単純, 体心	$a = b \neq c,\ \alpha = \beta = \gamma = 90°$
直方晶 (斜方晶)	単純, 底心, 面心, 体心	$a \neq b \neq c,\ \alpha = \beta = \gamma = 90°$
六方晶	単純	$a = b \neq c,\ \alpha = \beta = 90°,\ \gamma = 120°$
三方晶 (菱面体)	単純	$a = b = c,\ \alpha = \beta = \gamma < 120°, \neq 90°$
単斜晶	単純, 底心	$a \neq b \neq c,\ \alpha = \beta = 90° \neq \gamma$
三斜晶	単純	$a \neq b \neq c,\ \alpha \neq \beta \neq \gamma$

体心格子 (I: 体心にも格子点がある) があり全部で 14 種類になる．これを**ブラベー (Bravais) 格子**という．ブラベー格子の 1 辺の長さを**格子定数**という．またブラベー格子の単位格子を**単位胞** (unit cell) という．

3 次元周期格子には，**並進対称性**のほかに，定まった軸の周りの**回転対称性**も存在する．たとえば単純立方格子の格子点上に 1 種類の原子がある結晶では，体心を通り立方体の面の中心を貫く軸の周りの 90° ごとの回転対称性，体心と立方体の各稜の中点を通る軸の周りの 180° の回転対称性，体心と立方体の各頂点を通る軸の周りの 120° 回転対称性などがある．また体心を原点とした**空間反転** ($r \to -r$)，1 つの定まった面に関する**鏡映** (たとえば $y-z$ 面に関する鏡映 $x \to -x,\ y \to y,\ z \to z$) も存在する[1]．

回転対称性は，結晶格子の並進対称性と両立するものでなければならない．2 次元格子を考えてみよう (図 2.3)．この格子を P 点の周りに角度 $2\pi/n$ だけ回

---

[1] 周期的な模様は古代から多くの人を魅了し絵画や彫刻などに表されてきた．オランダのエッシャー (M. C. Escher) は結晶の対称性を絵画のモチーフとしてたくさんの作品を生み出したことで知られている．

物質の原子配列およびそれの基底状態との関連について一言つけ加えておこう．並進対称性がない構造は，必然的に長距離秩序がなく乱れた構造であると長い間信じられてきた．しかし実際には非周期的な決定論的タイル貼りが存在し，たとえば平面を 2 種類の菱形で非周期的におおいつくすことのできるペンローズのタイル貼りがよく知られている．1984 年に発見された「準結晶」と呼ばれる平衡相にある物質群はそのような並進周期性のない秩序構造であり，5 回回転対称性，8 回回転対称性，10 回回転対称性，あるいは正 20 面体対称性 (正 20 面体が持つ対称性で，5 回軸，3 回軸，2 回軸がある) という非結晶的回転対称性を持っている．

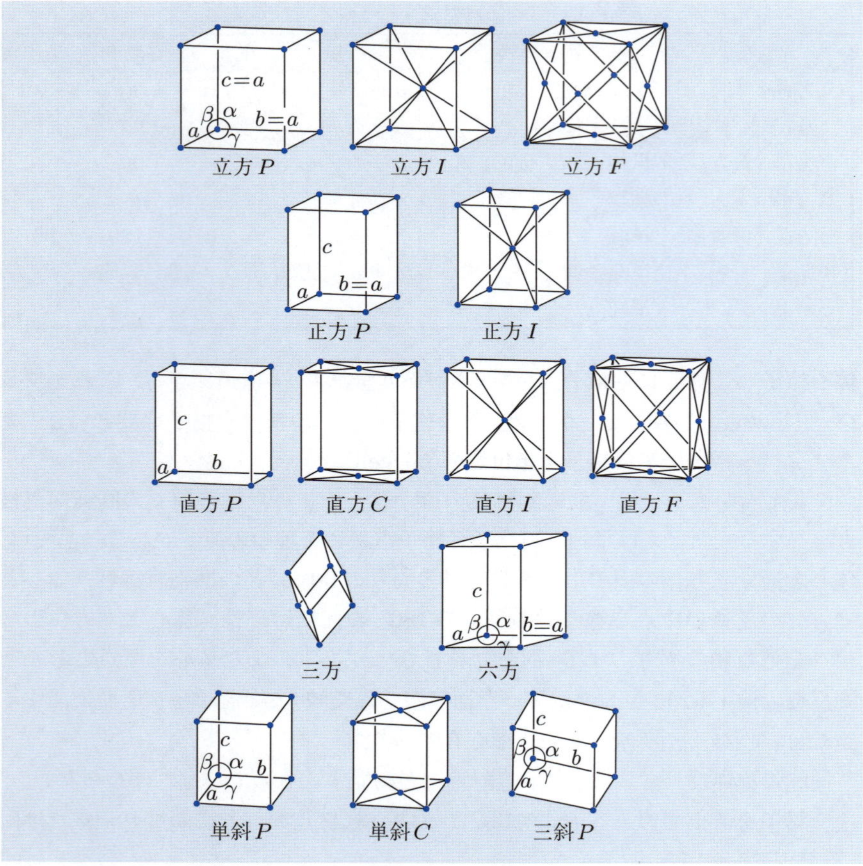

図 2.2 ブラベー格子の基本ベクトルの長さと角度

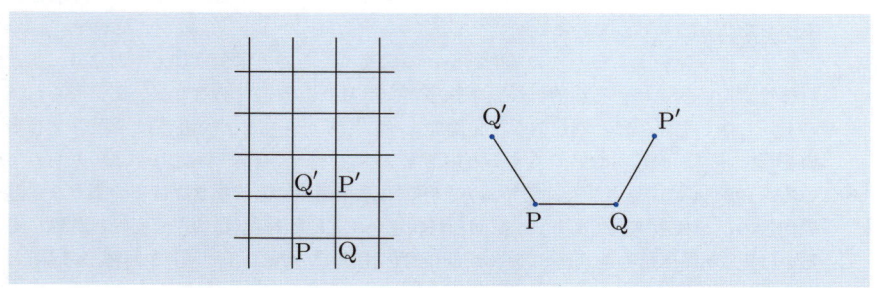

図 2.3 周期性と回転角

転させると点 Q は Q' に移る．Q 点の周りで $-2\pi/n$ だけ回転させると P は P' に，格子全体は格子全体に重なる．その結果は，P' と Q' が重なる ($n=6$) か P'Q' の距離が PQ の距離の整数倍 ($n=2,3,4$) となるかである．以上の考察により，格子の周期性と両立する $2\pi/n$ 回転は

$$n = 1, \ 2, \ 3, \ 4, \ 6 \tag{2.3}$$

だけであることが分かる．この回転対称性を n 回回転対称性，回転軸を n 回軸という．

2.1.2 原子の充填

原子を剛体球と考えて互いに接するように配置したとき，全体積に原子剛体球が占める割合を**体積充填率**(**packing fraction**) という．前節の各格子に対する充填率は格子の特徴を表している．それぞれの格子が 1 種類の原子 (剛体球) で占められているとすると，単純立方格子 sc (simple cubic lattice)，体心立方格子 bcc (body-centered cubic lattice)，面心立方格子 fcc (face-centered cubic lattice)，六方最密格子 hcp (hexagonal close-packed lattice) に対する充填率は各々 $\pi/6 \simeq 0.52$, $\pi\sqrt{3}/8 \simeq 0.68$, $\pi\sqrt{2}/6 \simeq 0.74$, $\pi\sqrt{2}/6 \simeq 0.74$ である．

fcc, hcp はほかに比べてはるかに稠密な充填になっているだけでなく，剛体球の積み上げ方に関しても共通している．1 種類の球を平面上に並べると球の中心は 3 角形の格子を形成する．この配置を A とする．次に置く球は平面上で互いに接する 3 つの球の作る穴に収まり，これらも 3 角形の 2 次元格子を形作る．この配置を B とする．3 番目の面に球を置く並べ方は 2 つある．1 つは，上から見たときに A と完全に重なって並べるやり方，もう 1 つは A でも B でもないもう 1 つの位置 C に球を置くやり方である．面心立方格子 fcc は ABCABC… と球を積み上げ，また六方最密格子 hcp は ABAB… と球を積み上げていくことによりできあがる (図 2.4)．

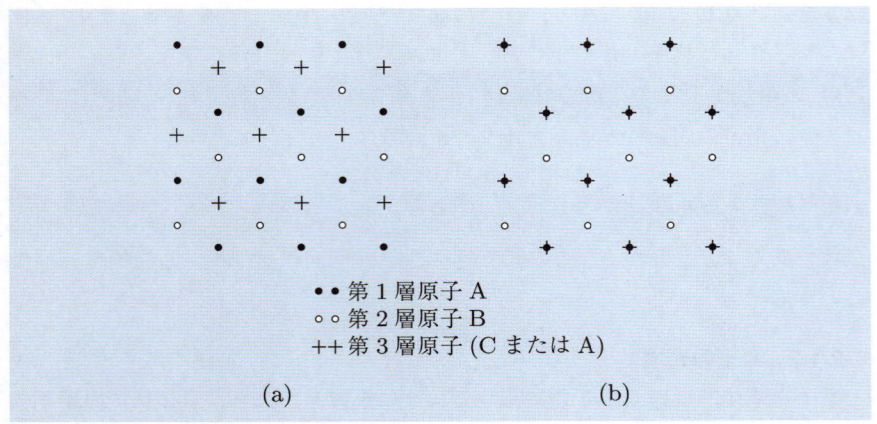

図 2.4 結晶格子を一定の方向から眺めたときの，原子の積み重なりを眺めたもの．本文で説明した平面が紙面である．上から眺めたとき，fcc では (a) ABCABC⋯ 構造が見てとれ，一方 hcp では (b) ABAB⋯ 構造が見てとれる．

2.2 方向と結晶面

結晶格子は 3 つの基本格子ベクトル $\boldsymbol{a}_j$ ($j=1,2,3$) により定義される．一般の格子点は基本ベクトルおよび整数 h,k,l を用いて

$$\boldsymbol{R}_{hkl} = h\boldsymbol{a}_1 + k\boldsymbol{a}_2 + l\boldsymbol{a}_3 \tag{2.4}$$

と表される．結晶格子の中での方向や面 (**結晶面**) もこの基本ベクトルを用いて定義される．原点から格子点 $\boldsymbol{R}_{hkl}$ に向かうベクトルと平行な方向を $[hkl]$ と表す．

また $\boldsymbol{R}_{m_1 00}, \boldsymbol{R}_{0m_2 0}, \boldsymbol{R}_{00m_3}$ を通る平面あるいは結晶格子中でそれと等価な平面を

$$h:k:l = \frac{1}{m_1} : \frac{1}{m_2} : \frac{1}{m_3}$$

である互いに素である整数の組 hkl を用いて (hkl) 面と表し，h, k, l の組を**ミラー (Miller) 指数**と呼ぶ．たとえば (421) 面は 3 つの格子点 $\boldsymbol{R}_{100}, \boldsymbol{R}_{020}, \boldsymbol{R}_{004}$ を通る面である．いくつかの結晶面を図 2.5 に示しておこう．fcc の場合に，2.1.2 および図 2.4 で説明した原子を積み上げた平面 (紙面) は (111) 面となっている．

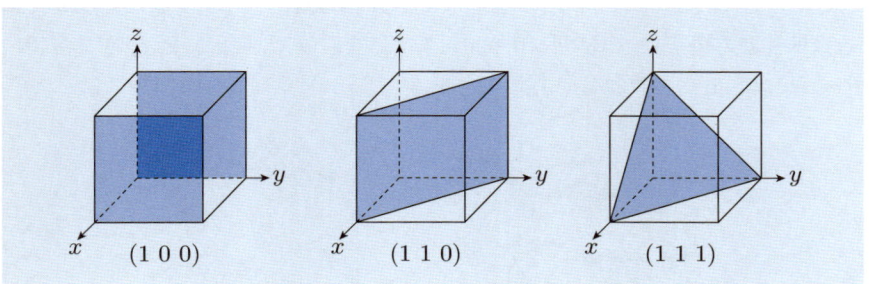

図 2.5　結晶面

2.3 結合

結晶構造は原子，イオンの結合様式により決まっている．以下に代表的な結合を説明しよう．イオン同士の結合機構には以下に示すようないろいろなものがある．固体の構造は引力だけで決まるのではなく斥力と引力のつりあいでイオン間の**平衡位置**が定まる．イオン間の力には原子核同士の静電的斥力のほかに，内殻電子同士の静電的な斥力，原子核と内殻電子の間の静電的な引力も働いている．

2.3.1 イオン結合

食塩 NaCl を代表とするアルカリ金属元素とハロゲン元素からなる塩の構造は **NaCl 構造**と呼ばれ，単純立方格子の格子点をナトリウム Na と塩素 Cl が交互に占めたものである (図 2.6(a))．NaCl 構造はブラベー格子の立場からは fcc 構造である．それは Na と Cl がそれぞれ fcc 構造を作っていると見ることもでき，NaCl の 2 つの原子をそれぞれ $(0,0,0)a$, $(1/2,0,0)a$ に置いて，あとは fcc 格子の対称操作で構成できるからである．a はブラベー格子の格子定数である．Na は電子を 1 個 Cl に与え，Na と Cl はそれぞれ電気的に $+1$ 価と -1 価になり，静電的な引力が働いて安定になっている．電子の振舞いを量子力学的に扱った計算からもこれは確かめられる．

CsCl, CsBr, CsI などの塩の構造は **CsCl 構造**をとる (図 2.6(b))．CsCl 構造は単純立方格子 sc であり，$(0,0,0)a$ に Cs を，$(1/2,1/2,1/2)a$ に Cl を置いてそれらに sc の並進操作を施して生成することができる．この場合にも，Cs

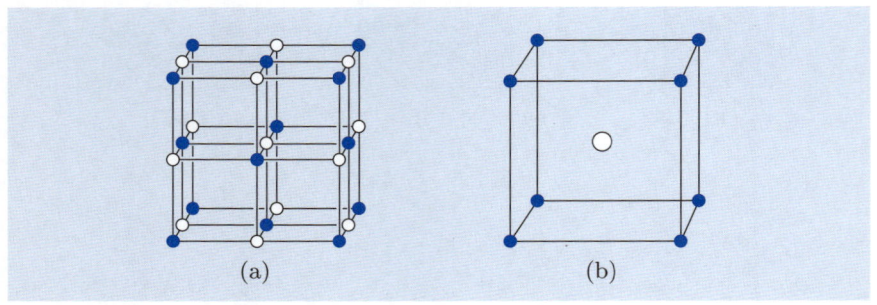

図 2.6 種々の物質の結晶構造．(a) NaCl 構造 (fcc), (b) CsCl 構造 (sc)

と Cl はそれぞれ電気的に +1 価と −1 価になり，静電的な引力が働いて安定になっている．

実際の結合には結合エネルギーを最小にするイオン間隔があり，これはイオン間の静電的引力とイオン芯同士の斥力とのつり合いで決まっている．このようにイオン間の静電相互作用により支配されている結合機構を**イオン結合**といい，またその結晶を**イオン結晶**という．イオン結晶は一般に硬くかつ脆く，また透明な物質が多い．

2.3.2 金属結合

金属では，イオン芯の周りの外殻電子は比較的緩やかにイオン芯と相互作用し系の中を自由に動き回ることができる．この電子がイオン間を動き回ることで電子の波動関数が広がり，電子が近接原子にとび移ることで運動エネルギーを得し全体として結合に寄与する．したがって結合には方向性はなくまた構造はイオンの稠密な充填が一般的である．金属は軟らかくて展延性に富むほか，金属光沢や大きな電気伝導や熱伝導を示すことが特徴である．これらはすべて特定の原子に束縛されずに結晶中を動き回ることのできる金属電子による．このような結合を**金属結合**という．金属結合物質は，単体の場合には稠密な構造である fcc, hcp, あるいは bcc 構造をとるものが多い．金属単体の結晶構造を表 2.2 に示しておこう．

表 2.2 金属の構造. fcc, hcp, bcc, ダイヤモンド構造のほか，正方晶系 (tetra)，直方晶系 (ortho)，菱面体 (rhomb) がある．Mn は複雑な立方晶系 (cubic) をとる．

Li	Be																
bcc	hcp																
Na	Mg											Al					
bcc	hcp											fcc					
K	Ca	Sc	Ti	V	Cr	Mn	Fe	Co	Ni	Cu	Zn	Ga					
bcc	fcc	hcp	hcp	bcc	bcc	cubic	bcc	hcp	fcc	fcc	hcp	ortho					
Rb	Sr	Y	Zr	Nb	Mo	Tc	Ru	Rh	Pd	Ag	Cd	In	Sn				
bcc	fcc	hcp	hcp	bcc	bcc	hcp	hcp	fcc	fcc	fcc	hcp	tetra	ダイヤモンド				
Cs	Ba	ランタニド	Hf	Ta	W	Re	Os	Ir	Pt	Au	Hg	Tl	Pb	Bi			
bcc	bcc		hcp	bcc	bcc	hcp	hcp	fcc	fcc	fcc	rhomb	hcp	fcc	rhob.			

2.3.3 共有結合

ゲルマニウム (Ge), シリコン (Si) などの典型的半導体あるいはダイヤモンド (炭素) は第 IV 周期元素で, **ダイヤモンド構造**と呼ばれる結晶構造をとる (図 2.7(a)). それぞれの原子はその周りに配置した 4 個の原子が作る正 4 面体の中心に位置する. 孤立原子の電子配置 ns^1np^3 が混ざり合って 4 つの**結合の手**を外に伸ばし, 4 つの軌道に自分自身の電子と 4 つの隣接原子からの電子を収めて電子がちょうど結合軌道を満たしてエネルギー的に安定な状態を形成している. これらを **sp^3 混成軌道**といい, 1 つの原子から伸びた 4 つの結合の手は等価である (図 2.7(b)).

共有結合は結合に方向性がありかつ硬い. そのため結晶格子も稠密ではなく空隙が多い. ダイヤモンド構造の剛体球の充填率は $\pi\sqrt{3}/16 \simeq 0.34$ である. ガリウム砒素 GaAs などの III-V 族, あるいは ZnS のような II-VI 族化合物半導体も同じ構造で, それぞれの元素が原子位置を交互に占めたものである. こちらは**閃亜鉛鉱 (ZnS) 構造 (ジンクブレンド構造)** という.

共有結合で重要な例として炭素の **2 重結合**, **3 重結合**がある. エチレン (C_2H_4) は 2 つの炭素原子が直接結合し, それぞれの炭素原子はさらにそれぞれ 2 つの水素原子と結合して, これらのすべての原子は 1 平面内にある. それぞれの炭素原子は **sp^2 混成軌道**を作り, 同一面内に 3 つの結合の手を伸ばしている. この結合の手の 1 つは, 他の炭素と **σ 結合**を作り, 残り 2 つの結合の手は 2 つの水素原子と共有している. 1 つの結合では, 両方の原子から電子が提供されて

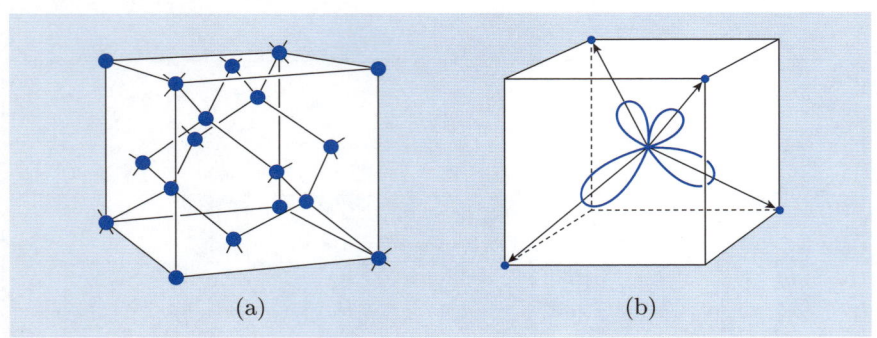

図 2.7 種々の物質の結晶構造. (a) ダイヤモンド構造, (b) sp^3 混成軌道

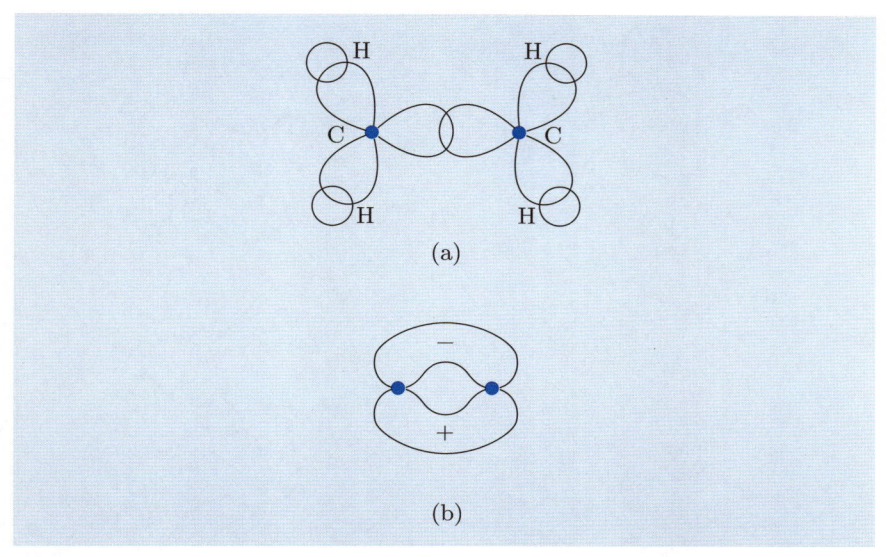

図 2.8 エチレン C_2H_2 の結合，(a) sp^2 混成軌道の σ 結合および C-H 共有結合と (b) π 結合．(b) 図は (a) 図を横から見た配置になる．

いるので 2 個の電子が関与しており，結合軌道はこれで完全に満たされる (図 2.8(a))．一方，それぞれの炭素原子はもう 1 つの軌道を持っていて，これらは C_2H_4 の面とは垂直の方向 (z 方向) に伸びた p_z 型軌道である．この p_z 型軌道にはそれぞれ 1 つずつ電子が収められそれらは弱く結合している．これを **π 結合** という (図 2.8(b))．σ 結合と π 結合の両方で結合しているのが 2 重結合である．

アセチレン C_2H_2 では C–C の間隔が短く，直線的に H–C≡C–H と結合して 3 重結合を作る．このときは σ 結合が 1 つと π 結合が 2 つある．

2.3.4 水素結合

常圧下での氷は水分子 H_2O が **ウルツ鉱 (蛍石) 型格子** という六方晶系の格子に配置し，1 つの H_2O 分子の水素イオン (プロトン) は他の H_2O 分子の酸素の方向に向いている．これは H_2O 分子では酸素イオンの不対電子が水素と反対方向にありそこに双極子モーメントをつくっているからで，この双極子モーメントが他の H_2O 分子のプロトンと相互作用する．2 つの酸素イオンの間に

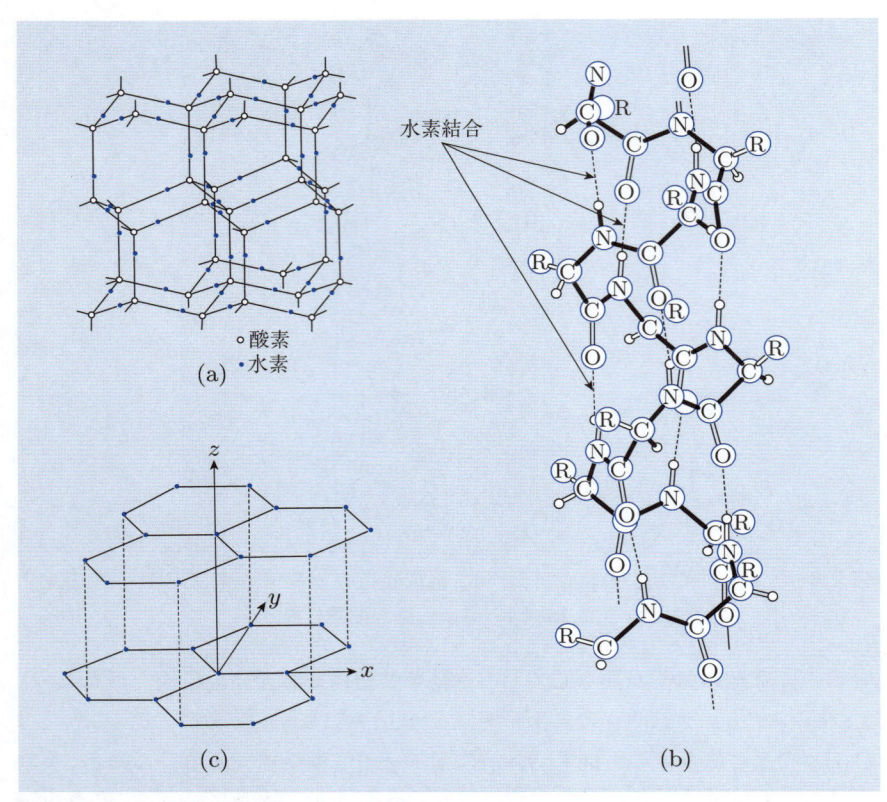

図 2.9 種々の物質の結晶構造．(a) 氷 (水素結合), (b) 蛋白質の立体構造 (α ヘリックス), (c) 黒鉛

プロトン (水素イオン) の 2 つの局所安定な位置があり，この間をプロトンが動くことで結合エネルギーを稼いでいる (図 2.9(a))．このようにして水の結晶相である氷ができあがっている．雪の結晶は氷と本質的に同じものである．温度，圧力，湿度など結晶の成長条件が異なると，さまざまな成長形態の違いが千変万化な美しい結晶の外形を形作っている．

プロトン H^+ を介した酸素イオン間の相互作用を**水素結合**という．プロトンは最も軽い原子核であり量子力学的な粒子として振る舞う．水の中にも水素結合のネットワークが存在するといわれる．このことは水に微量のイオンを溶かした

ときの水の物性の変化などから知ることができる．水や氷の特殊な物性，固体になったときの体積膨張や大きな分極率などはすべて水素結合によるものである．無機物質の中にも水素結合を持った物質はたくさんある．強誘電体 KH_2PO_4 もその1つである．

蛋白質の機能や物性に関しては，その立体構造が重要である．そして蛋白質を構成するイオン基の間の静電相互作用と蛋白質の中にある水素結合あるいは溶媒を介した水素結合が蛋白質の立体構造を決める重要な要素となる (図 2.9(b))．

2.3.5 ファンデルワールス結合

黒鉛では炭素イオンが sp^2 共有結合によって2次元的構造を作り，一方それら2次元平面構造が分極を通じて弱く結合している (図 2.9(c))．この分極を介した弱い結合は量子力学的には高次の摂動によるエネルギーの得であり，距離の6乗に逆比例して減衰する短距離ポテンシャルである．この引力を**ファンデルワールス結合**という．希ガス元素も低温では結晶となるが，この場合にもファンデルワールス結合が凝集を担っている．

2.4 結合エネルギー

ここでは量子力学的な結合エネルギーの計算はできないが，古典的な静電相互作用のエネルギーを計算してみよう．2つのイオン i,j (価数 $\pm Z$) 間の距離を r_{ij} として，距離の n 乗に逆比例する斥力ポテンシャルと 1 乗に逆比例する静電的な力を仮定しよう．

$$\phi_{ij} = \frac{\lambda}{r_{ij}{}^n} \pm \frac{C}{r_{ij}}, \quad C = \frac{Z^2 e^2}{4\pi\varepsilon_0} \tag{2.5}$$

最近接原子間距離を R，また $r_{ij} = p_{ij} R$ と書くと全ポテンシャルエネルギーは全イオン数を N として

$$\Phi = \frac{N}{2}\left[\frac{\lambda A_n}{R^n} - \frac{C\alpha}{R}\right] \tag{2.6}$$

$$A_n = \sum_{j(\neq i)} p_{ij}{}^{-n}, \quad \alpha = \sum_{j(\neq i)} (\pm) p_{ij}{}^{-1}$$

となる．上の和はある i イオンを固定し，i を除いたすべての j についてとる．α の式の中の $\pm$ はイオン対 $\langle ij \rangle$ によって一意に決まる．α を**マーデルング定数**といい，この値は結晶格子によって決まっている (表 2.3)．

表 2.3 マーデルング定数

NaCl 構造	CsCl 構造	ジンクブレンド構造
1.7476	1.7627	1.6381

2 章の問題

☐ **1** 身のまわり，あるいは自然の中に周期的模様および非周期的模様を探してみよう．

☐ **2** sc, bcc, fcc, hcp の充填率を計算せよ．

☐ **3** 2 次元正方格子の (23) 面 (線) を図示せよ．またその面間隔を計算せよ．

☐ **4** 単純立方格子の (231) 面を図示せよ．

☐ **5** 単純立方格子の (hkl) 面間隔を計算せよ．

☐ **6** $A^+ B^-$ が等間隔で 1 次元的に配列している系を考える．この 1 次元結晶のマーデルング定数を求めよ．

3 物質の構造とX線・粒子線回折

　物質の構造を「見る」ことができるようになったのは，マックス・フォン・ラウエによる結晶格子によるX線回折の発見(1912年)およびC. ダビッソンとL. ジャーマーによる(ニッケル)結晶における電子線回折の発見(1927年)に始まる．電子線回折の発見は量子力学の実験的検証の始まりでもある．物質の研究にはこれら粒子線結晶学の手段は欠かせない．最近ではさまざまな精密計測の技術が発展し，物質表面での原子スケールの凸凹を「触って」測ることまで可能になっている．

　結晶による回折現象の意味するところは，結晶中を電子やX線が通過するときには「波」として振る舞うということであり，波(運動量が定義できる)と周期性構造が本質的に関連づいているということを示している．物質中の電子の「波」，格子歪の「波」というのは，これから物質を理解する際の基本となる考え方である．

　また，結晶が原子スケールでの周期性を持っているとするならば，原子スケールでの原子配列の乱れについても知っておく必要がある．

> **3章で学ぶ概念・キーワード**
> - 回折，STM，AFM，ブラッグ条件，逆格子
> - 結晶面，ブリルアンゾーン，構造因子
> - 原子散乱因子，消滅則，格子欠陥，点欠陥
> - 原子空孔，転位

3.1 物質の原子構造に関する直接観察

物質の原子配置を知るためには，古くから X 線や電子線の**回折像**を解析すること，あるいは**電子顕微鏡**が使われている．最近では，それに加えてさまざまな新しい技術が用いられている．たとえば，**走査トンネル顕微鏡** (**STM**=Scanning Tunneling Microscopy) や**原子間力顕微鏡** (**AFM**=Atomic Force Microscopy) などである．

走査トンネル顕微鏡は，物質の表面近傍に原子スケールで尖った金属の針を近づけ，物質と針の間に電圧をかけて，この電圧が一定になるように，あるいは一定微小電流が流れるように針を原子スケールで上下させながら物質表面をなで，物質表面の原子スケールの凹凸あるいは電子密度を記録するものである．図 3.1 に，シリコン (111) 表面の dimer-adatom-stacking-fault (DAS) と呼ばれる複雑な 7×7 周期構造の STM 像を示そう．明るいところが原子のあるところである．

原子間力顕微鏡では，やはり先を尖らせた金属の「てこ (梃)」で物質表面上をなで，「てこ」と原子の間に働く力を一定に保つように「てこ」を上下に制御し原子スケールの凹凸を測定する．

STM や AFM では原子像の直接観察ができる一方，それらは物質の表面または表面近傍の構造の像であること，原子面の広がりを持った領域の像を得るためにはある程度の時間がかかるため，時間に関して均した構造しか見ていないという限界もある．またこれらの方法ではあくまでも局所的な像を得るのであって，空間的に広い領域の像や結晶の対称性に関する情報を得るには回折実験を欠くことはできない．さらに得られた像を直接に原子の位置に対応させ得るかどうかは必ずしも明らかでない．

図 3.1 シリコン (111) 表面 7×7 DAS 構造の STM 像 (東京大学物性研究所長谷川幸雄研究室提供)

3.2　回折に対するブラッグ条件

　結晶内の原子の周期的配列を知るためにはX線や電子線あるいは中性子線が使われる．これらの電磁波あるいは量子力学的粒子は波として振舞い，原子の配列は周期的な格子スリットの役割を果たす．X線に対しては原子配列が与える電子密度によって決まる誘電率の空間的変化，電子線に対しては電子密度の空間的変化，中性子線に対しては原子核の並びやイオンの磁気モーメントの並びがそれぞれ**格子スリット**に対応する．図 3.2(a) に示したような周期的な原子面を考えよう．面間隔 d である原子面に，原子面に平行な面と角度 θ をなして入射する波を考えると，隣接した原子面で反射された波との間にある光路差は $2d\sin\theta$ となる．光路差が波長の整数倍であれば波は節と節，腹と腹が一致し強め合うことになる．したがって，波の波長が条件

$$2d\sin\theta = n\lambda \tag{3.1}$$

を満足したとき強い反射を期待することができる．この条件 (3.1) 式を**ブラッグの回折条件**という．

　原子が 3 次元的に周期配列した媒質中での波動は一般的に 3 次元平面波

$$\exp(i\boldsymbol{k}\cdot\boldsymbol{r})$$

で表される．いま，入射波 $\exp(i\boldsymbol{k}\cdot\boldsymbol{r})$ が原子に散乱されて波数ベクトルが変化し $\exp(i\boldsymbol{k}'\cdot\boldsymbol{r})$ になったと考えよう．2 つの原子が $\boldsymbol{d}$ 離れているとき，入射波

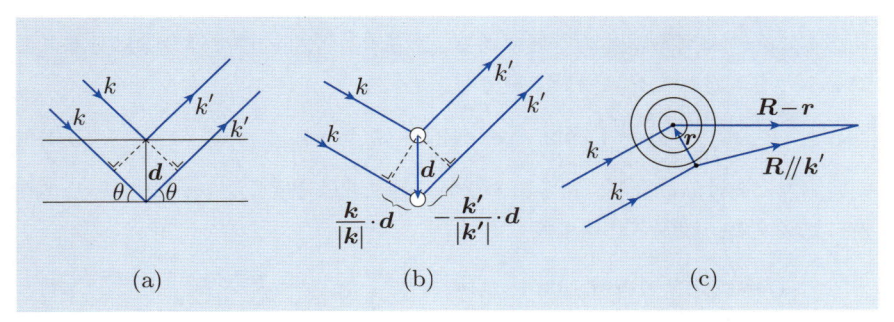

図 3.2　(a) 2 つの平行な原子面による X 線の反射，(b) 3 次元的格子中の原子による散乱 (ベクトルの向きに注意)，(c) 各原子から散乱される波を観測する．

k に対する光路差は $\dfrac{k}{|k|} \cdot d$ であり，一方散乱波 k' に対する光路差は $-\dfrac{k'}{|k'|} \cdot d$ であるので，合計で $\left(\dfrac{k}{|k|} - \dfrac{k'}{|k'|}\right) \cdot d$ となる (図 3.2(b))．X 線の回折は**弾性散乱**であるから $|k| = |k'|$ である．したがって波が強度を増す条件は

$$\frac{(k - k')}{|k|} \cdot d = n\lambda$$

すなわち

$$(k - k') \cdot d = n\lambda |k| = n(2\pi) \tag{3.2}$$

となる．これが一般的なブラッグの回折条件である．この条件は $\exp\{i(k - k') \cdot d\} = 1$ と書くこともできる．

ブラッグの条件を異なった考えから導くこともできる (図 3.2(c))．波数 k の入射波が各原子に吸収されてまた波数 k' の波が放出されるとする．各散乱体は r の位置にあり，位置 R で観測する．散乱体 (位置 r) での波は

$$A_0 \exp(ik \cdot r)$$

である．この波が吸収され次に放出された球面波は波数 k' ($|k| = |k'|$) となる．観測される位置を R とすると観測される位置の散乱体からの相対距離は $R - r$ であり，かつ $|R - r| \gg |r|$ であるから，波は

$$\rho(r) A_0 \exp(ik \cdot r) \frac{\exp\{ik' \cdot (R - r)\}}{|R - r|}$$

$$\simeq \frac{A_0}{|R|} \rho(r) \exp(ik \cdot r) \exp\{ik' \cdot (R - r)\}$$

となる．$\rho(r)$ は各散乱体の密度である．散乱体が空間の中で連続的に分布していることを考慮して r について積分し，

$$\frac{A_0 \exp(ik' \cdot R)}{|R|} \int dr \rho(r) \exp\{i(k - k') \cdot r\} \tag{3.3}$$

が観測点における散乱波である．すなわち散乱波は密度分布 $\rho(r)$ のフーリエ変換に比例する．観測される強度は

$$I(\Delta k) \propto \left| \int dr \rho(r) \exp(-i\Delta k \cdot r) \right|^2, \quad \Delta k = k' - k \tag{3.4}$$

となる．原子が間隔 d で並んでいることを考えれば散乱強度が大きくなるのは上式で $\Delta k \cdot d = 2n\pi$ の場合であり，(3.2) 式と同じとなる．

3.3 逆格子

3.3.1 逆格子とブリルアンゾーン

実空間の格子点は

$$t_n = n_1 a_1 + n_2 a_2 + n_3 a_3 \quad (n_i = 0, \pm 1, \pm 2, \cdots) \tag{3.5}$$

と定義された．同様に $\exp(\mathrm{i} K_m \cdot t_n) = 1$ によって波数ベクトル k の空間の周期 K_m を定義することにする．

原子密度，電子密度などは，すべて結晶格子の周期性を反映していなくてはならない．一般の物理量 $f(r)$ は位置 r の周期関数であって

$$f(r) = f(r - t_n) \tag{3.6}$$

と書かれる．したがって関数 $f(r)$ は，格子の周期性を反映してフーリエ級数展開ができる．

$$f(r) = \sum_K f_K \exp(\mathrm{i} K \cdot r) \tag{3.7}$$

ここで K は

$$K \cdot t_n = \sum_{j=1}^{3} n_j K \cdot a_j = 2\pi \times 整数$$

すなわち

$$K \cdot a_j = 2\pi \times 整数$$

でなくてはならない．このように K を定めるためには，t_n と同様に

$$K_m = m_1 b_1 + m_2 b_2 + m_3 b_3 \quad (m_i = 0, \pm 1, \pm 2, \cdots) \tag{3.8}$$

と3つの独立な成分に分解し，

$$b_i \cdot a_j = 2\pi \delta_{ij} \tag{3.9}$$

を満たすように b_i を定めればよい．その結果は次のようになる．

$$b_1 = \frac{2\pi}{\Omega_c}(a_2 \times a_3), \quad b_2 = \frac{2\pi}{\Omega_c}(a_3 \times a_1), \quad b_3 = \frac{2\pi}{\Omega_c}(a_1 \times a_2) \tag{3.10}$$

ここで
$$\Omega_c = \boldsymbol{a}_1 \cdot (\boldsymbol{a}_2 \times \boldsymbol{a}_3) \tag{3.11}$$
は単位胞の体積である．(3.8) 式によって $\boldsymbol{K}_m$ も格子を作っている．これを**逆格子** (reciprocal lattice) という．また $\boldsymbol{K}_m$ を**逆格子ベクトル** (reciprocal lattice vector)，$\boldsymbol{b}_j$ を**基本逆格子ベクトル**という．

単純立方 (sc, simple cubic) 格子を考えよう．基本ベクトルは，格子定数を a として

$$\boldsymbol{a}_1 = a(1,0,0), \quad \boldsymbol{a}_2 = a(0,1,0), \quad \boldsymbol{a}_3 = a(0,0,1)$$

と定めればよい．基本逆格子ベクトルは (3.10) 式により

$$\boldsymbol{b}_1 = \frac{2\pi}{a}(1,0,0), \quad \boldsymbol{b}_2 = \frac{2\pi}{a}(0,1,0), \quad \boldsymbol{b}_3 = \frac{2\pi}{a}(0,0,1)$$

である．面心立方 (fcc, face centered cubic) 格子，体心立方 (bcc, body centered cubic) 格子の基本ベクトルおよび基本逆格子ベクトルは次のようになる．図 3.3 に単純立法格子，体心立法格子，面心立法格子の単位胞と基本ベクトルを示す．

面心立方格子：
$$\begin{cases} \boldsymbol{a}_1 = (a/2)(0,1,1) \\ \boldsymbol{a}_2 = (a/2)(1,0,1) \\ \boldsymbol{a}_3 = (a/2)(1,1,0) \end{cases}, \quad \begin{cases} \boldsymbol{b}_1 = (2\pi/a)(-1,1,1) \\ \boldsymbol{b}_2 = (2\pi/a)(1,-1,1) \\ \boldsymbol{b}_3 = (2\pi/a)(1,1,-1) \end{cases}$$

体心立方格子：
$$\begin{cases} \boldsymbol{a}_1 = (a/2)(-1,1,1) \\ \boldsymbol{a}_2 = (a/2)(1,-1,1) \\ \boldsymbol{a}_3 = (a/2)(1,1,-1) \end{cases}, \quad \begin{cases} \boldsymbol{b}_1 = (2\pi/a)(0,1,1) \\ \boldsymbol{b}_2 = (2\pi/a)(1,0,1) \\ \boldsymbol{b}_3 = (2\pi/a)(1,1,0) \end{cases}$$

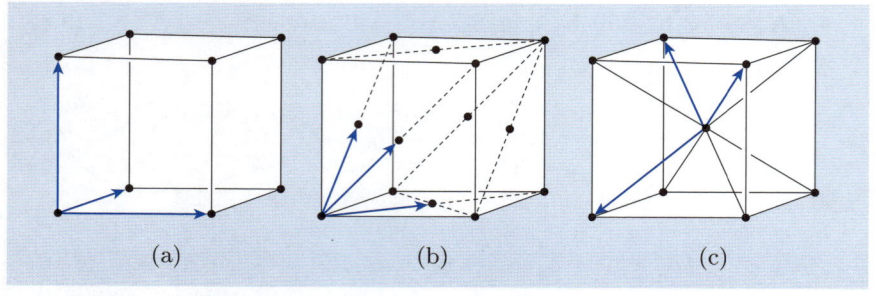

図 3.3 (a) 単純, (b) 面心, (c) 体心，立方格子の単位胞と基本ベクトル

3.3 逆格子

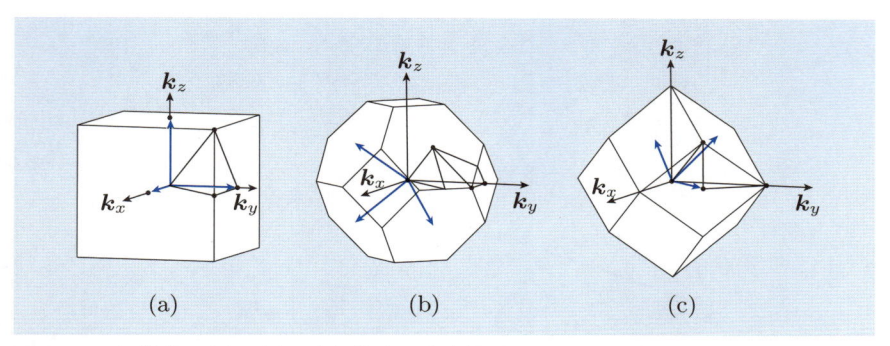

図 3.4 (a) 単純，(b) 面心，(c) 体心，立方格子のブリルアンゾーン．基本逆格子ベクトル ×1/2 を青い矢印で示す．

一般に単純格子の逆格子は単純格子に，面心(体心)格子の逆格子は体心(面心)格子になる．

逆格子上の単位胞の体積 Ω'_c は

$$\Omega'_c = \boldsymbol{b}_1 \cdot (\boldsymbol{b}_2 \times \boldsymbol{b}_3) = \frac{(2\pi)^3}{\Omega_c} \tag{3.12}$$

である．$\boldsymbol{b}_1, \boldsymbol{b}_2, \boldsymbol{b}_3$ が作る単位胞は平行 6 面体であるが，単位胞をそのようにとる必要はない．一般には単位胞をなるべく対称性が高い同一体積の立体にとったほうが便利である．そのためには，原点と逆格子点を結んだ直線の垂直 2 等分面を作り，それらが原点の周りに作る最小の立体を単位胞ととればよい．この領域を第 1 ブリルアンゾーン，あるいは単に**ブリルアンゾーン** (Brillouin zone) と呼ぶ．図 3.4 に単純立方格子，面心立方格子，体心立方格子のブリルアンゾーンを示そう．

3.3.2 結晶面と面間隔

逆格子空間の概念は，**結晶面**への垂線および結晶面間隔を表現するのに便利である．

[1] 逆格子空間におけるベクトル $\boldsymbol{K}_{hkl} = h\boldsymbol{b}_1 + k\boldsymbol{b}_2 + l\boldsymbol{b}_3$ は実空間における結晶面 (hkl) と垂直に交わっている (図 3.5(a))．
まずこれを証明しよう．結晶面 (hkl) は 3 つの結晶軸と $\boldsymbol{R}_{m_1 00}, \boldsymbol{R}_{0m_2 0}, \boldsymbol{R}_{00m_3}$ ($h:k:l = 1/m_1 : 1/m_2 : 1/m_3$) で交わっている．したがって 2 つのベクトル

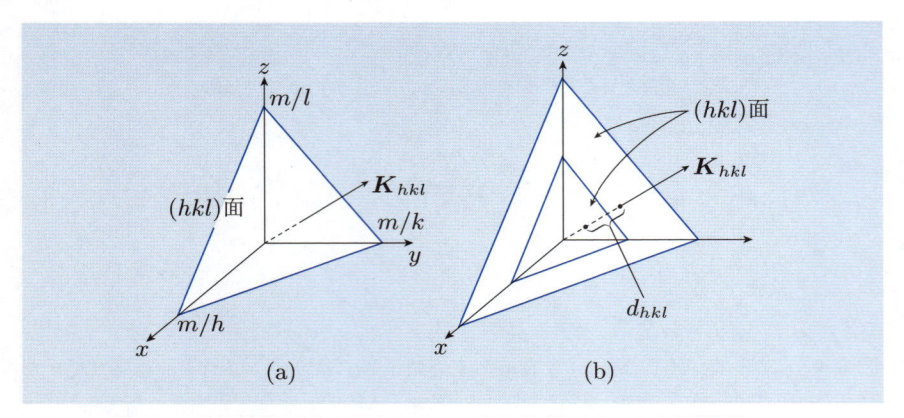

図 3.5 (a) 結晶面 (hkl) と $\boldsymbol{K}_{hkl}$, (b) 結晶面 (hkl) と面間隔 d_{hkl}

$$\frac{1}{h}\boldsymbol{a}_1 - \frac{1}{k}\boldsymbol{a}_2, \quad \frac{1}{l}\boldsymbol{a}_3 - \frac{1}{k}\boldsymbol{a}_2 \tag{3.13}$$

が張る 2 次元平面は原点を通る (hkl) 結晶面である．ここで次の (3.14) 式が成り立つ．

$$\begin{aligned}\left(\frac{1}{h}\boldsymbol{a}_1 - \frac{1}{k}\boldsymbol{a}_2\right) \cdot \boldsymbol{K}_{hkl} &= \frac{1}{h}\boldsymbol{a}_1 \cdot (h\boldsymbol{b}_1 + k\boldsymbol{b}_2 + l\boldsymbol{b}_3) \\ &\quad - \frac{1}{k}\boldsymbol{a}_2 \cdot (h\boldsymbol{b}_1 + k\boldsymbol{b}_2 + l\boldsymbol{b}_3) \\ &= 0 \end{aligned} \tag{3.14}$$

ただし (3.9) 式の直交関係を用いた．同様にして

$$\left(\frac{1}{l}\boldsymbol{a}_3 - \frac{1}{k}\boldsymbol{a}_2\right) \cdot \boldsymbol{K}_{hkl} = 0 \tag{3.15}$$

を得る．(3.14), (3.15) 式により (hkl) 面を作る 2 つの独立なベクトルと $\boldsymbol{K}_{hkl}$ が互いに垂直であり，したがって (hkl) 面と $\boldsymbol{K}_{hkl}$ は垂直に交わる．以上により [1] が証明された．

[2] 実空間で結晶面 (hkl) の面間隔は $2\pi/|\boldsymbol{K}_{hkl}|$ である (図 3.5(b))．
次にこれを証明しよう．ベクトル $\boldsymbol{a}_1/h$ は 2 つの (hkl) 面を結ぶベクトルである．面間隔はこのベクトルの，(hkl) 面に垂直な単位ベクトル $\boldsymbol{K}_{hkl}/|\boldsymbol{K}_{hkl}|$ への正射影の長さである．よって面間隔 d_{hkl} は

$$d_{hkl} = \frac{\boldsymbol{a}_1}{h} \cdot \frac{\boldsymbol{K}_{hkl}}{|\boldsymbol{K}_{hkl}|} = \frac{\boldsymbol{a}_1}{h} \cdot \frac{h\boldsymbol{b}_1 + k\boldsymbol{b}_2 + l\boldsymbol{b}_3}{|\boldsymbol{K}_{hkl}|} = \frac{2\pi}{|\boldsymbol{K}_{hkl}|} \tag{3.16}$$

となる.これで [2] が示された.

3.3.3 ブラッグ条件

結晶では波動に対する散乱体の密度関数 $\rho(\boldsymbol{r})$ は逆格子ベクトル $\boldsymbol{K}_m$ (3.8) でフーリエ展開ができる.

$$\rho(\boldsymbol{r}) = \sum_{h'k'l'} \rho_{h'k'l'} \exp(\mathrm{i}\boldsymbol{K}_{h'k'l'} \cdot \boldsymbol{r}) \tag{3.17}$$

これを (3.4) 式に従ってフーリエ変換し

$$\int d\boldsymbol{r} \rho(\boldsymbol{r}) \exp(-\mathrm{i}\Delta\boldsymbol{k} \cdot \boldsymbol{r})$$
$$= \sum_{h'k'l'} \rho_{h'k'l'} \int d\boldsymbol{r} \exp\{\mathrm{i}(\boldsymbol{K}_{h'k'l'} - \Delta\boldsymbol{k}) \cdot \boldsymbol{r}\} \tag{3.18}$$

を得る.したがって散乱強度が極大をとるのは

$$\boldsymbol{K}_{h'k'l'} = \Delta\boldsymbol{k} \tag{3.19}$$

のときである.h', k', l' の最大公約数を n として,$h'/h = k'/k = l'/l = n$ とすれば $\boldsymbol{K}_{h'k'l'} = n\boldsymbol{K}_{hkl}$ である.これを (3.19) に代入し,$|\boldsymbol{K}_{hkl}| = 2\pi/d_{hkl}$ を用いると

$$d_{hkl}|\Delta\boldsymbol{k}| = 2d_{hkl}|\boldsymbol{k}|\sin\theta = 2\pi n$$

となる.ここで散乱角は 2θ すなわち $\boldsymbol{k} \cdot \boldsymbol{k}' = |\boldsymbol{k}|^2 \cos 2\theta$ である.上の式を,$k = 2\pi/\lambda$ を用いて書き直し

$$2d_{hkl}\sin\theta = n\lambda \tag{3.20}$$

を得る.これはブラックの条件 (3.1) と同じである.

3.3.4 構造因子と原子散乱因子

ρ_{hkl} の計算を進めよう.

$$\rho_{hkl} = \frac{1}{V} \int d\boldsymbol{r} \rho(\boldsymbol{r}) \exp(-\mathrm{i}\boldsymbol{K}_{hkl} \cdot \boldsymbol{r})$$
$$= \frac{1}{V} \sum_{n\alpha} \mathrm{e}^{-\mathrm{i}\boldsymbol{K}_{hkl} \cdot \boldsymbol{R}_{n\alpha}} \int_{V_\alpha} d\boldsymbol{r}_\alpha \rho(\boldsymbol{r}_\alpha) \mathrm{e}^{-\mathrm{i}\boldsymbol{K}_{hkl} \cdot \boldsymbol{r}_\alpha} \tag{3.21}$$

ここで n 番目の単位胞内の α 原子 (位置 $\boldsymbol{R}_{n\alpha} = \boldsymbol{R}_n + \boldsymbol{R}_\alpha$) の周りで位置ベクトルを $\boldsymbol{r} = \boldsymbol{R}_{n\alpha} + \boldsymbol{r}_\alpha$ と書いた (図 3.6).$\int_{V_\alpha} d\boldsymbol{r}_\alpha$ は原子 α の領域で積分する.

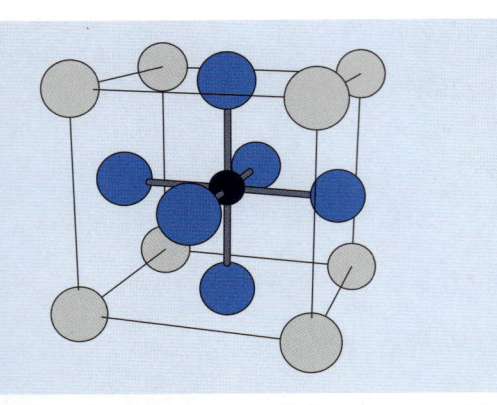

図 3.6 原子位置と単位胞の例 (**ペロブスカイト構造** ABC_3). B は真ん中の小さい黒の原子，A は各頂点に位置する灰色の原子 (各頂点は 8 つの立方体に共有されるから図に現れている 8 つの原子は正味で 1 個分に相当)，C は各面の中心にある青色の原子 (各面は 2 つの立方体に共有されるから図に現れている 6 つの原子は正味で 3 個分に相当) である．

V は全系の体積で，V_α は $V = N \sum_\alpha V_\alpha$ である．

$$f_\alpha = \int_{V_\alpha} d\boldsymbol{r} \rho(\boldsymbol{r}) e^{-i\boldsymbol{K}_{hkl} \cdot \boldsymbol{r}} \tag{3.22}$$

を原子 α の**原子散乱因子**という．通常の波長領域では f_α の $\boldsymbol{K}_{hkl}$ 依存性は小さい．

これを用いてさらに ρ_{hkl} を書き直せば

$$\begin{aligned} \rho_{hkl} &= \frac{1}{V} \sum_{n\alpha} f_\alpha e^{-i\boldsymbol{K}_{hkl} \cdot \boldsymbol{R}_{n\alpha}} \\ &= \frac{1}{V} \sum_n e^{-i\boldsymbol{K}_{hkl} \cdot \boldsymbol{R}_n} \sum_\alpha f_\alpha e^{-i\boldsymbol{K}_{hkl} \cdot \boldsymbol{R}_\alpha} \\ &= \frac{N}{V} \sum_\alpha f_\alpha e^{-i\boldsymbol{K}_{hkl} \cdot \boldsymbol{R}_\alpha} \end{aligned} \tag{3.23}$$

を得る．

$$S_{hkl} = \sum_{\alpha} f_\alpha e^{-i\boldsymbol{K}_{hkl}\cdot\boldsymbol{R}_\alpha} \tag{3.24}$$

を**構造因子**という．$\boldsymbol{R}_\alpha$ は単位胞内の原子の位置座標である．

以上をまとめると次のようになる．

[1] ブラッグ条件を満足する散乱ベクトルの波だけが結晶内で散乱される．
[2] 散乱強度は構造因子 S_{hkl} により決まる．

実際にはブラッグ条件を満たしていても，特定の散乱波については散乱が起きないことがある．たとえば，1 種類の元素からなる単純な bcc 格子を考えよう．このときブラベー格子を考えると原子は $(0,0,0)a$ と $(1,1,1)a/2$ にあるから構造因子は

$$f(1 + e^{i\pi(h+k+l)})$$

となる．これは $h+k+l$ が偶数では $2f$，奇数のときは 0 となる．すなわちブラッグ条件を満足していても $h+k+l=$ 奇数 のときには散乱はないということになる．2 つの原子面からの散乱が干渉効果によって打ち消し合っていることによる．このような規則を**消滅則**という．立方対称性の結晶構造にはすでに学んだように，単純立方，体心立方，面心立方があるが，それらは消滅則により区別することができる．

3.4 格子欠陥

これまでは，結晶は完全な秩序を持った構造であると考えて議論してきた．実際には完全な周期的構造はなかなか存在せず，多くの場合にはいろいろな構造の乱れを含んでいる．以下で結晶中に存在する乱れ (これを**格子欠陥**と呼ぶ) について考えよう．

3.4.1 点欠陥

最も簡単な欠陥が**点欠陥**と呼ばれるものである．点欠陥には以下のようなものがある (図 3.7)．

(1) **原子空孔**：これは文字どおりあるべき原子がその位置にないという状態である．

(2) **不純物**：
置換型不純物：本来あるべき元素と異なる元素が原子位置を占めている場合がこれである．
侵入型不純物：原子空孔を作って原子位置から離れた原子，あるいは外部から混入した原子が，本来の結晶では原子がなかった位置を占めているものである．

点欠陥は結晶生成のプロセスの途中で混入したもの，外部からの電磁波や粒子線により生成されたもの，あるいは熱的な励起により生成されたもの，その他いろいろなプロセスを経て生成される．これらの欠陥は結晶を用いる際に好ましくない結果をもたらすこともあるが，積極的に導入し物性を制御する手段として用いることもある．後者については半導体のキャリア制御の項で詳しく議論する．

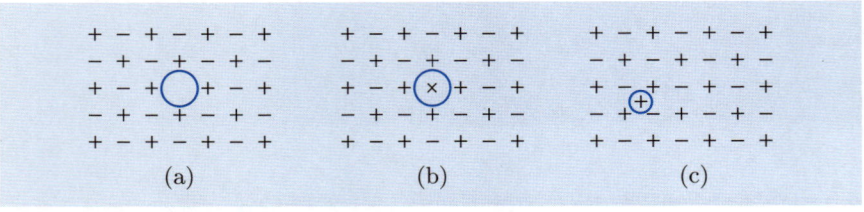

図 3.7 (a) 原子空孔，(b) 置換型不純物，(c) 侵入型不純物

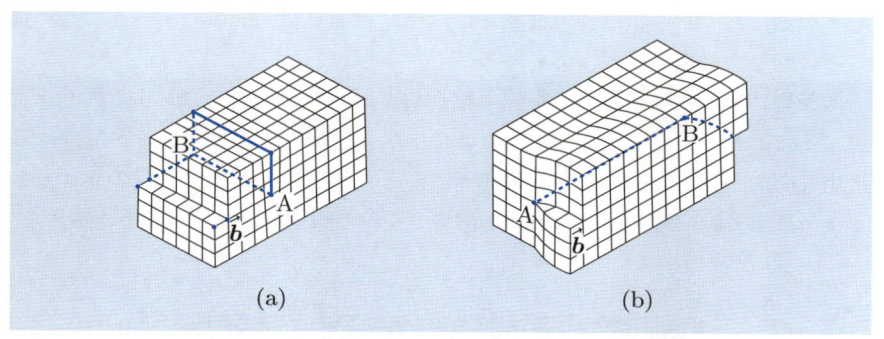

図 3.8 (a) 刃状転位，(b) らせん転位．AB が転位線で b はバーガースベクトル

3.4.2 転位 (ディスロケーション)

結晶格子に特有な欠陥の 1 つは**転位**である．これは結晶格子が規則どおりに配列できていない結晶面の不整合の 1 つである．図 3.8(a) に示した場合には，欠陥の周り (図の AB を**転位線**という．この転位線に垂直な面上を回る) を，完全結晶のときに閉じる道筋と同じステップ数だけ一回りしたときに，図に示した b だけの位置ベクトルの不足が生じる．この b により欠陥を特徴づけることができる．b を**バーガース (Bergers) ベクトル**という．この例では原子面が 1 枚余分に入っていて，原子面 1 枚が刃のように結晶格子内に挿入されているので，これを**刃状転位** (edge dislocation) という．刃の端 AB を転位線という．バーガースベクトルが転位線と垂直なのが刃状転位である．

図 3.8(b) に示した場合には，結晶内に面に沿って切り込みを入れ，その切り込みに沿って原子面をずらせる．切り込みの面は本質的ではなく切り込みを入れた端に対応する線である転位線のみが本質的である．この場合にも (やはり図で AB が転位線である．この転位線に垂直な面上を一回りする) 同様にバーガースベクトルが定義され，バーガースベクトルは転位線と平行である．これを**らせん転位** (screw dislocation) という．転位線とバーガースベクトルが平行であるのがらせん転位の定義である．

欠陥を含まない完全な結晶の力学的強度は大変に強い．完全結晶を破壊するためには原子間の結合を一度に切らなくてはならないからである．しかし実際の結晶には必ず転位が存在し，これが結晶の力学的強度，塑性変形の特徴を決

めている．たとえば結晶の塑性変形には転位を通じた原子面のすべりあるいはさらに転位の増殖が関わっている．

泡模型による観察によって転位の構造およびその塑性変形に対する動きを理解することができる (図 3.9) [1]．これは 2 次元的な転位模型である．気泡には適当な弾力があるため外から歪みをかけると，転位部分が動き，ちょうど大きな変形により転位を介して原子面がすべっていく様子を観察することができる．

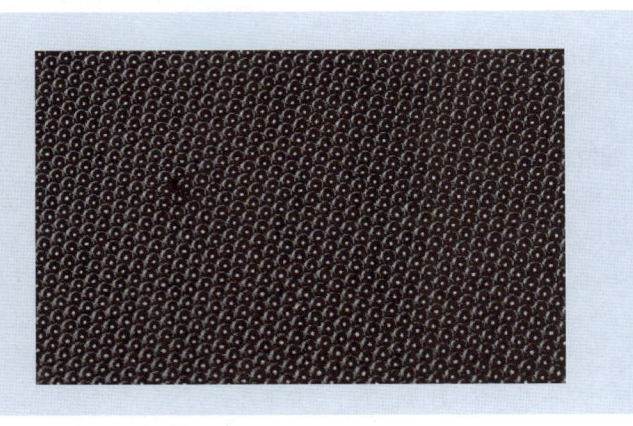

図 3.9　刃状転位の泡模型

3 章の問題

□ **1** sc, fcc, bcc の場合の逆格子を自分で計算してみよ．

□ **2** fcc 結晶の消滅則を求めよ．

□ **3** ダイヤモンド構造の消滅則を求めよ．

□ **4** 転位線は結晶内で端が切れることはない．なぜか．

---

[1] 浅く水を張ったパッドの上に中性洗剤をたらし均等な気泡を作ったものである．均等な大きさに気泡を作るのは難しい．ここでは小型電動ポンプの先に注射針をつけ，針先を水面上に均等な速さで動かしながら気泡を作っていった．

4 固体の弾塑性

　物質の構造と結合機構を学んだ．それではなぜ金属は曲がりあるいはたたくと伸びるのだろう．シリコンやダイヤモンドのような絶縁体結晶は，固く，曲げようとすると壊れる．これが物の性質のよく知られた特徴の1つである．これらに答えるために，固体の弾性，塑性といわれる伸び，曲げに関する記述の方法を学ぶことにしよう．

　物理の基本的原理の1つは「安定性」である．そしてそれからの変化，力に対する変形について学ぶ．また変形が静的なものであるか，あるいは動的なものであるかについても，その記述法を学ぶ．ここでは，工学の広い分野を形成する弾性論とその応用に関して学ぶことはしないが，本章での理解は連続体の弾性，塑性論につながる入口である．連続弾性体論は現象論であるが，それだけに一般的な方法である．このとき導入されるパラメータが物質の原子スケールでの「対称性」とどのように関連づけられるかについても触れる．

> **4章で学ぶ概念・キーワード**
> - 弾性，塑性，歪と応力，歪テンソル
> - 応力テンソル，等方的，弾性定数
> - 体積弾性率，ズレ弾性率，音波，音速

4.1 歪と応力

4.1.1 弾性と塑性

物質の結合機構によって力学的な性質の特徴が定性的に異なる．金属は強く変形しやすく，共有結合物質は変形しにくく硬い．これは物質中での結合の特徴および転位の動きやすさによって決まる．

物質の内部に働く力には2種類のものがある．第1は**体積力**(物体力)といい物質に外部から働く遠距離力で，重力や電磁力などである．これは弾性体の単位体積あたりに働く力として表される．第2は**表面力**といわれるもので，物質内部に仮想的に考えた微小部分領域が互いに接している表面を通して押したり引っ張ったりする近距離力であり，したがって単位面積あたり働く力として表される．ここでは第1の体積力は考えないことにし，面積 ΔS に働く力 $\Delta \boldsymbol{F}$ のみを考える．$\Delta \boldsymbol{F}$ は面積 ΔS_k に比例するので，力/面積の次元を持つ量 $\boldsymbol{T}_k = (\tau_{kx}, \tau_{ky}, \tau_{kz})$ を定義することができる．

$$\boldsymbol{T}_k = \frac{d\boldsymbol{F}}{dS_k} \tag{4.1}$$

これを**応力ベクトル**という．添え字 k は x, y, z を表し，ΔS_x は法線が x 軸の正の方向を持つ微小表面を表す．

物質を引っ張ったときの**歪** ε –**応力** σ 関係を図 4.1 に示す．O–A では応力と歪は比例し，応力を除くと変形は 0 に戻る．この性質を**弾性** (elasticity) という．応力と変形が比例するというのはよく知られた弾性に対する**フックの法則**

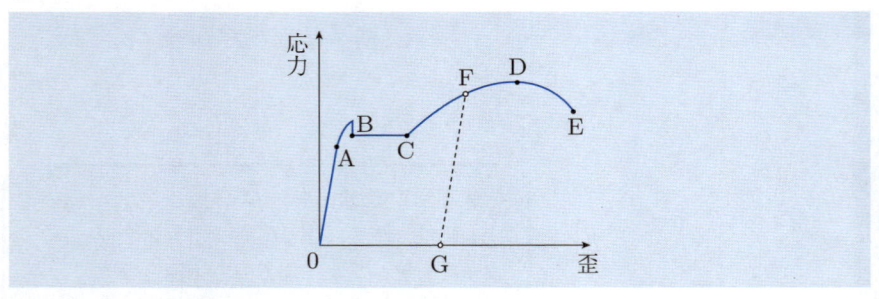

図 4.1 引っ張りに対する歪 ε –応力 σ 関係．O–A を弾性域，B–C の応力を降伏応力，C–E の変形を塑性変形，D の応力を引っ張り強さ，E を破断という．

4.1 歪と応力

である．さらに大きく変形させたあと，たとえば F まで変形させたあとで応力を取り除くと，O–A と平行な道 F–G を通って応力ゼロの状態 G に戻り，有限の変形 (**塑性変形**) OG が残る．この性質を**塑性** (plasticity) という．塑性変形は原子面がすべることによって起こる．

4.1.2 歪テンソル

$\hat{x}$, $\hat{y}$, $\hat{z}$ はデカルト座標 (3 次元直角座標) における直交する単位ベクトルである．これらのベクトルが変形によって $\hat{x}'$, $\hat{y}'$, $\hat{z}'$ に変化するとする (図 4.2)．

$$\begin{aligned}
\hat{x}' &= (1+\varepsilon_{xx})\hat{x} + \varepsilon_{xy}\hat{y} + \varepsilon_{xz}\hat{z} \\
\hat{y}' &= \varepsilon_{yx}\hat{x} + (1+\varepsilon_{yy})\hat{y} + \varepsilon_{yz}\hat{z} \\
\hat{z}' &= \varepsilon_{zx}\hat{x} + \varepsilon_{zy}\hat{y} + (1+\varepsilon_{zz})\hat{z}
\end{aligned} \tag{4.2}$$

$\varepsilon_{\alpha\beta}$ により次のように定義される量 $e_{\alpha\beta}$ を**歪成分** (**工学歪**) という．

$$\begin{aligned}
e_{xx} &= \hat{x}' \cdot \hat{x} - 1 = \varepsilon_{xx} \\
e_{yy} &= \hat{y}' \cdot \hat{y} - 1 = \varepsilon_{yy} \\
e_{zz} &= \hat{z}' \cdot \hat{z} - 1 = \varepsilon_{zz} \\
e_{xy} &= \hat{x}' \cdot \hat{y}' = \varepsilon_{xy} + \varepsilon_{yx} \\
e_{yz} &= \hat{y}' \cdot \hat{z}' = \varepsilon_{yz} + \varepsilon_{zy} \\
e_{zx} &= \hat{z}' \cdot \hat{x}' = \varepsilon_{zx} + \varepsilon_{xz}
\end{aligned} \tag{4.3}$$

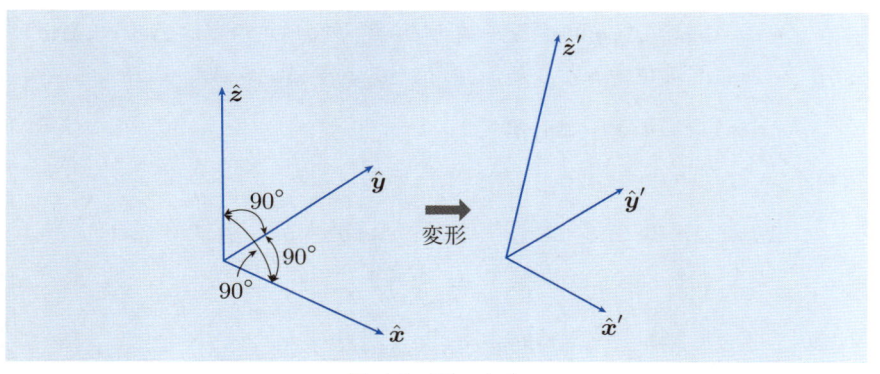

図 4.2 歪の定義

e_{xx} は $\hat{\boldsymbol{x}}$ 軸方向の長さの変化する割合を，e_{xy} は $\hat{\boldsymbol{x}}$ 軸と $\hat{\boldsymbol{y}}$ 軸の間の角度の変化を表す．これらは無次元量である．

一般に歪は添字に対して対称な成分と反対称な成分があり得る．これを

$$\varepsilon_{xy} = \varepsilon_{xy}^s + \varepsilon_{xy}^a \tag{4.4}$$

と書くと

$$\begin{aligned}\varepsilon_{xy}^s &= \varepsilon_{yx}^s \quad (\text{対称}) \\ \varepsilon_{xy}^a &= -\varepsilon_{yx}^a \quad (\text{反対称})\end{aligned} \tag{4.5}$$

である．変位が純粋な回転の場合には $\hat{\boldsymbol{x}}' \cdot \hat{\boldsymbol{x}}' = 1$, $\hat{\boldsymbol{x}}' \cdot \hat{\boldsymbol{y}}' = 0$ などが成り立つから $\varepsilon_{xx} = \varepsilon_{yy} = \varepsilon_{zz} = 0$, $\varepsilon_{xy} = -\varepsilon_{yx}$, $\varepsilon_{yz} = -\varepsilon_{zy}$, $\varepsilon_{zx} = -\varepsilon_{xz}$ となる．すなわち

$$\varepsilon_{xy}^s = 0 \tag{4.6}$$

であり，純粋な回転は反対称成分のみから構成される．言い換えると反対称成分は純粋な回転を表し無限の大きさを持つ固体では考える必要がない．逆に変位の中から純粋な回転成分を除けば対称成分のみが残り

$$\begin{aligned}\varepsilon_{xy} &= \varepsilon_{yx} \\ \varepsilon_{yz} &= \varepsilon_{zy} \\ \varepsilon_{zx} &= \varepsilon_{xz}\end{aligned} \tag{4.7}$$

という関係が成り立つ．以下ではこのような純粋な回転を除いた場合を考えよう．

点 $\Delta \boldsymbol{r} = \Delta x \hat{\boldsymbol{x}} + \Delta y \hat{\boldsymbol{y}} + \Delta z \hat{\boldsymbol{z}}$ を考える．歪場ではこの点は $\Delta \boldsymbol{r}' = \Delta x \hat{\boldsymbol{x}}' + \Delta y \hat{\boldsymbol{y}}' + \Delta z \hat{\boldsymbol{z}}'$ に変位するとしよう．変位ベクトル $\Delta \boldsymbol{u} = \Delta \boldsymbol{r}' - \Delta \boldsymbol{r}$ を

$$\Delta \boldsymbol{u}(\boldsymbol{r}) = \Delta u_x \hat{\boldsymbol{x}} + \Delta u_y \hat{\boldsymbol{y}} + \Delta u_z \hat{\boldsymbol{z}} \tag{4.8}$$

と書く．一方これは式 (4.2), (4.3), (4.7) から

$$\begin{aligned}\Delta \boldsymbol{u} &= \Delta \boldsymbol{r}' - \Delta \boldsymbol{r} = \Delta x (\hat{\boldsymbol{x}}' - \hat{\boldsymbol{x}}) + \Delta y (\hat{\boldsymbol{y}}' - \hat{\boldsymbol{y}}) + \Delta z (\hat{\boldsymbol{z}}' - \hat{\boldsymbol{z}}) \\ &= \left(\Delta x e_{xx} + \Delta y \frac{e_{xy}}{2} + \Delta z \frac{e_{xz}}{2}\right) \hat{\boldsymbol{x}} \\ &\quad + \left(\Delta x \frac{e_{yx}}{2} + \Delta y e_{yy} + \Delta z \frac{e_{yz}}{2}\right) \hat{\boldsymbol{y}} \\ &\quad + \left(\Delta x \frac{e_{zx}}{2} + \Delta y \frac{e_{zy}}{2} + \Delta z e_{zz}\right) \hat{\boldsymbol{z}}\end{aligned} \tag{4.9}$$

4.1 歪と応力

となる．(4.8), (4.9) 式を比較して，

$$\Delta u_x = e_{xx}\Delta x + \frac{e_{xy}}{2}\Delta y + \frac{e_{xz}}{2}\Delta z$$
$$\Delta u_y = \frac{e_{yx}}{2}\Delta x + e_{yy}\Delta y + \frac{e_{yz}}{2}\Delta z \qquad (4.10)$$
$$\Delta u_z = \frac{e_{zx}}{2}\Delta x + \frac{e_{zy}}{2}\Delta y + e_{zz}\Delta z$$

を得る．e_{xx} は $\Delta y = \Delta z = 0$ として Δx のみを変化させたときの u_x の変化を与える量であるから

$$\frac{\partial u_x}{\partial x} = e_{xx} \qquad (4.11)$$

となる．同様にして歪成分は次のように書くことができる．

$$e_{xx} = \frac{\partial u_x}{\partial x}, \quad e_{yy} = \frac{\partial u_y}{\partial y}, \quad e_{zz} = \frac{\partial u_z}{\partial z} \qquad (4.12)$$

$$e_{xy} = \frac{\partial u_x}{\partial y} + \frac{\partial u_y}{\partial x}, \quad e_{yz} = \frac{\partial u_y}{\partial z} + \frac{\partial u_z}{\partial y}, \quad e_{zx} = \frac{\partial u_z}{\partial x} + \frac{\partial u_x}{\partial z} \qquad (4.13)$$

定義により $e_{ij} = e_{ji}$ が成り立つ．$u_{ii} = e_{ii}, u_{ij} = \dfrac{e_{ij}}{2}\ (i \neq j)$ を**歪テンソル**という．これは2階のテンソルである．

$$u_{xx} = \frac{\partial u_x}{\partial x}, \quad u_{yy} = \frac{\partial u_y}{\partial y}, \quad u_{zz} = \frac{\partial u_z}{\partial z} \qquad (4.14)$$

$$u_{xy} = \frac{1}{2}\left(\frac{\partial u_x}{\partial y} + \frac{\partial u_y}{\partial x}\right), \quad u_{yz} = \frac{1}{2}\left(\frac{\partial u_y}{\partial z} + \frac{\partial u_z}{\partial y}\right) \qquad (4.15)$$

$$u_{zx} = \frac{1}{2}\left(\frac{\partial u_z}{\partial x} + \frac{\partial u_x}{\partial z}\right)$$

ここでも $u_{ij} = u_{ji}$ である．

一様な歪の場合にこれまでの議論を書き直そう．変形により位置 $\boldsymbol{r}$ が $\boldsymbol{r}'$ に変位するとき変位ベクトル $\boldsymbol{u}(\boldsymbol{r})$ は

$$\boldsymbol{u}(\boldsymbol{r}) = \boldsymbol{r}' - \boldsymbol{r} = u_x\hat{\boldsymbol{x}} + u_y\hat{\boldsymbol{y}} + u_z\hat{\boldsymbol{z}} \qquad (4.16)$$

と書けるので，(工学) 歪成分を用いて式 (4.10) により

$$u_x(\boldsymbol{r}) = e_{xx}x + \frac{1}{2}e_{xy}y + \frac{1}{2}e_{xz}z$$
$$u_y(\boldsymbol{r}) = \frac{1}{2}e_{yx}x + e_{yy}y + \frac{1}{2}e_{yz}z \tag{4.17}$$
$$u_z(\boldsymbol{r}) = \frac{1}{2}e_{zx}x + \frac{1}{2}e_{zy}y + e_{zz}z$$

である．また単位体積の立方体の変形後の値は $V' = \hat{\boldsymbol{x}}' \cdot (\hat{\boldsymbol{y}}' \times \hat{\boldsymbol{z}}') = 1 + e_{xx} + e_{yy} + e_{zz}$ であるから体積膨張率は

$$\frac{\Delta V}{V} = \frac{V' - V}{V} = e_{xx} + e_{yy} + e_{zz} \tag{4.18}$$

となる．

4.1.3 応力テンソル

応力ベクトルが定義でき，「連続弾性体中の仮想的な閉局面内部の部分に働く応力ベクトルの作用が，外部から弾性体内部への作用に等しい」という仮定 (**オイラー–コーシーの応力原理**) が成り立っているとする．

α 軸に垂直な面で β 方向に働く応力を $\tau_{\alpha\beta}$ と書く．応力の単位は (力/面積) である．応力成分 $\tau_{xx}, \tau_{yy}, \tau_{zz}$ は面に垂直に働く圧縮の応力で**垂直応力**といい，$\tau_{xy}, \tau_{yz}, \tau_{zx}$ などは面に平行に働くズレの応力で**せん断応力**という．垂直応力を $\sigma_x = \tau_{xx}$ などと書く (図 4.3)．**応力テンソル**の組は以下のとおりである．

$$\begin{array}{ccc} \tau_{xx} = \sigma_x & \tau_{xy} & \tau_{xz} \\ \tau_{yx} & \tau_{yy} = \sigma_y & \tau_{yz} \\ \tau_{zx} & \tau_{zy} & \tau_{zz} = \sigma_z \end{array} \tag{4.19}$$

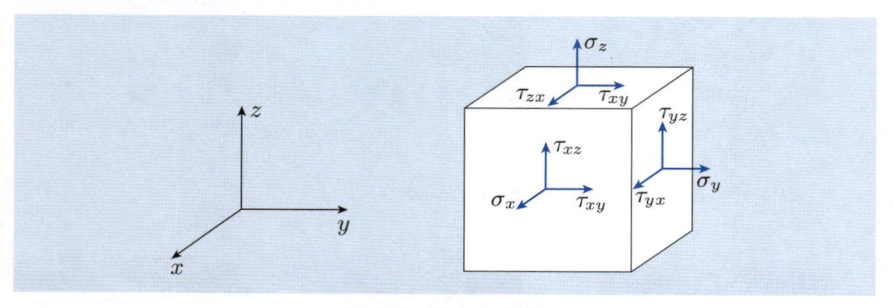

図 4.3 応力の定義

4.1 歪と応力

物体がつりあいの状態にあるとき内部応力はどこでも 0 でなくてはならないから力の i 方向成分がゼロの条件として,

$$\sum_k \frac{\partial \tau_{ki}}{\partial x_k} = 0 \tag{4.20}$$

を得る. ただしここでは σ_α の表記は使わず $\tau_{\alpha\alpha}$ の表記を使っている. さらに微小要素がつりあいの状態にあるためには回転のモーメントも 0 にならなくてはならない. このためには

$$\tau_{ik} = \tau_{ki} \tag{4.21}$$

が成り立つことが必要である.

フックの法則により応力と歪との間には線形関係が成り立つ. これらの係数を c_{ij} とすると

$$\begin{aligned}
\sigma_x &= c_{11}e_{xx} + c_{12}e_{yy} + c_{13}e_{zz} + c_{14}e_{yz} + c_{15}e_{zx} + c_{16}e_{xy} \\
\sigma_y &= c_{21}e_{xx} + c_{22}e_{yy} + c_{23}e_{zz} + c_{24}e_{yz} + c_{25}e_{zx} + c_{26}e_{xy} \\
\sigma_z &= c_{31}e_{xx} + c_{32}e_{yy} + c_{33}e_{zz} + c_{34}e_{yz} + c_{35}e_{zx} + c_{36}e_{xy} \\
\tau_{yz} &= c_{41}e_{xx} + c_{42}e_{yy} + c_{43}e_{zz} + c_{44}e_{yz} + c_{45}e_{zx} + c_{46}e_{xy} \\
\tau_{zx} &= c_{51}e_{xx} + c_{52}e_{yy} + c_{53}e_{zz} + c_{54}e_{yz} + c_{55}e_{zx} + c_{56}e_{xy} \\
\tau_{xy} &= c_{61}e_{xx} + c_{62}e_{yy} + c_{63}e_{zz} + c_{64}e_{yz} + c_{65}e_{zx} + c_{66}e_{xy}
\end{aligned} \tag{4.22}$$

と書くことができる. c_{ij} を**弾性定数 (弾性スティフネス定数**, 単位は力/面積) という. ここで弾性定数は 36 個定義された. 系の全エネルギーを考えると独立な弾性定数の個数をさらに減らすことができる. また歪を応力の関数で表すこともできる. このときの係数 s_{ij} を**弾性コンプライアンス定数**という.

$$s_{ij} = (c^{-1})_{ij} \tag{4.23}$$

c^{-1} は弾性定数 (行列) の逆行列である.

4.2　歪エネルギー密度

上で定義した応力の場の中で，1辺 L の立方体を考えよう．変形により歪の場になされる仕事は次のように書ける．

$$\delta W = \boldsymbol{F} \cdot \delta \boldsymbol{\rho} \tag{4.24}$$

$$\delta \boldsymbol{\rho} = \hat{\boldsymbol{x}} \delta u_x + \hat{\boldsymbol{y}} \delta u_y + \hat{\boldsymbol{z}} \delta u_z \tag{4.25}$$

たとえば x 軸に垂直に $(L, 0, 0)$ を切る面では変位は

$$\delta u_x = \left\{ L \delta e_{xx} + 0 \cdot \frac{1}{2} \delta e_{xy} + 0 \cdot \frac{1}{2} \delta e_{xz} \right\} \tag{4.26}$$

$$\delta u_y = \left\{ L \frac{1}{2} \delta e_{yx} + 0 \cdot \delta e_{yy} + 0 \cdot \frac{1}{2} \delta e_{yz} \right\} \tag{4.27}$$

$$\delta u_z = \left\{ L \frac{1}{2} \delta e_{zx} + 0 \cdot \frac{1}{2} \delta e_{zy} + 0 \cdot \delta e_{zz} \right\} \tag{4.28}$$

などである．一方この面に働く応力は $(\sigma_x, \tau_{xy}, \tau_{xz})$ である．これらより仕事として (x 軸に垂直に $(L, 0, 0)$ を切る面では変位を $\delta u_x(L, 0, 0)$ などと書けば)

$$\begin{aligned}\delta W &= L^2 \{ \delta u_x(L,0,0) \sigma_x + \delta u_y(L,0,0) \tau_{xy} + \delta u_z(L,0,0) \tau_{xz} \\ &\quad + \delta u_x(0,L,0) \tau_{yx} + \delta u_y(0,L,0) \sigma_y + \delta u_z(0,L,0) \tau_{yz} \\ &\quad + \delta u_x(0,0,L) \tau_{zx} + \delta u_y(0,0,L) \tau_{zy} + \delta u_z(0,0,L) \sigma_z \} \\ &= L^3 \{ \sigma_x \delta e_{xx} + \sigma_y \delta e_{yy} + \sigma_z \delta e_{zz} + \tau_{xy} \delta e_{xy} + \tau_{yz} \delta e_{yz} + \tau_{zx} \delta e_{zx} \}\end{aligned} \tag{4.29}$$

を得る．ここで (4.21) 式の関係 $\tau_{ij} = \tau_{ji}$ および $\delta e_{ij} = \delta e_{ji}$ を用いた．この仕事は応力による**歪エネルギー密度** δU の増分に等しいから

$$\begin{aligned}\delta U &= \sigma_x \delta e_{xx} + \sigma_y \delta e_{yy} + \sigma_z \delta e_{zz} \\ &\quad + \tau_{xy} \delta e_{xy} + \tau_{yz} \delta e_{yz} + \tau_{zx} \delta e_{zx}\end{aligned} \tag{4.30}$$

となる．以上から

$$\begin{aligned}\frac{\partial U}{\partial e_{xx}} &= \sigma_x, \quad \frac{\partial U}{\partial e_{yy}} = \sigma_y, \quad \frac{\partial U}{\partial e_{zz}} = \sigma_z \\ \frac{\partial U}{\partial e_{xy}} &= \tau_{xy}, \quad \frac{\partial U}{\partial e_{yz}} = \tau_{yz}, \quad \frac{\partial U}{\partial e_{zx}} = \tau_{zx}\end{aligned} \tag{4.31}$$

が成立する．もう一度，歪で微分すると
$$\frac{\partial \sigma_x}{\partial e_{yy}} = \frac{\partial \sigma_y}{\partial e_{xx}}, \quad \frac{\partial \sigma_x}{\partial e_{xy}} = \frac{\partial \tau_{xy}}{\partial e_{xx}}, \quad \frac{\partial \tau_{xy}}{\partial e_{yz}} = \frac{\partial \tau_{yz}}{\partial e_{xy}} \tag{4.32}$$
などが得られる．式 (4.22) と式 (4.32) により弾性定数 c_{ij} の性質
$$c_{ij} = c_{ji} \tag{4.33}$$
が成り立つことが分かる．すなわち一般的に弾性定数のうち 21 個が独立である．

◼ 基本単位と誘導単位

さまざまな量に関しては国際単位系 (SI=Système International d'Unités) が定められている．SI 単位系では質量 M をキログラム (kg)，長さ L をメートル (m)，時間 T を秒 (s) で表し，エネルギーの単位はジュール (J) という．質量 (kg)，長さ (m)，時間 (s)，電流 (A=アンペア)，温度 (K=ケルビン)，光度 (cd=カンデラ)，物質量 (mol=モル) の 7 つを基本単位といい，他では表せない単位である．これに対してたとえばエネルギーの単位 J (ジュール) は基本単位の組合せで表されるものであり誘導単位という．J は古典力学あるいはわれわれの日常に現れる単位でありエネルギーの大きさである[†]．

[†] 近代科学には単位系の確立が重要であった．人間の行動範囲が拡大し思想が急激に近代化したフランス革命時代にメートル法は作られた．これが国際単位系に引き継がれている．ナポレオン戦争はメートル法に重要な貢献をしたといわれる．

4.3 結晶の弾性

4.3.1 結晶の対称性と弾性定数

結晶の対称性を考慮すると，21 個の弾性定数のうちでさらに独立なものの数は減少し，またその相互間の関係を知ることができる．例として立方格子を考えてみよう．この場合 x, y, z は互いに等価な方向であるから

$$c_{11} = c_{22} = c_{33}, \quad c_{44} = c_{55} = c_{66}, \quad c_{12} = c_{13} = c_{23} \tag{4.34}$$

である．結晶の対称性としてさらにいくつかのものがある．

x–y 面に関する鏡映対称性：$x \to x, y \to y, z \to -z$ を考えよう．この操作で歪および応力はベクトルとして変換されるから，この変換により $\sigma_x \to \sigma_x, u_{yz} \to -u_{yz}$ などとなる．(4.22) 式にこれらの変換を施した結果，$c_{14} = c_{15} = c_{24} = c_{25} = c_{34} = c_{35} = 0$ を得る．同様に y–z, z–x 面に関する鏡映対称性も考慮するとさらに $c_{16} = c_{26} = c_{36} = 0, c_{45} = c_{46} = c_{56} = 0$ を得る．これと $c_{ij} = c_{ji}$ から 0 でない弾性定数は 3 つに減りその対称性は次のようになる．

$$\{c_{ij}\} = \begin{pmatrix} c_{11} & c_{12} & c_{12} & 0 & 0 & 0 \\ c_{12} & c_{11} & c_{12} & 0 & 0 & 0 \\ c_{12} & c_{12} & c_{11} & 0 & 0 & 0 \\ 0 & 0 & 0 & c_{44} & 0 & 0 \\ 0 & 0 & 0 & 0 & c_{44} & 0 \\ 0 & 0 & 0 & 0 & 0 & c_{44} \end{pmatrix} \tag{4.35}$$

こうして立方対称の結晶では独立な弾性定数は 3 個となる．この場合には弾性エネルギーは

$$\begin{aligned} U = &\frac{1}{2} c_{11}(e_{xx}^2 + e_{yy}^2 + e_{zz}^2) + c_{12}(e_{xx}e_{yy} + e_{yy}e_{zz} + e_{zz}e_{xx}) \\ &+ \frac{1}{2} c_{44}(e_{xy}^2 + e_{yz}^2 + e_{zx}^2) \end{aligned} \tag{4.36}$$

という形をしていることが分かる．原子間ポテンシャルの形を決めてやるとさらに残りの弾性定数 c_{11}, c_{12}, c_{44} の間の関係を決めることもできる．

4.3.2 弾性体中の振動の伝播

これまでは歪,応力,歪エネルギーを議論してきた.次節での原子描像に立った振動の議論に先立って,連続体の立場からどのような議論ができるのかを考えてみよう.物質は立方対称対称性があり式 (4.35) のように書けるとする.密度が ρ であるとして,変位 $\boldsymbol{u} = (u_x, u_y, u_z)$ (式 (4.16)) の運動方程式は結晶内の歪の場が座標と時間 t に依存しているとして

$$\rho \frac{\partial^2 u_\alpha}{\partial t^2} = \sum_\beta \frac{\partial \tau_{\beta\alpha}}{\partial x_\beta} \tag{4.37}$$

であるからより具体的に書くと式 (4.14), (4.15) を用いて以下のようになる.

$$\begin{aligned}
\rho \frac{\partial^2 u_x}{\partial t^2} &= c_{11} \frac{\partial e_{xx}}{\partial x} + c_{12} \left(\frac{\partial e_{yy}}{\partial x} + \frac{\partial e_{zz}}{\partial x} \right) + c_{44} \left(\frac{\partial e_{xy}}{\partial y} + \frac{\partial e_{zx}}{\partial z} \right) \\
&= c_{11} \frac{\partial^2 u_x}{\partial x^2} + c_{44} \left(\frac{\partial^2 u_x}{\partial y^2} + \frac{\partial^2 u_x}{\partial z^2} \right) + (c_{12} + c_{44}) \left(\frac{\partial^2 u_y}{\partial x \partial y} + \frac{\partial^2 u_z}{\partial x \partial z} \right) \\
\rho \frac{\partial^2 u_y}{\partial t^2} &= c_{11} \frac{\partial^2 u_y}{\partial y^2} + c_{44} \left(\frac{\partial^2 u_y}{\partial z^2} + \frac{\partial^2 u_y}{\partial x^2} \right) + (c_{12} + c_{44}) \left(\frac{\partial^2 u_z}{\partial y \partial z} + \frac{\partial^2 u_x}{\partial y \partial x} \right) \\
\rho \frac{\partial^2 u_z}{\partial t^2} &= c_{11} \frac{\partial^2 u_z}{\partial z^2} + c_{44} \left(\frac{\partial^2 u_z}{\partial x^2} + \frac{\partial^2 u_z}{\partial y^2} \right) + (c_{12} + c_{44}) \left(\frac{\partial^2 u_x}{\partial z \partial x} + \frac{\partial^2 u_y}{\partial z \partial y} \right)
\end{aligned} \tag{4.38}$$

式 (4.38) を書き直してみよう.

$$\begin{aligned}
\rho \frac{\partial^2 u_x}{\partial t^2} &= (c_{11} - c_{12} - 2c_{44}) \frac{\partial^2 u_x}{\partial x^2} + c_{44} \nabla^2 u_x + (c_{12} + c_{44}) \frac{\partial}{\partial x} \mathrm{div}\boldsymbol{u} \\
\rho \frac{\partial^2 u_y}{\partial t^2} &= (c_{11} - c_{12} - 2c_{44}) \frac{\partial^2 u_y}{\partial y^2} + c_{44} \nabla^2 u_y + (c_{12} + c_{44}) \frac{\partial}{\partial y} \mathrm{div}\boldsymbol{u} \\
\rho \frac{\partial^2 u_z}{\partial t^2} &= (c_{11} - c_{12} - 2c_{44}) \frac{\partial^2 u_z}{\partial z^2} + c_{44} \nabla^2 u_z + (c_{12} + c_{44}) \frac{\partial}{\partial z} \mathrm{div}\boldsymbol{u}
\end{aligned} \tag{4.39}$$

ここで以下の仮定を置いてみよう.これは物質が<u>等方的</u>であることを意味するのだが,それについての議論は後回しとする.

$$c_{11} - c_{12} - 2c_{44} = 0 \tag{4.40}$$

このとき式 (4.39) 右辺第一項は 0 であることに注意すれば

$$\rho \frac{\partial^2 u_x}{\partial t^2} = c_{44} \Delta u_x + (c_{12} + c_{44})\frac{\partial}{\partial x}\mathrm{div}\boldsymbol{u}$$
$$\rho \frac{\partial^2 u_y}{\partial t^2} = c_{44} \Delta u_y + (c_{12} + c_{44})\frac{\partial}{\partial y}\mathrm{div}\boldsymbol{u} \qquad (4.41)$$
$$\rho \frac{\partial^2 u_z}{\partial t^2} = c_{44} \Delta u_z + (c_{12} + c_{44})\frac{\partial}{\partial z}\mathrm{div}\boldsymbol{u}$$

あるいはまとめて

$$\rho \frac{\partial^2 \boldsymbol{u}}{\partial t^2} = c_{44} \Delta \boldsymbol{u} + (c_{12} + c_{44})\mathrm{grad}\ \mathrm{div}\boldsymbol{u} \qquad (4.42)$$

が得られる．式 (4.42) の形は任意の座標変換に対して不変である．式 (4.40) を**等方性の条件**と呼んだことも理解できるであろう．式 (4.40) はテンソルの変換を用いて，任意の座標変換に対して弾性定数行列が不変であるという条件から導くこともできるが，ここではこれ以上深くは立ち入らない．

以上により等方性物質では，独立な弾性定数は 2 つで

$$\lambda = c_{12}$$
$$\mu = \frac{c_{11} - c_{12}}{2} = c_{44} \qquad (4.43)$$

であることが分かる．λ と μ を**ラメ (Lamé) の弾性定数**と呼ぶ．弾性定数としては

$$K = \lambda + \frac{2}{3}\mu = \frac{c_{11} + 2c_{12}}{3}$$
$$\mu = c_{44} \qquad (4.44)$$

を定義することもできる．K は**体積弾性率** (バルクモデュラス，bulk modulas)，μ は**ズレ弾性率** (**せん断弾性率**，shear modulas) と呼ばれる．

応力テンソル歪の間の関係は，立方対称性または等方性の仮定の下では (4.36) から

$$\tau_{xx} = \frac{\partial U}{\partial e_{xx}} = c_{11}e_{xx} + c_{12}(e_{yy} + e_{zz}) \qquad (4.45)$$

$$\tau_{xy} = \frac{\partial U}{\partial e_{xy}} = c_{44}e_{xy} \qquad (4.46)$$

と書くことができる．(4.45) 式を用いればさらに

$$\tau_{xx} + \tau_{yy} + \tau_{zz} = (c_{11} + 2c_{12})(e_{xx} + e_{yy} + e_{zz})$$

が導かれるが,左辺は 3 倍の圧力 p,右辺は式 (4.18) により体積変化率 $\dfrac{\Delta V}{V} = \dfrac{V - V'}{V}$ である.

$$p = \frac{c_{11} + 2c_{12}}{3}\frac{\Delta V}{V} = K\frac{\Delta V}{V} \tag{4.47}$$

(4.47) により K は体積弾性率であり,(4.46) により $\mu = c_{44}$ がズレ弾性率であることが理解できる.

物質の安定性の条件は,対称性から許されるすべての弾性定数が正 (または 0) でなくてはならないということである.またもはや詳しいことは述べないが,立方対称性結晶では結晶軸方向に進む縦波弾性波の**伝播速度**は $(c_{11}/\rho_0)^{1/2}$,結晶軸方向に進む横波弾性波の伝播速度は $(c_{44}/\rho_0)^{1/2}$,(110) 方向に進み ($1\bar{1}0$) 方向に振動する横波弾性波の速度は $\{(c_{11} - c_{12})/2\rho_0\}^{1/2}$ である (ρ_0 は密度).弾性定数は弾性体中の音波の伝播速度を測定することにより決めることができる.また次の第 5 章で述べる固体中の原子の振動模型から以上で述べた弾性定数を導くことも困難ではない.表 4.1 に弾性定数のいくつかの例を挙げておこう.

表 4.1 いくつかの立方対称性物質の弾性定数 (単位 $10^{11}\mathrm{N/m}^2$) および密度 ρ_0 (g/cm^3 = 10^3kg/m^3)

	c_{11}	c_{12}	c_{44}	ρ_0
Ca	0.28	0.18	0.16	1.53
Si	1.66	0.64	0.80	2.33
Ni	2.48	1.55	1.24	8.91
Cu	1.67	1.21	0.75	8.94
W	5.22	2.04	1.61	19.25
NaCl	0.486	0.127	0.128	2.17

4 章の問題

□ **1** 式 (4.21) を導け.

□ **2** 表 4.1 により,これらの物質を伝わる音波の速度を計算せよ.

□ **3** 表 4.1 により,物質の構造,結合による機械的性質の違いを理解せよ.

5 固体の動力学的性質と格子振動

　前章では連続弾性体における振動の伝播について学んだ．等方的な連続弾性体中の弾性波には縦波1つと横波2つがある．それでは結晶格子の原子描像の下ではどのような波が存在するのであろうか．またより複雑な結晶格子の中を伝搬する波は，どのようにその複雑さを反映するのであろうか．固体の熱的性質 (比熱，熱膨張，熱伝動) はどのように決まるのか，その温度依存性はどうなるのか．

　結晶格子の中の弾性波の分散 (伝播のエネルギーと運動量の関係) および熱的性質は，電子の波 (バンド) やその熱的性質と並んで，物質の性質の基本をなす．このような基本的性質について学ぶ．

5章で学ぶ概念・キーワード
- 格子振動，ボルン・フォンカルマンの条件
- 音響モード,光学モード,格子振動による比熱
- デバイ模型，デバイ温度
- ボーズ–アインシュタイン統計，フォノン
- デューロン–プティの法則，非調和振動
- 熱拡散，ウムクラップ過程

5.1 原子振動のモデル

5.1.1 等方弾性体の中の縦波と横波

等方的な弾性体で x 方向に伝播する波を考えよう．変位ベクトルを $\boldsymbol{u} = (u, v, w)$ と表すと $\boldsymbol{u}$ は座標 x にのみ依存するから，式 (4.42) を書き直して

$$\rho \frac{\partial^2 u}{\partial t^2} = (\lambda + 2\mu) \frac{\partial^2 u}{\partial x^2} \tag{5.1}$$

$$\rho \frac{\partial^2 v}{\partial t^2} = \mu \frac{\partial^2 v}{\partial x^2} \tag{5.2}$$

$$\rho \frac{\partial^2 w}{\partial t^2} = \mu \frac{\partial^2 w}{\partial x^2} \tag{5.3}$$

となる．(5.1) の場合には，波の伝播方向と振動の変位の方向が平行であり**縦波**という．(5.2), (5.3) の場合には，波の伝播方向と振動の変異の方向が直交し**横波**という．上の式は簡単に解けてそれらの伝播速度は，縦波の場合には

$$v_0 = \sqrt{\frac{\lambda + 2\mu}{\rho_0}} \tag{5.4}$$

横波の場合には

$$v_0 = \sqrt{\frac{\mu}{\rho_0}} \tag{5.5}$$

となる．それでは原子論的な立場からは弾性的振動の伝播はどのように考えられるのであろう．

5.1.2 単一原子 1 次元格子

簡単のためにまず図 5.1 のような，質量 M の質点をバネ (バネ定数 K) で結んだ 1 次元質点系を考えよう．j 番目の質点の変位を u_j とするとニュートンの

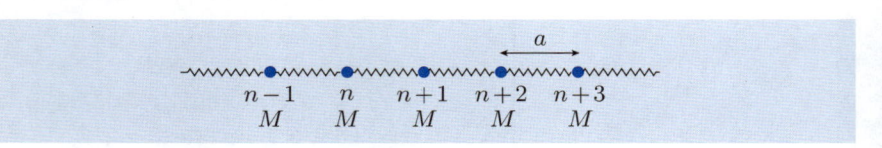

図 5.1 1 次元鎖の振動

5.1 原子振動のモデル

運動方程式は

$$M\ddot{u}_j = K(u_{j+1} + u_{j-1} - 2u_j) \tag{5.6}$$

である．一般には物質には端があるが，十分大きな系では端の効果は無視してよい[1]．あるいはここでは端(表面)の効果は考えないことにして，鎖の1端は他端につながっているとする．これを**周期境界条件**あるいは**ボルン–フォンカルマン (Born–von Karman) の条件**という．質点(原子)の総数は N 個であり，順番に $1, 2, \cdots, N$ と名づけられていて，その x 座標は $x_j = ja$ (a は格子定数) であるとする．さらに N 番目の質点は同様のバネで質点1につながっているから

$$u_{N+1} = u_1 \tag{5.7}$$

とする．式 (5.6) の解は伝播する波であるから

$$u_j = u_0 \exp(\mathrm{i}kx_j - \mathrm{i}\omega t) = u_0 \exp(\mathrm{i}kaj - \mathrm{i}\omega t) \tag{5.8}$$

の形で求められるはずである．ここで ω は角振動数，k は波数である．このような格子の中を伝播する振動(弾性波)を格子振動という．

周期境界条件 (5.7) に (5.8) 式を代入すると $akN = 2n\pi$ (n は0または整数)を得る．k としては $-\frac{\pi}{a} \leq k \leq \frac{\pi}{a}$ であるから許される k は

$$\begin{aligned} k_n &= \frac{2\pi}{a} \cdot \frac{n}{N} \quad (n = 0, \pm 1, \pm 2, \cdots) \\ -\frac{\pi}{a} &\leq k_n \leq \frac{\pi}{a} \end{aligned} \tag{5.9}$$

に限られる．n の上下限は N が偶数なら $-(N/2-1)$ から $N/2$，N が奇数なら $-(N-1)/2$ から $(N-1)/2$ である．1つ1つの k が振動の自由度の1つ1つに対応する．振動の自由度の数 N と原子の数 N があっていることに注意しよう．

これらを運動方程式 (5.6) に代入すると角振動数と波数の関係 (**分散関係**という) として

$$\omega = 2\sqrt{\frac{K}{M}} \left|\sin \frac{ak}{2}\right| \tag{5.10}$$

---

[1] 近年，ナノ系の物性物理学，ナノテクノロジーが重要になっている．ナノ系では系の大きさが小さくたとえば100ナノメートルの大きさの物質の性質を問題とする．その場合には表面の存在を正しく考慮する必要がある．

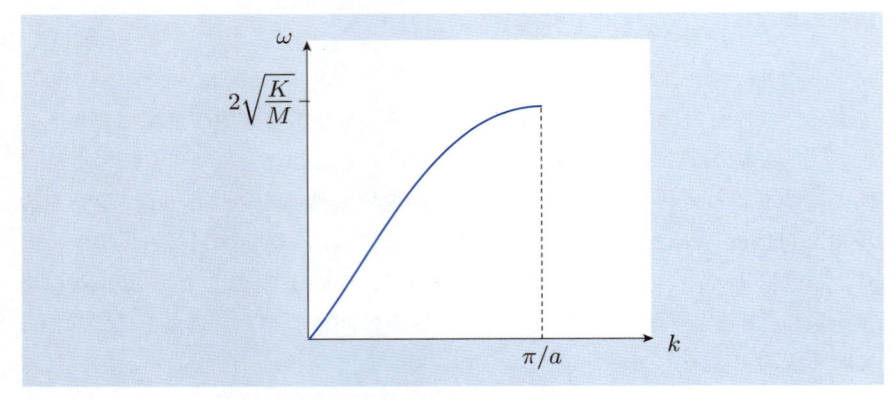

図 5.2　1 次元鎖の分散関係

を得る (図 5.2). 式 (5.10) から次のことがいえる.
(1) ω は k を $-k$ に変えても変わらない ($\omega(k) = \omega(-k)$).
(2) ω は波数 k の周期 $2\pi/a$ の周期関数である.
(3) ω には上限 $2\sqrt{K/M}$ がある.
(4) $k \simeq 0$(長波長の極限) では $\omega = \sqrt{K/M}ka$ となり, ω は k に比例する. したがって音速は

$$v_0 = \frac{\omega}{k} = \sqrt{\frac{K}{M}}a \tag{5.11}$$

である. このように $k \to 0$ とすると $\omega \to 0$ となる波を**音響 (acoustic) モード**という.

一般に振動の伝播する x に対して振動成分 u の偏り方向としては x, y, z の 3 つがある. 波の進行方向と偏り方向が同じ波を縦波, 進行方向と偏り方向が互いに直交する波を横波という. 縦波はここでは密度の粗密波ということになる. したがって 1 種類の原子からなる 1 次元の鎖中を伝播する振動には 3 つの音響モード (縦波 1 つ, 横波 2 つ) があり, 振動の自由度は偏りまで考慮すれば $3N$ となる. 連続弾性体の場合に (5.1), (5.2), (5.3) で見たのと同様に, 一般に縦波と横波のバネ定数は違い縦波のバネ定数のほうが大きい. その結果, 縦波の角振動数のほうが横波の角振動数よりは大きくなるのが普通である (ただし単純なバネモデルでは, 横方向の変位に復元力は働かない. ズレ弾性定数 μ がゼロとなるからである).

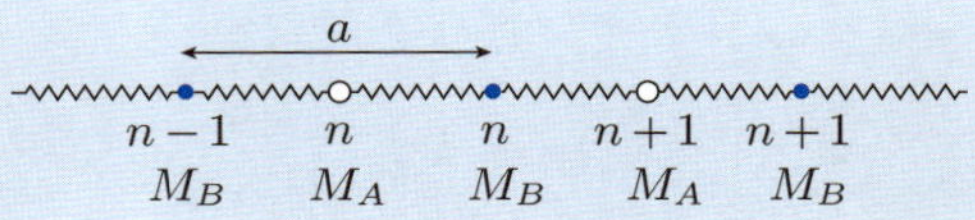

5.1 原子振動のモデル

図 5.3 2 原子 1 次元鎖

5.1.3 2種類の原子からなる1次元格子

2種類の原子が ABAB··· と並んだ2原子1次元格子における格子振動を考えよう．質量 M_A, M_B の A, B 原子は交互に等間隔 (原子間距離 $a/2$) で並び，単位胞を特徴づける格子間隔は a，またバネ定数はすべて同じで K とする．単位胞に番号 j をつけ，j 番目の単位胞内 A 原子の位置座標および変位をそれぞれ $x_j^A = aj$, u_j，B 原子の位置座標および変位を $x_j^B = aj + a/2$, v_j とする．

系のニュートンの運動方程式は

$$M_A \ddot{u}_j = K(v_j + v_{j-1} - 2u_j) \tag{5.12}$$

$$M_B \ddot{v}_j = K(u_{j+1} + u_j - 2v_j) \tag{5.13}$$

である．周期的境界条件を同様に課すことにし

$$u_{N+1} = u_1, \quad v_{N+1} = v_1 \tag{5.14}$$

とする．式 (5.8) と同様に ($x_j = aj$)

$$u_j = u_0 \exp(\mathrm{i}kx_j - \mathrm{i}\omega t) = u_0 \exp(\mathrm{i}kaj - \mathrm{i}\omega t) \tag{5.15}$$

$$v_j = v_0 \exp(\mathrm{i}kx_j - \mathrm{i}\omega t) = v_0 \exp(\mathrm{i}kaj - \mathrm{i}\omega t) \tag{5.16}$$

という解を仮定しよう．すると周期境界条件 (5.14) の結果，波数は (5.9) 式で与えられる．(5.15), (5.16) 式を (5.12), (5.13) 式に代入し整理すると

$$\left(\frac{M_A}{2K}\omega^2 - 1\right) u_0 + \frac{1 + \exp(-\mathrm{i}ka)}{2} v_0 = 0 \tag{5.17}$$

$$\frac{1 + \exp(\mathrm{i}ka)}{2} u_0 + \left(\frac{M_B}{2K}\omega^2 - 1\right) v_0 = 0 \tag{5.18}$$

を得る．これは簡単な連立方程式であるから初歩的な方法あるいは線形代数の固有値および固有ベクトルを求める方法により解くことができる．線形代数が顔を見せるのは不思議かもしれないが，基本方程式が線形の差分方程式あるいは連続系 (連続弾性体) では線形微分方程式であることから極めて自然なのであ

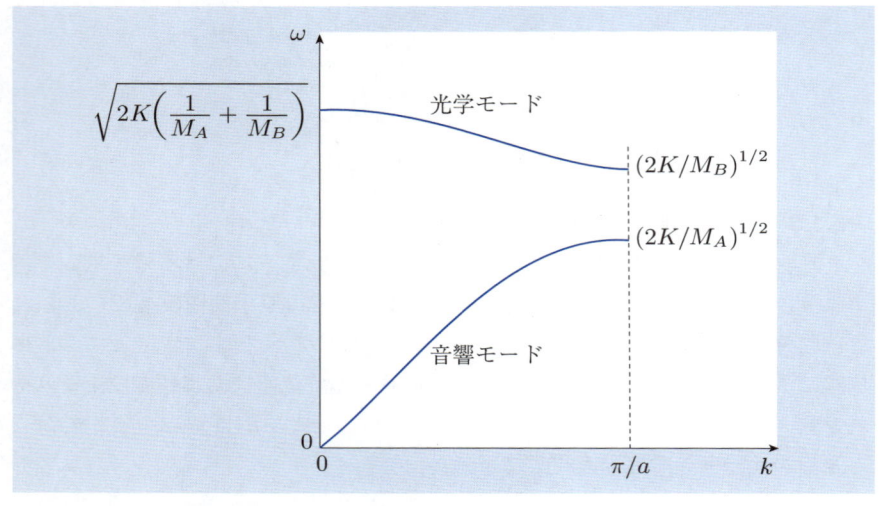

図 5.4 2 原子 1 次元鎖の分散関係 ($M_A > M_B$ の場合)

る．上の式の解である角振動数 ω は

$$\omega^2 = \frac{K}{M_A M_B}\left\{M_A + M_B \pm \sqrt{(M_A + M_B)^2 - 4M_A M_B \sin^2\left(\frac{ak}{2}\right)}\right\} \quad (5.19)$$

となる．

2 原子 1 次元鎖の分散関係を図 5.4 に示す．図から分かるように今度はモードは 2 つ現れる．一般には，それぞれに縦波 1 つ横波 2 つがあり全部で 6 つとなる．さらに波数 k は (5.9) 式であることは変わらないから，振動の自由度は全部で $6N$ である．一方原子の数は単位胞に 2 つずつで，単位胞の総数は N 個である．各原子の運動の自由度は 3 であるから，すべての原子について考えると運動の自由度は全部で $6N$ 個となり，振動の自由度の数と一致する．

振動 (5.19) 式には 2 つのブランチがあり $k = 0$ で 0 となるブランチを**音響 (acoustic) モード**という．一方，$k = 0$ で有限にとどまるブランチを**光学 (optical) モード**という．それぞれの振動数をまとめると ($M_A > M_B$ とする)

$$\text{音響モード:}\ \omega = 0 \quad (k=0)$$
$$\omega = \sqrt{\frac{2K}{M_A}} \quad \left(k=\frac{\pi}{a}\right) \tag{5.20}$$
$$\text{光学モード:}\ \omega = \sqrt{2K\frac{M_A+M_B}{M_A M_B}} \quad (k=0)$$
$$\omega = \sqrt{\frac{2K}{M_B}} \quad \left(k=\frac{\pi}{a}\right) \tag{5.21}$$

である.

この名前の由来は振動の固有ベクトルを調べてみるとよく分かる.音響モードは $k \simeq 0$ では $u_0 \simeq v_0$ である.したがってこれは一様な原子変位であり,密度の粗密の伝播に関係する波である.一方,光学モードの振動数 (5.21) を (5.17),(5.18) 式に代入すると

$$\frac{u_0}{v_0} = -\frac{M_B}{M_A} \tag{5.22}$$

を得る.これは単位胞内の A 原子と B 原子がその重心を変えないで互いに逆位相に振動している 2 原子の相対運動である.もし 2 種の原子が逆の電荷を持っていればちょうど電気双極子が時間的に変動をしていることになり,外からかけられた電場と強く相互作用する.このため光学モードという.

A 原子と B 原子とが同じ原子であると図 5.4 で音響モードと光学モードの間のギャップはなくなる.さらに今まで第 1 ブリルアンゾーンは $-\pi/a < k < \pi/a$ と考えてきたがそれは格子の周期が a で AB 原子間隔は $a/2$ と考えてきたからであり,A = B の場合には実は第 1 ブリルアンゾーンは $-\pi/(a/2) < \pi/(a/2)$ である.すなわち図 5.4 はブリルアンゾーンの半分のところで折り返した図であるということになる.これが単位胞に原子が 1 つしかなかったときには現れなかった光学モードが現れる原因である.単位胞に原子が n 個あるときには縦波 1 つ横波 2 つの 3 個の音響モードのほかに $3(n-1)$ 個の光学モードが存在する.

以上では簡単のために 1 次元格子のみを考えてきたが,現実の 3 次元格子に関しても同様である.物質中の弾性波の速度を表 5.1 に与える.縦波と横波の速度の違いに注意しよう.

表 5.1 いくつかの物質の室温における弾性波の速度 (単位 m/s)

	Al	Cu	Fe
縦波	6260	4700	5850
横波	3080	2260	3230

5.2 格子振動と比熱

5.2.1 比熱の実験

物質中の弾性波の速度は数 $1000\,\mathrm{m/s}$ である．物質の原子間隔は数オングストローム ($10^{-10}\,\mathrm{m}$) であるから格子振動の角振動数の上限は $10^{13}/\mathrm{s}$ より少し低い程度のオーダーであることが分かる．これはエネルギーに換算すると約 $0.05\,\mathrm{eV}$ あるいは温度に換算して約 $500\,\mathrm{K}$ である．したがって格子振動のエネルギーは 0 から約 $500\,\mathrm{K}$ まで連続的に分布していることが分かる．逆にいえば低温では実は格子振動の一部だけが熱的に励起されているのであり，角振動数の上限に対応する振動を熱的に励起するには $500\sim1000\,\mathrm{K}$ 程度の温度が必要である．低温では格子振動のごく一部が熱的に励起され温度の上昇に伴って熱的励起に関与する自由度は増加し，したがって物質の比熱は温度上昇に伴い増加するであろうことが理解できよう．

図 5.5 に観測された固体の**比熱** (定圧比熱 C_p) の温度依存性を示す．たしかに比熱は温度上昇に伴い増加している．さらにこの実験結果を次のようにまとめることができる．

(1) 低温では比熱は温度 T の 3 乗に比例し，$T \to 0$ で 0 となる．

(2) 高温では比熱は $3R \simeq 6\,\mathrm{cal/(K\,mole)}$ に飽和する．R は**気体定数**と呼ばれ，k_B とアボガドロ数の積である．

上の (2) は古典統計力学のエネルギー等分配の法則により説明される．すなわち

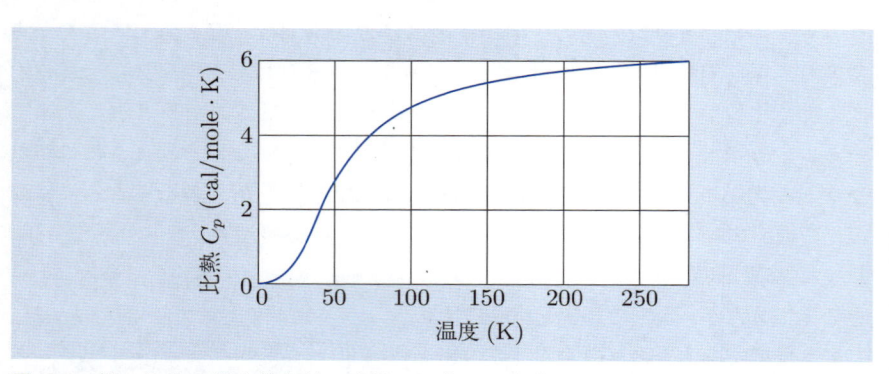

図 5.5 銀の比熱の温度依存性．室温の固体では定積比熱と定圧比熱の差は無視し得るほどに小さい．

系の $6N$ 個の自由度 (原子数 N 個に対して $3N$ 個の位置の自由度と $3N$ 個の運動量の自由度) に対して，1 自由度あたり $k_BT/2$ の熱エネルギーが分配される．したがって合計として内部エネルギーは $3k_BTN$ だけ増加し，比熱が $3k_BN$ となる (**デューロン–プティの法則**)．それでは低温の比熱が 0 から始まり T^3 で増加するのはなぜだろうか．これは実は先ほど考えたように格子振動のエネルギーは 0 から始まって上限があり，その振動モードの励起分布が温度に依存していることおよび格子振動のエネルギーが光と同様に量子化されるからである．次にこれを考えよう．

5.2.2 デバイ模型

格子振動による比熱は，振動の自由度に分配されるエネルギー分布によるものである．具体的に振動による内部エネルギーとその比熱を計算してみよう．そのためにまず振動の自由度 $3N$ (原子数を N とする) が波数 k あるいは角振動数 ω の関数としてどのようになっているか知らなくてはならない．

系を長さ L の立方体であるとして周期境界条件を課すことにする．波数 k は

$$\boldsymbol{k} = (k_x, k_y, k_z), \quad k_x = \frac{2\pi}{L}m_x, \quad m_x = 0, \pm 1, \pm 2, \cdots \tag{5.23}$$

である．波数が $k \sim k+dk$ にある振動モードの総数を $g(k)dk$ とする．密度は k の単位体積あたり一定で $\{L/(2\pi)\}^3$ である．半径 k の球殻の体積は $4\pi k^2 dk$ であるから波数が $k \sim k+dk$ にある振動モードの総数 $g(k)dk$ は

$$g(k)dk = \left(\frac{L}{2\pi}\right)^3 4\pi k^2 dk$$

となる．これから密度 $g(k)$ として

$$g(k) = 4\pi k^2 \frac{L^3}{(2\pi)^3} = \frac{V}{2\pi^2}k^2 \tag{5.24}$$

が得られる．ここで $V = L^3$ は系の体積である．

振動モード j が

$$\omega_j = v_j k \tag{5.25}$$

という分散関係を持つと仮定する．これは今まで議論してきた格子振動の長波長近似に対応し，低温では十分満足できる取扱となっているはずである．この仮定のもとでは角振動数の関数としての振動の自由度の密度を $g_j(\omega)$ と書く (角振動数 $\omega + d\omega$ の間の状態数が $g_j(\omega)d\omega$ と定義される) と

表 5.2 いくつかの物質のデバイ温度 (K)

C(diamond)	C(グラファイト)	Al	Si	Ca	Fe	Cu	W	Au	NaCl
2230	420	428	640	230	467	343	400	165	321

$$g_i(\omega) = g(k)\frac{dk}{d\omega} = \frac{V}{2\pi^2 v_i^3}\omega^2 \tag{5.26}$$

である．すでに議論したように振動モードはその振動の偏りにより縦波1つと横波2つがあり，それらは一般に速度も異なる．これを v_l, v_t と書くことにしよう．弾性波の平均的速度を v_0 とすると偏りの自由度まで考慮した自由度の密度としては

$$\bar{g}(\omega) = \frac{3V}{2\pi^2 v_0^3}\omega^2, \quad \frac{3}{v_0^3} = \frac{1}{v_l^3} + \frac{2}{v_t^3} \tag{5.27}$$

を考えればよい (**デバイ模型**).

格子振動の振動数には上限があった．いま分布関数 $g(\omega)$ に対応して振動数の上限を ω_D (**デバイ振動数**) とする．振動の自由度 $3N$ と $\bar{g}(\omega)$ を用いた自由度数が等しくならねばならないから

$$3N = \int_0^{\omega_D} \bar{g}(\omega)d\omega = \frac{\omega_D^3}{2\pi^2}\frac{V}{v_0^3}$$

である．これからデバイ振動数として

$$\omega_D = \left(\frac{6\pi^2 N}{V}\right)^{1/3} v_0 \tag{5.28}$$

を得る．あるいはデバイ振動数に対応する温度として**デバイ温度**

$$\theta_D = \frac{\hbar \omega_D}{k_B} \tag{5.29}$$

が定義される．デバイ温度は 100 K から 1000 K 程度であり，硬い物質ほどデバイ温度は高い (表 5.2)．デバイ温度は1次元格子模型で考えた振動数の上限に対応している．

5.2.3 格子振動の量子化とボーズ–アインシュタイン統計

次に振動の分配関数を考えよう．微小振動を考える限り，格子振動の自由度は独立な調和振動子と等価である．古典的には振動子のエネルギーはその振幅

5.2 格子振動と比熱

の2乗に比例しいくらでも小さくできる．一方，調和振動子の固有角振動数を ω とすると，量子論では振動のエネルギー量子は $\hbar\omega$ であり，またその励起エネルギーは n を 0 または正整数として $n\hbar\omega$ と表される（$n=0$ が基底状態）．量子数 n の状態の数は $\exp(-n\hbar\omega/(k_BT))$ に比例する．分配関数は

$$Z = \sum_{n=0}^{\infty} \exp\left(-n\frac{\hbar\omega}{k_BT}\right) = \frac{1}{1-\exp\left(-\frac{\hbar\omega}{k_BT}\right)} \tag{5.30}$$

であり，これを考えると分布関数 $f_{BE}(\hbar\omega,T)$ は

$$f_{BE}(\omega,T) = \frac{\exp\left(-\frac{\hbar\omega}{k_BT}\right)}{1-\exp\left(-\frac{\hbar\omega}{k_BT}\right)} = \frac{1}{\exp\left(\frac{\hbar\omega}{k_BT}\right)-1} \tag{5.31}$$

となる．これを**ボーズ–アインシュタイン分布**という．調和振動子の n 番目の励起状態は，エネルギー $\hbar\omega$ の量子力学的粒子が n 個作られた状態と考えることができる．格子振動を量子化した粒子を特にフォノンと呼ぶ．フォノンは**ボーズ–アインシュタイン統計**に従う．一般にボーズ–アインシュタイン統計に従う粒子を一般にボーズ粒子といい，光子やフォノンは**ボーズ粒子**である．一方，電子はフェルミ–ディラック統計に従う**フェルミ粒子**である．フェルミ粒子については後の章で説明する．

分布関数 $f_{BE}(\omega,T)$ および振動子の自由度の分布 $\bar{g}(\omega)$ を用いると格子振動の内部エネルギー U は

$$\begin{aligned}
U &= \int_0^{\omega_D} \frac{\hbar\omega}{\exp\left(\frac{\hbar\omega}{k_BT}\right)-1} \bar{g}(\omega)d\omega \\
&= \frac{3V(k_BT)^4}{2\pi^2 v_0^3 \hbar^3} \int_0^{\omega_D} \frac{\left(\frac{\hbar\omega}{k_BT}\right)^3}{\exp\left(\frac{\hbar\omega}{k_BT}\right)-1} \frac{\hbar}{k_B} \frac{d\omega}{T} \\
&= 9Nk_BT \left(\frac{T}{\theta_D}\right)^3 \int_0^{x_D} \frac{x^3}{\exp x - 1} dx \tag{5.32}
\end{aligned}$$

と計算される．ここで

$$x = \frac{\hbar\omega}{k_B T}, \quad x_D = \frac{\hbar\omega_D}{k_B T} = \frac{\theta_D}{T}$$

とした．さらに比熱は内部エネルギーを温度で微分して

$$C_v = 9Nk_B \left(\frac{T}{\theta_D}\right)^3 \int_0^{x_D} \frac{x^4 \exp x}{(\exp x - 1)^2} dx \tag{5.33}$$

と求められる．

低温では積分の上限 x_D を無限大とすることが許されるから内部エネルギーは温度 T の4乗，比熱は温度の3乗に比例する．もう少し計算を進めるとツェータ (ζ) 関数の公式

$$\int_0^\infty \frac{x^3}{\exp x - 1} dx = 6\zeta(4) = \frac{\pi^4}{15}$$

を用いて

$$U = \frac{3\pi^4 N k_B T}{5} \left(\frac{T}{\theta_D}\right)^3 \tag{5.34}$$

$$C_v = \frac{12\pi^4 N k_B}{5} \left(\frac{T}{\theta_D}\right)^3 \tag{5.35}$$

を得る．したがって比熱は低温領域で，温度の3乗に比例する．

一方，高温領域 ($T > \theta_D$) では (5.32) 式で

$$\frac{1}{\exp x - 1} \simeq \frac{1}{x}$$

と展開して

$$U = 9Nk_B T \left(\frac{T}{\theta_D}\right)^3 \int_0^{x_D} \frac{x^3}{\exp x - 1} dx \simeq 3Nk_B T \tag{5.36}$$

したがって比熱は

$$C_v = 3Nk_B \tag{5.37}$$

となりデューロン–プティの法則が成り立つ．

5.3 非調和振動と熱的性質

これまではフックの法則に従う格子模型 (調和振動模型) を具体的モデルとして固体の格子振動を考えてきた．微小変位に対しては調和振動子模型は常に正しいが，変位が大きい場合や不純物や格子欠陥により原子の運動がランダムになる場合には高次の効果が重要になる．物質の熱膨張 (原子の振動の振幅が大きくなって**非調和性**が重要になる) や熱伝動 (フォノンの非調和性による散乱や不純物散乱による熱拡散の過程) を議論してみよう．

5.3.1 熱膨張

固体の**熱膨張**には原子間の非調和相互作用が本質的である．簡単のために再び 1 次元模型を考え x を原子の平衡位置からの変位とし，原子は独立にポテンシャル

$$V(x) = cx^2 - gx^3 - fx^4 \tag{5.38}$$

の中を運動しているとしよう (図 5.6)．**非調和項** ((5.38) 式の右辺第 2 項以下) がなければ原子変位は $\langle x \rangle = 0$ である．非調和項があれば $\langle x \rangle \neq 0$ となり，温

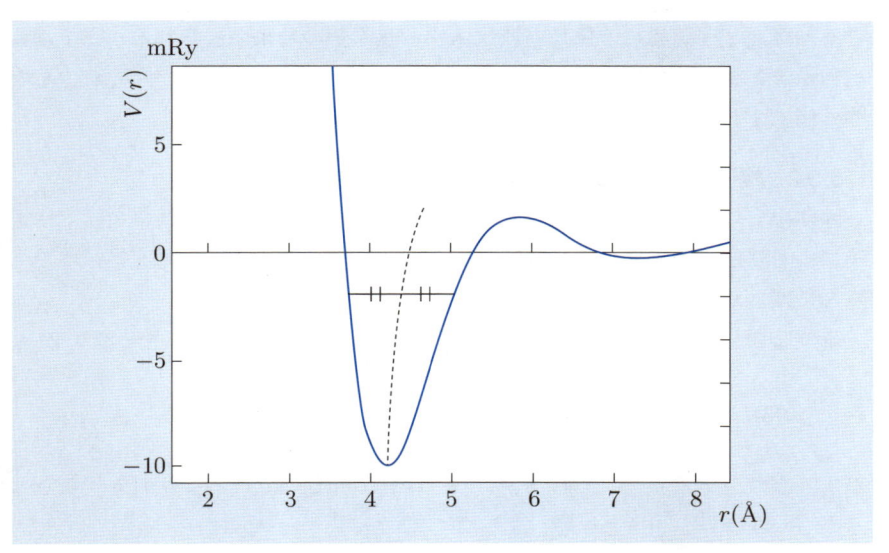

図 5.6 原子が中を運動しているポテンシャルとその非調和性

度上昇に伴い原子変位の平均値(平衡位置)の変化が生じる．ここでかぎ括弧は熱平均を表す．原子の平均的な変位はボルツマン分布関数により

$$\langle x \rangle = \frac{\int_{-\infty}^{+\infty} x e^{-V(x)/k_B T} dx}{\int_{-\infty}^{+\infty} e^{-V(x)/k_B T} dx} \tag{5.39}$$

である．

　非調和項は調和項に比べて小さいとしてその部分のみ指数関数を展開すれば

$$\int_{-\infty}^{+\infty} x e^{-V(x)/k_B T} dx \simeq \int_{-\infty}^{+\infty} e^{-cx^2/k_B T} \left(x + \frac{gx^4}{k_B T} + \frac{fx^5}{k_B T} \right) dx$$

$$= \frac{g}{k_B T} \left(\frac{k_B T}{c} \right)^{5/2} \frac{3\pi^{1/2}}{4}$$

$$\int_{-\infty}^{+\infty} e^{-V(x)/k_B T} dx \simeq \int_{-\infty}^{+\infty} e^{-cx^2/k_B T} = \left(\frac{k_B T}{c} \right)^{1/2}$$

となる．結局，

$$\langle x \rangle = \frac{3g}{4c^2} k_B T \tag{5.40}$$

であり温度と非調和項の係数 g に比例する熱膨張の効果が得られる．原子は非調和ポテンシャルの中を熱振動しており，温度上昇に伴い振動の中心が少しずつ外側にずれていくのである．

5.3.2 格子振動による熱伝導

　固体中で熱エネルギーを運ぶものは格子振動と電子である．特に金属では電子による熱伝導が重要であり**熱伝導率**が大きいが，ここでは金属と絶縁体であるとに関わらず存在する格子振動による熱伝導を考える．

　単位時間に単位面積を通過する熱エネルギー流を $\boldsymbol{J}$，エネルギー密度を ρ_E と書くと，連続の方程式により

$$\frac{\partial \rho_\mathrm{E}}{\partial t} = -\mathrm{div} \boldsymbol{J} \tag{5.41}$$

が成り立つ．定常状態における熱流 $\boldsymbol{J}$ は温度勾配 $\mathrm{grad} T$ により引き起こされるから

$$\boldsymbol{J} = -K \mathrm{grad} T \tag{5.42}$$

5.3 非調和振動と熱的性質

と書くことができる(**フーリエの法則**). K を**熱伝導率**(単位 $\mathrm{J \cdot s^{-1} \cdot m^{-1} \cdot K^{-1}}$) という. さらにエネルギーの変化 ($\Delta \rho_\mathrm{E}$) と温度変化 ($\Delta T$) との間には

$$\Delta \rho_\mathrm{E} = \rho C_v \Delta T \tag{5.43}$$

という関係がある. ただし定積比熱 C_v (単位 $\mathrm{J \cdot kg^{-1} \cdot K^{-1}}$), 密度 ρ (単位 $\mathrm{kg \cdot m^{-3}}$) を用いた. これらから

$$\rho C_v \frac{\partial T}{\partial t} = -\mathrm{div} \boldsymbol{J} = K \mathrm{div\ grad} T = K \Delta T$$

すなわち

$$\frac{\partial T}{\partial t} = \frac{K}{\rho C_v} \Delta T \tag{5.44}$$

が成り立つ. (5.44) 式を**熱伝導方程式**といい, $\kappa = \dfrac{K}{\rho C_v}$ を**熱拡散係数** (単位 $\mathrm{m^2/s}$) という ((5.44) の Δ はラプラス演算子である).

さて最初に熱伝導という現象は格子振動の非調和性によると述べた. 一方, これまでの議論に格子振動の非調和性という仮定は持ち込んでいないように見える. これはどのような事情によるのであろうか. それはそもそもの式 (5.42) の仮定にある. もし格子振動が調和的で熱エネルギーが抵抗なく試料を通り抜けることができれば式 (5.42) は成立せず, 熱流は (温度勾配でなく) 試料両端のエネルギー差に比例するはずである. 熱流が温度勾配に比例すると書いたところで, 実は暗黙のうちに熱エネルギーの輸送がランダムな過程であり, 試料の中でフォノンの衝突によりその生成・消滅を繰り返しながら伝播していくことを認めているのである. フォノンの衝突の原因は, 結晶中に不純物や格子不完全性がなければ格子振動の非調和性のみである.

さらに非調和項の存在のみでは熱伝導が生じないことに注意しておこう. もし非調和項のために 2 個のフォノン (運動量を $\boldsymbol{K}_1, \boldsymbol{K}_2$) が衝突して 1 個のフォノン (運動量 $\boldsymbol{K}_3$) になったとして, この過程で運動量の保存

$$\boldsymbol{K}_1 + \boldsymbol{K}_2 = \boldsymbol{K}_3 \tag{5.45}$$

が成り立っていたとしよう (**ノーマル過程**, N 過程). その場合には熱流の全体の運動量は変化しないから, 実は熱流は乱されることがない. したがって固体に入ってきた熱流はそのまま反対側に抜けていき, 熱抵抗にならないのである.

熱伝導現象が起きるためにはフォノンの運動量が保存しないことが必要である．このような過程（**ウムクラップ過程**，あるいは反転過程という）が生じるのは，フォノンの運動量に逆格子ベクトル $\boldsymbol{G}$ だけの自由度があり，

$$\boldsymbol{K}_1 + \boldsymbol{K}_2 = \boldsymbol{K}_3 + \boldsymbol{G} \tag{5.46}$$

ということが起こるからである．これにより熱流が抵抗を受けることが可能になる．

最後に熱伝導率 K が，比熱 C_v^{ph}（フォノンの個数を n^{ph} とすればこれはフォノン1個の比熱の n^{ph} 倍である），フォノンの速度 v^{ph}，フォノンの平均自由行程 l^{ph} を用いて

$$K = \frac{1}{3} C_v^{\mathrm{ph}} v^{\mathrm{ph}} l^{\mathrm{ph}} \tag{5.47}$$

と書くことができることを示そう．x 方向にある温度差 ΔT の中でのフォノンの移動で全体として $C_v^{\mathrm{ph}} \Delta T$ だけ熱エネルギーを失う．l_x^{ph} 進む間の温度差は $\Delta T = \dfrac{dT}{dx} l_x^{\mathrm{ph}}$ でありまた**フォノンの衝突緩和時間** τ を用いれば $l_x^{\mathrm{ph}} = \tau v_x^{\mathrm{ph}}$ であるから

$$\Delta T = \frac{dT}{dx} \tau v_x^{\mathrm{ph}}$$

である．以上を用いると全体の熱流（x 方向に流れる）j_x は，$l^{\mathrm{ph}} = \tau v^{\mathrm{ph}}$ を用いて

$$\begin{aligned}
j_x &= -v_x^{\mathrm{ph}} C_v^{\mathrm{ph}} \Delta T \\
&= \langle (v_x^{\mathrm{ph}})^2 \rangle C_v^{ph} \tau \frac{dT}{dx} \\
&= -\frac{1}{3} (v^{\mathrm{ph}})^2 C_v^{ph} \tau \frac{dT}{dx} \\
&= -\frac{1}{3} v^{\mathrm{ph}} C_v^{ph} l^{\mathrm{ph}} \frac{dT}{dx} \\
&= -K \frac{dT}{dx}
\end{aligned} \tag{5.48}$$

となる．すなわち $K = \dfrac{1}{3} C_v^{\mathrm{ph}} v^{\mathrm{ph}} l^{\mathrm{ph}}$ である．

5章の問題

- [ ] **1** 横波の伝播速度は縦波の伝播速度より遅い．なぜか．

- [ ] **2** デバイ温度を種々の物質について比熱の実験から見積もれ．

- [ ] **3** 1原子2次元正方格子に対してバネのモデルを用いて振動を解析してみよ．

- [ ] **4** 結晶格子を単一の角振動数を持った独立の振動子の集合であると考えて比熱を考えよ (アインシュタイン模型)．

6 量子力学と原子の電子配置

　各元素の性質は，原子質量の順に並べれば周期的である．これが周期律あるいは周期表である．元素の性質がその電子配置により決まるからである．周期律を反映して固体の性質もまた同様に周期的であり，同一の族に属する単体固体は類似の電子的性質を示す．

　固体内電子の振舞いを学ぶために，量子力学のおさらいをしておこう．本章は量子力学を学ぶものではなく，必要最小限のものを思い出すために準備した．もし量子力学を少しでも学んだことがない人は，「急がば回れ」の諺どおり，まず量子力学の初歩だけでもよいから少しそちらに目を向けるようにしよう．

　主量子数，軌道角運動量，スピン(角運動量)，フェルミ-ディラック統計，交換相互作用などが最小限必要な知識である．

6章で学ぶ概念・キーワード
- シュレーディンガー方程式，固有状態
- 軌道角運動量，スピン角運動量
- 多電子波動関数と交換相互作用
- フェルミ–ディラック分布，フェルミ統計
- 電子配置

6.1 電子の波と確率

電子は干渉や回折という波動としての性質を示す (第 3 章)．一方，電子は質量を持った粒子である．このように粒子および波動としての両方の性質を電子が示すのは，電子が量子力学的な粒子/波動であるからである．

電子は座標 r と時間 t の関数である**波動関数** $\psi(r,t)$ によって表される量子力学的粒子/波動であり，古典的波と同様な干渉や回折といった現象を示す．電子の存在は確率的に理解され，たとえば電子を時刻 t に座標 r の近傍における微小体積 $\mathrm{d}r$ に <u>見出す**確率**</u> は

$$n(r,t)\mathrm{d}r = |\psi(r,t)|^2 \mathrm{d}r \tag{6.1}$$

で与えられる．波動関数は一般に複素数である．

N 個の電子の状態を記述する波動関数は N 個の座標 r_j $(j=1,2,\cdots,N)$ の組で表され

$$\Psi(r_1 r_2 \cdots r_N, t) \tag{6.2}$$

と書かれる．この場合にも N 個の電子を $\{r_j\}$ $(j=1,2,\cdots,N)$ の近傍の微小体積 $\mathrm{d}^{3N} r$ に見出す確率は

$$n(r_1 r_2 \cdots r_N, t)\,\mathrm{d}^{3N} r = |\Psi(r_1 r_2 \cdots r_N, t)|^2\,\mathrm{d}^{3N} r \tag{6.3}$$

となる．

6.2 シュレーディンガー方程式

6.2.1 シュレーディンガー方程式の簡単な定式化

電子はどのような方程式に従って運動するのであろうか,また波動関数はどのように決められるのであろうか.

量子力学的粒子の特徴をまとめておこう.

1. 「重ね合わせの原理」(**線形性**) が成り立つ.波動関数を決める方程式の解が ψ_1 と ψ_2 とあるとする.c_1 を定数として $c_1\psi_1$ も同じ方程式の解である.また c_1, c_2 を任意の定数として $c_1\psi_1 + c_2\psi_2$ も同じ方程式の解である.これは干渉や回折が起きるための必要条件である.

2. エネルギー E と角振動数 ω の間の関係

$$E = \hbar\omega \quad (\omega = 2\pi\nu) \tag{6.4}$$

および運動量 $\boldsymbol{p}$ と波数 $\boldsymbol{k}$ の間の関係

$$\boldsymbol{p} = \hbar\boldsymbol{k} \quad \left(k = |\boldsymbol{k}| = \frac{2\pi}{\lambda}\right) \tag{6.5}$$

が成立する.外力が働かない自由粒子においては,エネルギーと運動量の関係は粒子の質量を m として

$$E = \frac{\boldsymbol{p}^2}{2m} \tag{6.6}$$

である.

3. 外力に束縛されない自由な粒子は光と同じように振舞う (回折,干渉など).したがって 3 次元空間での波動を考えれば波動関数は

$$\psi(\boldsymbol{r},t) = \frac{1}{(2\pi)^{3/2}} \exp\{i(\boldsymbol{k}\cdot\boldsymbol{r} - \omega t)\} \tag{6.7}$$

である.波動関数 (6.7) 式は (6.4), (6.5) 式を用いれば

$$\psi(\boldsymbol{r},t) = \frac{1}{(2\pi)^{3/2}} \exp[i\{(\boldsymbol{p}/\hbar)\cdot\boldsymbol{r} - (E/\hbar)t\}] \tag{6.8}$$

と書き直すことができる.

われわれがいま考えているのは位置と時間の関数であるから,微分は位置に関するものと時間に関するものとがある.波動関数 (6.8) を空間座標および時間に関してそれぞれ偏微分すれば

$$\frac{\partial}{\partial t}\psi(\boldsymbol{r},t) = -\mathrm{i}\frac{E}{\hbar}\psi(\boldsymbol{r},t) \tag{6.9}$$

$$\frac{\partial^2}{\partial x^2}\psi(\boldsymbol{r},t) = -\left(\frac{p_x}{\hbar}\right)^2 \psi(\boldsymbol{r},t) \tag{6.10}$$

となる．あるいは空間に関してはもう少し工夫して x,y,z 方向の 2 回偏微分係数を組み合わせ，(6.6) 式を用いると

$$\left(\frac{\partial^2}{\partial x^2} + \frac{\partial^2}{\partial y^2} + \frac{\partial^2}{\partial z^2}\right)\psi(\boldsymbol{r},t) = -\frac{\boldsymbol{p}^2}{\hbar^2}\psi(\boldsymbol{r},t)$$

$$= -\frac{2m}{\hbar^2}E\psi(\boldsymbol{r},t) \tag{6.11}$$

となる．(6.9) 式と (6.11) 式から E を消去するとその結果は

$$\mathrm{i}\hbar\frac{\partial}{\partial t}\psi(\boldsymbol{r},t) = -\frac{\hbar^2}{2m}\boldsymbol{\nabla}^2\psi(\boldsymbol{r},t) \tag{6.12}$$

である．これがいまわれわれが導きたいと考えた，外力が 0 である場合の粒子 (自由粒子) の運動を決める**シュレーディンガー方程式**である．ここで記号 $\boldsymbol{\nabla}$ はナブラと呼び，ベクトル微分演算子

$$\boldsymbol{\nabla} = \left(\frac{\partial}{\partial x}, \frac{\partial}{\partial y}, \frac{\partial}{\partial z}\right)$$

である．また $\boldsymbol{\nabla}^2$ はラプラシアン Δ で

$$\boldsymbol{\nabla}^2 = \boldsymbol{\nabla} \cdot \boldsymbol{\nabla}$$

$$= \Delta$$

$$= \frac{\partial^2}{\partial x^2} + \frac{\partial^2}{\partial y^2} + \frac{\partial^2}{\partial z^2} \tag{6.13}$$

である．

以上の議論は自由粒子についてであるが，ポテンシャル $V(\boldsymbol{r})$ の中を運動する粒子の場合には，シュレーディンガー方程式は

$$\mathrm{i}\hbar\frac{\partial}{\partial t}\psi(\boldsymbol{r},t) = \left\{-\frac{\hbar^2}{2m}\boldsymbol{\nabla}^2 + V(\boldsymbol{r})\right\}\psi(\boldsymbol{r},t) \tag{6.14}$$

となる．

6.2.2 固有状態：固有値および固有関数

シュレーディンガー方程式 (6.14) を解いて電子の状態が定まる．波動関数 $\psi(\boldsymbol{r},t)$ の時間依存性が (6.8) 式と同じように

$$\psi(\boldsymbol{r},t) = \exp\left(-\mathrm{i}\frac{E}{\hbar}t\right)\phi(\boldsymbol{r}) \tag{6.15}$$

である解を考えよう．(6.15) を (6.14) に代入すると

$$\left\{-\frac{\hbar^2}{2m}\boldsymbol{\nabla}^2 + V(\boldsymbol{r})\right\}\phi(\boldsymbol{r}) = E\phi(\boldsymbol{r}) \tag{6.16}$$

となる．(6.16) 式を**時間に依存しないシュレーディンガー方程式**という．$\psi(\boldsymbol{r},t)$ も $\phi(\boldsymbol{r})$ も同じ状態を異なる視点から見ているだけである．すなわち $\psi(\boldsymbol{r},t)$ は時間に依存しない状態空間における視点からの表現で，**シュレーディンガー表示**という．一方，$\phi(\boldsymbol{r})$ は時間とともに変動ずる状態空間における視点からの表現であり，**ハイゼンベルク表示**という．

波動関数 $\phi(\boldsymbol{r})$ およびエネルギー E を (6.16) 式を満足するように決める．$\phi(\boldsymbol{r})$ を**固有関数**，E を**固有エネルギー**という．またそのように決められた状態を**固有状態** (eigen-state) という．

6.2.3 期待値

波動関数 $\psi(\boldsymbol{r},t)$ が分かればいろいろな物理量が求められる．座標 $\boldsymbol{r}$ の関数である物理量 $A(\boldsymbol{r})$ は，電子状態 $\psi(\boldsymbol{r},t)$ についてどのような値をとるか．電子を位置 $\boldsymbol{r}$ 近傍の微小体積 $\mathrm{d}\boldsymbol{r}$ に見出す確率は $|\psi(\boldsymbol{r},t)|^2\,\mathrm{d}\boldsymbol{r}$ である．したがってそれぞれの場所で見出される確率の重みをつけて平均し

$$\begin{aligned}\bar{A} &= \int d^3\boldsymbol{r}\; n(\boldsymbol{r},t)A(\boldsymbol{r}) \\ &= \int d^3\boldsymbol{r}\; |\psi(\boldsymbol{r},t)|^2 A(\boldsymbol{r})\end{aligned} \tag{6.17}$$

を計算すればよい．このような平均値を，「物理量の**期待値**」という．(6.1) で電子を見出す確立密度 $n(\boldsymbol{r},t) = |\psi(\boldsymbol{r},t)|^2$ を定義した．広がった電子を見出す確立は密度そのものとほとんど同義であるので，これを**電子密度**と理解しよう．

6.2.4 ハミルトニアン

保存系では，古典力学の**ハミルトニアン**は時間に依存せず運動のあいだ不変である[1]．このような量を不変量という．ハミルトニアンに関する不変量がエ

---

[1] ポテンシャル $V(\boldsymbol{r})$ から $\boldsymbol{F} = -\boldsymbol{\nabla}V(\boldsymbol{r})$ と導かれる力を保存力という．系に作用する力が保存力だけの系を保存系という．

ネルギーである．

ポテンシャル $V(r)$ の中を運動する粒子の場合には，エネルギーは

$$E = H(r, p)$$
$$= \frac{p^2}{2m} + V(r) \tag{6.18}$$

である．(6.16) 式と (6.18) 式とを比較してみるとその類似性に気づくであろう．一般的に次のようにまとめることができる．

「古典力学系のハミルトニアン (6.18) が与えられれば，そこで

$$p \to \frac{\hbar}{i} \nabla \tag{6.19}$$

および

$$E \to i\hbar \frac{\partial}{\partial t} \tag{6.20}$$

の置き換えを行うことによって時間に依存したシュレーディンガー方程式を得ることができる．」

N 個の電子に対するシュレーディンガー方程式も同様に

$$i\hbar \frac{\partial}{\partial t} \Psi(\{r_j\}, t) = \left\{ -\sum_{j=1}^{N} \frac{\hbar^2}{2m} \nabla_j^2 + V(\{r_j\}) \right\} \Psi(\{r_j\}, t) \tag{6.21}$$

である．∇_j は j 番目の電子座標に関する微分である．

6.3 軌道角運動量

原子や固体の問題を扱う場合，**球対称ポテンシャル** $V(|\boldsymbol{r}|)$ の中での束縛状態や散乱を考えることが多い．球対称ポテンシャル中を運動する粒子の状態は軌道角運動量によって指定される．

6.3.1 軌道角運動量と軌道角運動量演算子

中心力場 (1 定点と質点を結ぶ方向に働く力を中心力と呼ぶ) の中にある質点を考えよう．座標の原点を力の中心にとり，質点の位置を $\boldsymbol{r}$ とすると力のベクトルは $f(r)\boldsymbol{r}/r$ と書かれる．質点の質量を m とするとニュートンの運動方程式は

$$m\ddot{\boldsymbol{r}} = f(r)\frac{\boldsymbol{r}}{r} \tag{6.22}$$

である．ここで変数の上についた点「$\cdot$」は時間微分 d/dt を表す．(6.22) を用いるとベクトル積 $\boldsymbol{r} \times \dot{\boldsymbol{r}}$ の時間微分は

$$\frac{d}{dt}(\boldsymbol{r}\times\dot{\boldsymbol{r}}) = (\dot{\boldsymbol{r}}\times\dot{\boldsymbol{r}}) + (\boldsymbol{r}\times\ddot{\boldsymbol{r}}) = \frac{f(r)}{m}\frac{(\boldsymbol{r}\times\boldsymbol{r})}{r} = 0 \tag{6.23}$$

となるから，$\boldsymbol{r}\times\dot{\boldsymbol{r}}$ は時間によらず運動の間一定に保たれる．ここで考えたベクトル

$$\boldsymbol{l} = \boldsymbol{r}\times m\dot{\boldsymbol{r}} = \boldsymbol{r}\times\boldsymbol{p} \tag{6.24}$$

は古典力学で学んだ**角運動量** (**軌道角運動量**) である ($\boldsymbol{p} = m\dot{\boldsymbol{r}}$ は運動量)．

軌道角運動量は (6.24) で定義されているのだから，量子力学に移るには (6.24) 式の運動量を (6.19) 式により演算子で書き直して

$$\begin{aligned}\hat{\boldsymbol{l}} &= \boldsymbol{r}\times\hat{\boldsymbol{p}} = \frac{\hbar}{i}\boldsymbol{r}\times\boldsymbol{\nabla} \\ &= \frac{\hbar}{i}\left(y\frac{\partial}{\partial z} - z\frac{\partial}{\partial y}, z\frac{\partial}{\partial x} - x\frac{\partial}{\partial z}, x\frac{\partial}{\partial y} - y\frac{\partial}{\partial x}\right) \\ &= (\hat{\ell}_x, \hat{\ell}_y, \hat{\ell}_z)\end{aligned} \tag{6.25}$$

と定義すればよい．

角運動量演算子は次のような**交換関係**を満足することが定義から直接示される．

$$[\hat{\ell}_x, \hat{\ell}_y] = \hat{\ell}_x\hat{\ell}_y - \hat{\ell}_y\hat{\ell}_x = \mathrm{i}\hbar\hat{\ell}_z$$
$$[\hat{\ell}_y, \hat{\ell}_z] = \mathrm{i}\hbar\hat{\ell}_x, \quad [\hat{\ell}_z, \hat{\ell}_x] = \mathrm{i}\hbar\hat{\ell}_y \tag{6.26}$$

かぎ括弧 [,] は**交換子** (commutator) と呼ばれ, $[A, B] = AB - BA$ と定義される.

6.3.1.1 軌道角運動量演算子とラプラス演算子

角運動量演算子 $\hat{\boldsymbol{l}}$ を 3 次元極座標 (r, θ, φ) で表すと便利である. $\hat{\boldsymbol{l}}$ は動径 r あるいはその微分を含まない. たとえば $\hat{\boldsymbol{l}}^2$ を (r, θ, φ) で表すと

$$\hat{\boldsymbol{l}}^2 = -\hbar^2 \left\{ \frac{1}{\sin\theta}\frac{\partial}{\partial\theta}\left(\sin\theta\frac{\partial}{\partial\theta}\right) + \frac{1}{\sin^2\theta}\frac{\partial^2}{\partial\phi^2} \right\} \tag{6.27}$$

となる. ラプラシアンを極座標 (r, θ, φ) で表し (6.27) 式と比べると

$$\begin{aligned}
\Delta &= \frac{1}{r^2}\left(r\frac{\partial}{\partial r}\right)^2 + \frac{1}{r}\left(\frac{\partial}{\partial r}\right) - \frac{1}{r^2\hbar^2}\hat{\boldsymbol{l}}^2 \\
&= \frac{1}{r^2}\frac{\partial}{\partial r}\left(r^2\frac{\partial}{\partial r}\right) - \frac{1}{r^2\hbar^2}\hat{\boldsymbol{l}}^2
\end{aligned} \tag{6.28}$$

を得る. したがって球対称ポテンシャル $V(r)$ ($r = |\boldsymbol{r}|$) の中を運動する電子の時間に依存するシュレーディンガー方程式は次のようになる.

$$\begin{aligned}
&\mathrm{i}\hbar\frac{\partial}{\partial t}\psi(\boldsymbol{r}, t) \\
&= \left[-\frac{\hbar^2}{2m}\left\{ \frac{1}{r^2}\frac{\partial}{\partial r}\left(r^2\frac{\partial}{\partial r}\right) - \frac{1}{r^2\hbar^2}\hat{\boldsymbol{l}}^2 \right\} + V(r) \right]\psi(\boldsymbol{r}, t)
\end{aligned} \tag{6.29}$$

時間に依存しないシュレーディンガー方程式は同様に

$$\left[-\frac{\hbar^2}{2m}\left\{ \frac{1}{r^2}\frac{\partial}{\partial r}\left(r^2\frac{\partial}{\partial r}\right) - \frac{1}{r^2\hbar^2}\hat{\boldsymbol{l}}^2 \right\} + V(r) \right]\phi(\boldsymbol{r}) = E\phi(\boldsymbol{r}) \tag{6.30}$$

である.

6.3.2 軌道角運動量固有関数 $Y_{lm}(\theta, \varphi)$

球対称ポテンシャル中の粒子に対するシュレーディンガー方程式 (6.30) の解は, 変数分離形によって

$$\phi(\boldsymbol{r}) = R_l(r)Y_{lm}(\theta, \varphi) \tag{6.31}$$

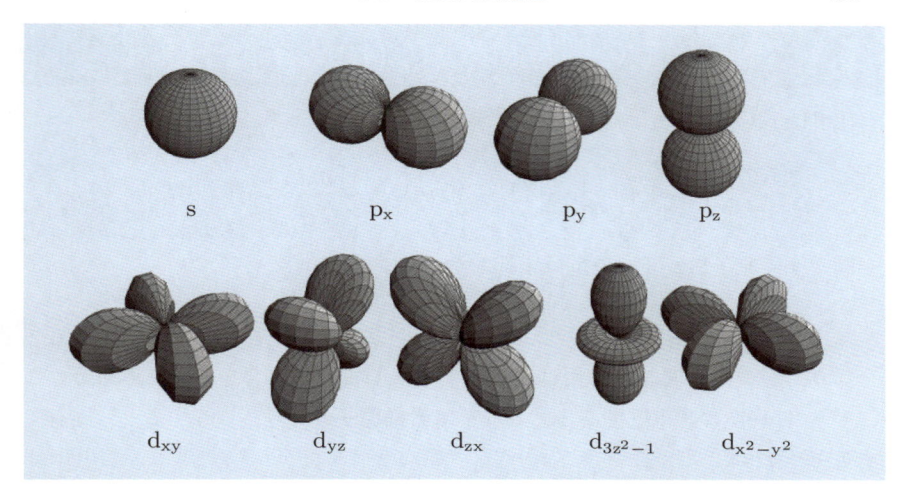

図 6.1 球関数 $Y_{lm}(\theta,\varphi)$ あるいはその線形結合で表した関数.第 1 段左は s 軌道 $l=0$ 成分,第 1 段右の 3 つは p 軌道 $l=1$ 成分,下段は d 軌道 $l=2$ 成分.3 次元の角度 θ,ϕ に対し,波動関数の振幅を原点からの距離にとって極座標表示した.

と書くことができる.

関数 $Y_{lm}(\theta,\varphi)$ は微分方程式

$$\frac{1}{\sin\theta}\frac{\partial}{\partial\theta}\left(\sin\theta\frac{\partial Y_{lm}}{\partial\theta}\right) + \frac{1}{\sin^2\theta}\frac{\partial^2 Y_{lm}}{\partial\phi^2} + l(l+1)Y_{lm} = 0 \tag{6.32}$$

を満たす.$Y_{lm}(\theta,\varphi)$ を**球関数**あるいは**球面調和関数**といいその性質はよく知られている.l を**方位量子数**といい,0 または正の整数値をとり得る.さらに方位量子数 l が決まると**磁気量子数** m は $(2l+1)$ 個の 0 または整数値

$$m = -l,\ -l+1,\ \cdots,\ l-1,\ l \tag{6.33}$$

をとる.$l=0,1,2,3,\cdots$ を s, p, d, f, $\cdots$ と呼ぶ.l が奇数 (偶数) であるときには波動関数 $\psi(\boldsymbol{r})$ は $\boldsymbol{r} \to -\boldsymbol{r}$ に対して符号を変える (変えない).

図 6.1 には球関数 $Y_{lm}(\theta,\varphi)$ あるいはその線形結合で表した関数を示そう.これらは大変特徴的な形をしている.この形がそれぞれの原子の結合の方向性などのもとになる.図には符号は表示されていないことに注意しよう.

6.4 動径方向の固有関数 $R_{nl}(r)$ と主量子数 n

(6.31) 式の関数 $R_l(r)$ は微分方程式

$$\frac{1}{r^2}\frac{d}{dr}\left(r^2\frac{dR_l}{r}\right) + \left\{\frac{2m}{\hbar^2}(E-V(r)) - \frac{l(l+1)}{r^2}\right\}R_l = 0 \quad (6.34)$$

を満たす.原子核が Ze の電荷を持ちクーロンポテンシャル

$$V(r) = \frac{Ze^2}{4\pi\varepsilon_0 r}$$

を作り,かつ電子間相互作用はひとまず無視してよい場合を考えてみよう.ここで ε_0 は真空の誘電率である.これを**水素様原子**という.こうすると,固有エネルギー E は

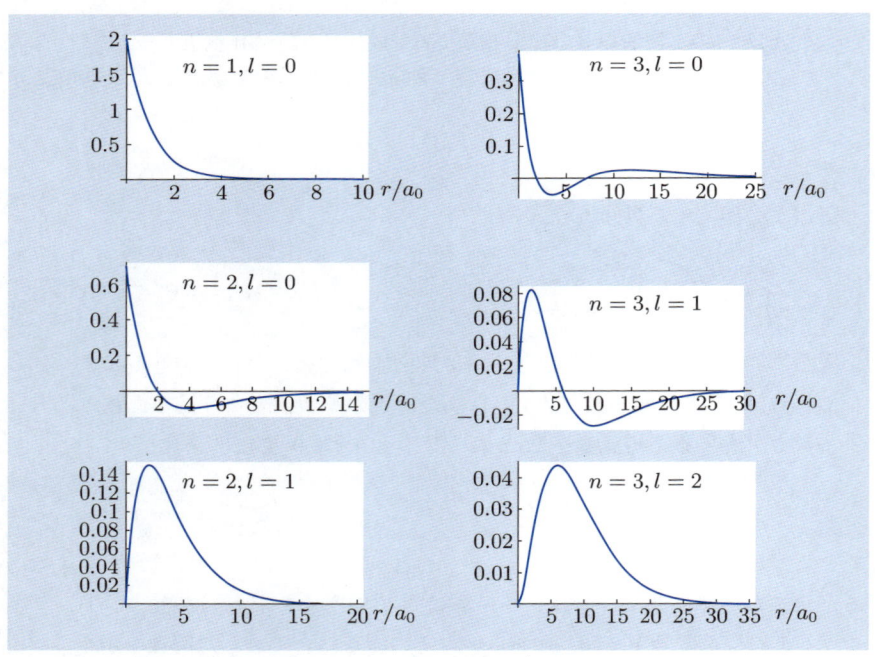

図 6.2 水素原子の動径 r 方向の波動関数 $a_0^{3/2}R_{nl}(r)$.a_0 はボーア半径.

$$E_n = -\frac{Z^2(e^2/4\pi\varepsilon_0)}{2a_0 n^2} \tag{6.35}$$

$$a_0 = \frac{\hbar^2 \pi \varepsilon_0}{me^2} \tag{6.36}$$

となる．水素原子 ($Z=1$) に束縛された電子の基底状態は 1s 軌道であり，その束縛エネルギーが $E_1 \simeq 13.6\,\mathrm{eV}$ である．$a_0 \simeq 0.0529\,\mathrm{nm}$ は水素の 1s 状態のおおよその広がりであり，**ボーア半径**という．a_0 は原子・分子の問題の基本的長さのスケールとなり，原子の広がりや分子内の原子間距離のおおよその目安となる．図 6.2 には水素原子の場合の波動関数 $R_l(r)$ の r 依存性を示しておこう．

▣ SI 接頭辞

SI 単位系においてさまざまな量を表すとき，補助的に用いられる接頭辞がある．すでにキロ，センチ，ミリ，ps, fs などが出てきた．これらをまとめて下表に示しておこう．

量の割合を表すのに，％（パーセント），ppm, ppb などを用いることもある．ppb は parts per billion の略で，10 億分の 1，ppm は parts per million の略で，百万分の 1 を表す．よりなじみの深い％は parts per cent の略である．これらの記号は数字の末尾に ppb, ppm, ％とつけるが無名数である．1％は 10,000 ppm と同じである．

表　SI 接頭辞

10^{18}	10^{15}	10^{12}	10^{9}	10^{6}	10^{3}	10^{2}	10^{1}	10^{0}
エクサ	ペタ	テラ	ギガ	メガ	キロ	ヘクト	デカ	
E	P	T	G	M	k	h	da	
10^{-1}	10^{-2}	10^{-3}	10^{-6}	10^{-9}	10^{-12}	10^{-15}	10^{-18}	
デシ	センチ	ミリ	マイクロ	ナノ	ピコ	フェムト	アト	
d	c	m	μ	n	p	f	a	

6.5　スピン角運動量

電子には**スピン角運動量**と呼ばれる 2 つの値をとるもう 1 つの自由度がある．スピン角運動量は軌道角運動量とは違い，古典力学では対応する物理量が存在しない．スピン角運動量は，軌道角運動量と同じような角運動量としての性質を持ち軌道角運動量との間に足し算ができ，それが実験的にも合成角運動量として観測できる．2 つの準位からなるスピン角運動量はちょうど大きさが $(1/2)\hbar$ の角運動量である．電子の波動関数は，その空間座標 x, y, z およびスピン座標 σ（シグマ）の関数である．これを以降は $\phi(\boldsymbol{r}, \sigma)$ と書く．

スピン座標（あるいはスピン変数）σ は連続な値をとらず異なる 2 つの値のみをとる変数である．波動関数のうちスピン角運動量を表す部分（**スピン波動関数**）は，$\sigma = 1$ のとき 1 を $\sigma = -1$ のとき 0 をとるものと，$\sigma = -1$ のとき 1 を $\sigma = 1$ のとき 0 をとるものとを考えればよい．

$$\alpha(\sigma) = \begin{cases} 1 & (\sigma = 1) \\ 0 & (\sigma = -1) \end{cases}, \quad \beta(\sigma) = \begin{cases} 0 & (\sigma = 1) \\ 1 & (\sigma = -1) \end{cases} \tag{6.37}$$

(6.37) 式によって正規直交関係

$$\sum_{\sigma = \pm 1} |\alpha(\sigma)|^2 = \sum_{\sigma = \pm 1} |\beta(\sigma)|^2 = 1, \quad \sum_{\sigma = \pm 1} \alpha(\sigma)\beta(\sigma) = 0 \tag{6.38}$$

が満足されていることも分かる．

軌道角運動量の場合と同じようにスピン角運動量演算子 s_x, s_y, s_z が定義される．軌道角運動量演算子と同様にスピン角運動量演算子は次のような交換関係を満足する．

$$[s_x, s_y] = \mathrm{i}\hbar s_z, \quad [s_y, s_z] = \mathrm{i}\hbar s_x, \quad [s_z, s_x] = \mathrm{i}\hbar s_y \tag{6.39}$$

6.6　多電子波動関数と交換相互作用

これまでは，ポテンシャル場内に1個の電子が置かれた場合の1電子準位について考えてきた．実際の系では原子でも分子でも固体でも，(水素原子以外は)たくさんの電子の集合である．電子はフェルミ統計に従い，相互作用のない場合にも**パウリの排他律**(**パウリ原理**)が働いている．そのため多電子波動関数には特別の形が要請される．

簡単のため2個の電子からなる系を考えまた実空間座標 $\boldsymbol{r}$ とスピン座標 σ を合わせて $\xi=(\boldsymbol{r}\sigma)$ と書こう．1電子軌道が2つ ($\phi_a(\xi),\phi_b(\xi)$) あり，これに2つの電子を詰めることにする．2個の電子の波動関数を

$$\Psi(\xi_1,\xi_2) \tag{6.40}$$

と書き，1番目の電子の座標 ξ_1 と2番目の電子の座標 ξ_2 を入れ換える演算子を P_{12} としよう．

$$P_{12}\Psi(\xi_1,\xi_2) = \Psi(\xi_2,\xi_1) \tag{6.41}$$

系の**多電子ハミルトニアン** H は

$$H = \left\{-\frac{\hbar^2}{2m}\Delta_1 - \frac{\hbar^2}{2m}\Delta_2 + v(\xi_1) + v(\xi_2)\right\} + \frac{e^2/(4\pi\varepsilon_0)}{|\boldsymbol{r}_1-\boldsymbol{r}_2|} \tag{6.42}$$

である．H は ξ_1 と ξ_2 の順序に依存しないから，$[P_{12},H]=P_{12}H-HP_{12}=0$ である．このことは，量子力学的粒子の固有状態の波動関数 $\Psi(\xi_1,\xi_2)$ は座標を入れ換えても同じ固有エネルギーの状態であり，さらに波動関数 $\Psi(\xi_1,\xi_2)$ を P_{12} の固有関数としてとることができることを意味している．P_{12} の固有値を p とすると次式を得る．

$$P_{12}\Psi(\xi_1,\xi_2) = \Psi(\xi_2,\xi_1) = p\Psi(\xi_1,\xi_2) \tag{6.43}$$

一方

$$P_{12}^2 = 1 \tag{6.44}$$

であるから

$$p^2 = 1,\quad p = \pm 1 \tag{6.45}$$

でなくてはならない．以上により

$$\Psi(\xi_2, \xi_1) = \pm \Psi(\xi_1, \xi_2) \tag{6.46}$$

となる．すなわち，量子力学的粒子の座標の交換に対し，波動関数は符号を変えるか，変えないかしかない．実際には電子や陽子あるいは ^{3}He のような粒子は

$$p = -1 \tag{6.47}$$

しか許されず，座標の交換に対して必ず符号を変える．これがフェルミ粒子である．一方，ボーズ粒子は上の議論で $p=1$ に対応する量子力学的粒子である．

2 電子の波動関数としては

$$\phi_a(\xi_1)\phi_b(\xi_2), \quad \phi_b(\xi_1)\phi_a(\xi_2)$$

あるいはこの 2 つの線形結合が考えられるが，粒子の交換に関して波動関数の符号を変える ((6.47) 式) 波動関数は

$$\begin{aligned}\Psi(\xi_1, \xi_2) &= A_2(\phi_a(\xi_1)\phi_b(\xi_2) - \phi_b(\xi_1)\phi_a(\xi_2)) \\ &= A_2 \begin{vmatrix} \phi_a(\xi_1) & \phi_b(\xi_1) \\ \phi_a(\xi_2) & \phi_b(\xi_2) \end{vmatrix} \end{aligned} \tag{6.48}$$

しかない．A_2 は波動関数の規格化から決められる定数である．ϕ_a, ϕ_b が直交規格化され

$$\langle \phi_a | \phi_a \rangle = 1, \quad \langle \phi_b | \phi_b \rangle = 1, \quad \langle \phi_a | \phi_b \rangle = \langle \phi_b | \phi_a \rangle = 0$$

を満たすなら

$$A_2 = \frac{1}{\sqrt{2!}} \tag{6.49}$$

である．(6.48) 式を**スレーター (Slater) 行列式**という．行列式が行または列の交換に対して符号を変えること (交代性) が，フェルミ粒子の統計と一致しているのである．2 つの軌道が同じであれば，列が同じであるから 0 となる．また座標が同じであれば，行が等しくなり，やはり波動関数が 0 となる．このために電子が同じ軌道に入らずまた空間的にも (たとえクーロン相互作用がなくても) 斥け合うことを表している．これがパウリの排他律である．

ハミルトニアン (6.42) 式の期待値，すなわち 2 電子系の全エネルギー E は行列式を展開して計算すると

6.6 多電子波動関数と交換相互作用

$$E = \langle \Psi | H | \Psi \rangle$$
$$= \int d\boldsymbol{r}_1 \int d\boldsymbol{r}_2\, \Psi^*(\boldsymbol{r}_1, \boldsymbol{r}_2) H \Psi(\boldsymbol{r}_1, \boldsymbol{r}_2)$$
$$= \langle \phi_a | f | \phi_a \rangle + \langle \phi_b | f | \phi_b \rangle + \frac{1}{2}(\langle \phi_a \phi_b | g | \phi_a \phi_b \rangle - \langle \phi_a \phi_b | g | \phi_b \phi_a \rangle) \tag{6.50}$$

となる.ここで f および g は (6.42) 式の 1 電子および 2 電子相互作用の部分で,

$$\langle \phi_a | f | \phi_a \rangle = \sum_\sigma \int d\boldsymbol{r}\, \phi_a^*(\xi) \left\{ -\frac{\hbar^2}{2m}\Delta + v(\xi) \right\} \phi_a(\xi) \tag{6.51}$$

$$\langle \phi_a \phi_b | g | \phi_c \phi_d \rangle$$
$$= \sum_{\sigma\sigma'} \int d\boldsymbol{r} \int d\boldsymbol{r}'\, \phi_a^*(\xi) \phi_b^*(\xi') \left(\frac{e^2}{4\pi\varepsilon_0} \right) \cdot \frac{1}{|\boldsymbol{r}-\boldsymbol{r}'|} \phi_c(\xi) \phi_d(\xi') \tag{6.52}$$

である.軌道の添字 a 等は,波動関数の空間の対称性とスピンの対称性との両方を示している.スピン座標 σ についてはスピン上向き ($\sigma = +1$) およびスピン下向き ($\sigma = -1$) の和をとる.(6.50) 式の第 3 項は書き直すと

$$\sum_{\sigma\sigma'} \int d\boldsymbol{r} \int d\boldsymbol{r}' \left(\frac{e^2}{4\pi\varepsilon_0} \right) \cdot \frac{1}{|\boldsymbol{r}-\boldsymbol{r}'|} |\phi_a(\xi)|^2 |\phi_b(\xi')|^2$$

となり,電子密度 $|\phi_a(\xi)|^2$ と $|\phi_b(\xi')|^2$ との間の古典的な静電相互作用である.これを**ハートリー項**という.(6.50) 式の第 4 項では ϕ_a, ϕ_b のスピン軌道は等しくなければならず,またハートリー項のように電子密度間の相互作用の形でも書けない.これは**交換相互作用**と呼ばれる純粋に量子力学的な相互作用である.

6.7 電子とフェルミ統計

電子数一定の場合，パウリ排他原理を満足する N 電子波動関数の対称性を議論してきた．ここでパウリ原理を満足する統計についてまとめておこう．

フェルミ粒子の場合には，1つのエネルギー固有状態を占有できるのはスピンの自由度も考えに入れてただ1つの粒子だけである．このとき分布関数は

$$f_{FD}(E) = \frac{1}{\exp\{(E-\mu)/k_B T\} + 1} \tag{6.53}$$

で与えられる．ここで μ は**化学ポテンシャル**あるいは**フェルミエネルギー**といい，$f_{FD}(E)$ を**フェルミ–ディラック分布**という．フェルミ粒子の分布は絶対零度 $T=0$ では

$$f_{FD}(E) = \begin{cases} 1 & (E < \mu) \\ 0 & (E > \mu) \end{cases} \tag{6.54}$$

である．有限温度では化学ポテンシャル μ の上下 $k_B T/2$ ぐらいの狭いエネルギー幅の間で電子の分布は1から0に変化する．

6.8　原子の電子配置と周期表

電子が量子力学に従う粒子/波動であること，またそれがパウリ原理を満足するように分布することを見てきた．個々の原子を考えるときにも，その中の電子の配置にはパウリの排他律が要求される．そのため電子はスピンを含めて1つの状態に対しては1個の電子しかその状態をとることは許されない．1個の電子のエネルギーはエネルギーの低いほうから順番に，1s, (2s,2p), (3s,3p,3d), (4s,4p,4d,4f) と名前がつけられている．電子間のクーロン相互作用を無視すれば，主量子数の等しい軌道，たとえば3s, 3p, 3d の状態，にある電子はすべて同じエネルギー固有値を持つ．これを「エネルギー的に**縮退**している」という．原子は軽いほうから順番に核子の数が増えていき，したがって中性原子なら電子の数が同様に増えていく．その電子の状態は，このエネルギー準位にエネルギーの低いほうから順番に電子を詰めていくことによって決まる．実際には電子間相互作用があるため，おおよそは角運動量が小さいほうがエネルギーの低い順位であるので角運動量量子数の小さいほうから順番に電子が収容されていく．だんだん主量子数が大きくなるに従って，エネルギーの順番が少しづつ狂ってくる．

主量子数によらず方位量子数によって波動関数の角度依存性が決まっている．また最もエネルギーの高い状態に電子がいくつあるかによって，物理的性質が似通ってくる．元素の電子配置が上に述べたような規則で決まっているため，イオン化エネルギーや電子親和力その他の物理的，化学的性質が原子番号に関して周期的に現れる．原子の性質が周期的に似て現れる，この性質を**周期律**という．また原子を質量順に並べた上でこの周期が現れるように表現した表を**周期表** (periodic table) という．周期表は1869年にD. メンデレーエフによって提案され，未発見の元素とその性質を予測することに成功している．自然界に存在するのは原子番号が94の元素 Pu (プルトニウム) までであり，それより重い人工的に創られた118番目までの元素が報告されている．正式な名前が付けられているのは111番目のレントゲニウム (Rg) までである．

表 6.1 86番目の元素 Rn（ラドン）までの周期表とその電子配置．最外殻付近の配置のみを記した．

H 1s																	He 1s^2
Li 2s	Be 2s^2											B 2s^{2}2p	C 2s^{2}2p^2	N 2s^{2}2p^3	O 2s^{2}2p^4	F 2s^{2}2p^5	Ne 2s^{2}2p^6
Na 3s	Mg 3s^2											Al 3s^{2}3p	Si 3s^{2}3p^2	P 3s^{2}3p^3	S 3s^{2}3p^4	Cl 3s^{2}3p^5	Ar 3s^{2}3p^6
K 4s	Ca 4s^2	Sc 4s^{2}3d	Ti 4s^{2}3d^2	V 4s^{2}3d^3	Cr 4s^{1}3d^5	Mn 4s^{2}3d^5	Fe 4s^{2}3d^6	Co 4s^{2}3d^7	Ni 4s^{2}3d^8	Cu 4s3d^{10}	Zn 4s^{2}3d^{10}	Ga 4s^{2}3d^{10}4p	Ge 4s^{2}3d^{10}4p^2	As 4s^{2}3d^{10}4p^3	Se 4s^{2}3d^{10}4p^4	Br 4s^{2}3d^{10}4p^5	Kr 4s^{2}3d^{10}4p^6
Rb 5s	Sr 5s^2	Y 5s^{2}4d	Zr 5s^{2}4d^2	Nb 5s^{1}4d^4	Mo 5s^{1}4d^5	Tc 5s^{1}4d^6	Ru 5s^{1}4d^7	Rh 5s^{1}4d^8	Pd 4d^{10}	Ag 5s4d^{10}	Cd 5s^{2}4d^{10}	In 5s^{2}4d^{10}5p	Sn 5s^{2}4d^{10}5p^2	Sb 5s^{2}4d^{10}5p^3	Te 5s^{2}4d^{10}5p^4	I 5s^{2}4d^{10}5p^5	Xe 5s^{2}4d^{10}5p^6
Cs 6s	Ba 6s^2	ランタニド	Hf 6s^{2}4f^{14}5d^2	Ta 6s^{2}4f^{14}5d^3	W 6s^{2}4f^{14}5d^4	Re 6s^{2}4f^{14}5d^5	Os 6s^{2}4f^{14}5d^6	Ir 6s^{2}4f^{14}5d^7	Pt 6s4f^{14}5d^9	Au 6s4f^{14}5d^{10}	Hg 6s^{2}4f^{14}5d^{10}	Tl 6s^{2}4f^{14}5d^{10}6p	Pb 6s^{2}4f^{14}5d^{10}6p^2	Bi 6s^{2}4f^{14}5d^{10}6p^3	Po 6s^{2}4f^{14}5d^{10}6p^4	At 6s^{2}4f^{14}5d^{10}6p^5	Rn 6s^{2}4f^{14}5d^{10}6p^6

6章の問題

☐ **1** 1次元井戸型ポテンシャル

$$V(x) = \begin{cases} -V_0 & (|x| < a/2) \\ 0 & (|x| > a/2) \end{cases}$$

の場合についてシュレーディンガー方程式を解け．

☐ **2** 軌道角運動量演算子の交換関係を確かめよ．

☐ **3** 軌道角運動量演算子を3次元極座標で表せ．

☐ **4** ラプラシアンを3次元極座標で表せ．

☐ **5** フェルミ分布関数がどのように導かれたか統計力学を復習せよ．

7 固体中の電子の振舞い
——エネルギーバンド——

　電気を通すかどうか，可視光に対する性質(物の色，反射，透過)，磁場に対する性質(磁気モーメント)など，物質の多くの性質は，電子の振舞いによって決まる．

　結晶中(周期ポテンシャル場内)の電子は，すでに何度か現れたように，波として伝わる．その結果，電子は「電子バンド」を形成する．実際の物質中のバンドを計算するには，それぞれの物質の特徴をとらえた種々の方法があるがこれについては高度な議論であるので述べない．結晶における電子の振舞いの基本について学ぶ．

7章で学ぶ概念・キーワード
- ブロッホの定理，エネルギーバンド
- 空格子エネルギーバンド，バンドギャップ
- タイトバインディング近似，結合軌道
- 反結合軌道，占有バンドと非占有バンド
- 金属と絶縁体の区別

7.1　1次元系における1つの井戸型ポテンシャル

結晶における周期ポテンシャル場内での電子の振舞いについて学ぶ前に，1つのポテンシャルがある場合の電子の振舞いについて考えてみよう．系は1次元であるとすると，シュレーディンガー方程式は以下のようになる．

$$\left\{-\frac{\hbar^2}{2m}\frac{d^2}{dx^2}+V(x)\right\}\psi(x)=E\psi(x) \tag{7.1}$$

さらに簡単のためにここではポテンシャルは以下のような形であるとする．

$$V(x)=\begin{cases}0 & (x\leq 0,\ x\geq l)\\ V_0 & (0<x<l)\end{cases} \tag{7.2}$$

このようなポテンシャルを1次元**井戸**(**障壁**)**型ポテンシャル**といい，**ポテンシャル井戸**の深さ(**ポテンシャル障壁**の高さ)は V_0，幅は l である．この系に $x=-\infty$ より x の正の方向に運動する**波束**(有限の領域に広がった波)を入れてみよう．この問題は1次元の微分方程式であるから基本的には解析的に解くことも容易であるが，ここでは解の数値的な振舞いを見ることにする．

図 7.1 には障壁ポテンシャルの場合 ($V_0>0$) に波束が入射する前から順に時間経過を追った様子が示してある．波束は障壁ポテンシャルの前面および後方の

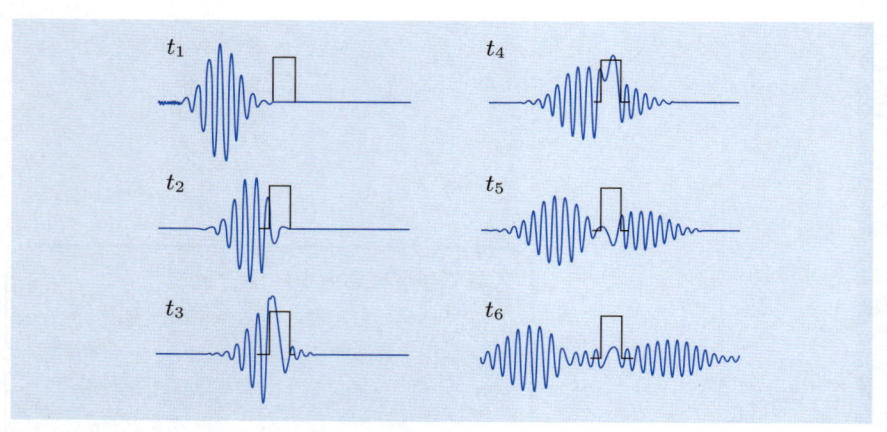

図 7.1　波束のポテンシャル障壁による散乱．時間が経過する過程 ($t_1<t_2<\cdots$) での波動関数の振舞い．

両方で反射され,障壁領域の外に**反射波**および**透過波**として見えている.また右に進む波と左に進む波は互いに干渉し合いその様子も見ることができる.さらに障壁内部にはしばらくの間だけ波が束縛されて留まる様子も見ることができる.このような進行波と反射波が干渉する様子は,ポテンシャルの井戸(障壁)が複数ある場合にはさらに顕著に見ることができ,**定在波**を形成する.これが結晶内で原子が多数存在するときの電子の振舞いとなる.

■ 物性物理学とわれわれの生活

　人類は,さまざまな物質を何10万年かの歴史の中で利用しながらその文明を育ててきた.人間の利用意図が反映される物質を材料と呼ぶ.したがって人類の文明の歴史は物質・材料の歴史ということもできる.

　20世紀後半は固体物理学の時代であり,その成果がわれわれの生活の隅々までを大きく変えた.量子力学の発見と半導体の産業の発達がそれを牽引したといえよう.

　パソコン,携帯電話などのIT機器のみならず多くの工業製品には,コンピュータが組み込まれている.情報メモリやその再生には磁気ディスクや半導体メモリ素子が用いられている.液晶や有機ELなどの,新しいディスプレイ材料の発展もIT技術の広い利用には不可欠である.

7.2 周期的ポテンシャル場内の電子の振舞い

7.2.1 結晶の周期性とブロッホの定理

ポテンシャル場 $V(\boldsymbol{r})$ 内にある1個の電子の定常的状態はシュレーディンガー方程式

$$\left\{-\frac{\hbar^2}{2m}\Delta + V(\boldsymbol{r})\right\}\psi_\mu(\boldsymbol{r}) = E_\mu \psi_\mu(\boldsymbol{r}) \tag{7.3}$$

に従う.結晶内ではポテンシャル場 $V(\boldsymbol{r})$ は結晶の周期性を持つ.

$$V(\boldsymbol{r}) = V(\boldsymbol{r} - \boldsymbol{t}_n) \tag{7.4}$$

また座標を $\boldsymbol{t}_n$ だけ進める演算子を $T(\boldsymbol{n})$: $\boldsymbol{n} = (n_1, n_2, n_3)$ と書くことにする.

$$T(\boldsymbol{n})f(\boldsymbol{r}) = f(\boldsymbol{r} - \boldsymbol{t}_n) \tag{7.5}$$

ハミルトニアン $H = -\hbar^2/(2m)\Delta + V(\boldsymbol{r})$ は結晶の周期性を持っているから,

$$T(\boldsymbol{n})H\psi(\boldsymbol{r}) = HT(\boldsymbol{n})\psi(\boldsymbol{r})$$

すなわち

$$T(\boldsymbol{n})H = HT(\boldsymbol{n}) \tag{7.6}$$

のように**操進操作** $T(\boldsymbol{n})$ と H は交換する.量子力学の一般論により,(7.6) 式はハミルトニアンの固有関数 $\psi_\mu(\boldsymbol{r})$ が $T(\boldsymbol{n})$ の固有関数になるように選ぶことができることを意味している.

いま,$T(n_1 = 1, n_2 = n_3 = 0) \equiv T(1,0,0)$ に対する $\psi_\mu(\boldsymbol{r})$ の固有値を λ_μ^1 とすると

$$\psi_\mu(\boldsymbol{r} - \boldsymbol{a}_1) = T(1,0,0)\psi_\mu(\boldsymbol{r})$$
$$= \lambda_\mu^1 \psi_\mu(\boldsymbol{r})$$

と書かれる.さらに $n_1\boldsymbol{a}_1$ だけ離れれば

$$\psi_\mu(\boldsymbol{r} - n_1\boldsymbol{a}_1) = T(n_1, 0, 0)\psi_\mu(\boldsymbol{r})$$
$$= \{T(1,0,0)\}^{n_1}\psi_\mu(\boldsymbol{r})$$
$$= (\lambda_\mu^1)^{n_1}\psi_\mu(\boldsymbol{r}) \tag{7.7}$$

である.

7.2 周期的ポテンシャル場内の電子の振舞い

3つの a_i 方向にそれぞれ十分大きい数 N_i 倍した長いベクトルを1辺とする平行6面体の系を考え，その表面に対して周期境界条件

$$\psi_\mu(\boldsymbol{r}) = \psi_\mu(\boldsymbol{r} - N_j \boldsymbol{a}_j) \quad (j = 1, 2, 3) \tag{7.8}$$

を置くことにする．これを式 (7.7) に代入して考えれば，固有値 λ_μ^j は $(\lambda_\mu^j)^{N_j} = 1$ すなわち $\lambda_\mu^j = \exp(\mathrm{i} k_j 2\pi)$, $(k_j = l_j/N_j : l_j = 0, 1, 2, \cdots, N_j - 1)$ とならなくてはならないことが分かる．より一般的にいえば

$$\psi_\mu(\boldsymbol{r} - \boldsymbol{t}_n) = \exp(\mathrm{i}\boldsymbol{k} \cdot \boldsymbol{t}_n) \psi_\mu(\boldsymbol{r}) \tag{7.9}$$

$$\boldsymbol{k} = k_1 \boldsymbol{b}_1 + k_2 \boldsymbol{b}_2 + k_3 \boldsymbol{b}_3 \ (k_j = l_j/N_j : l_j = 0, 1, \cdots, N_j - 1) \tag{7.10}$$

である．結晶の周期場の中では電子の波動関数をはじめとしてさまざまな場所の関数である量が (7.9) 式のように表すことができる．これを**ブロッホ (Bloch) の定理**といい，(7.9) 式を満たす関数を**ブロッホ関数**という．

7.2.2 電子のエネルギーバンド

$\boldsymbol{k}$ は (7.10) 式のように，逆格子空間内の平行6面体内の離散的な点をとる．この並行6面体は逆格子空間の単位胞であり，$\boldsymbol{k}$ 点を適当に組み換えた立体が第3章ですでに説明したブリルアンゾーンである．電子状態の固有関数 $\psi_\mu(\boldsymbol{r})$ を指定する量子数 μ の一部分は，このブリルアンゾーン内の波数 $\boldsymbol{k} = (k_x, k_y, k_z)$ である (単位胞の体積を Ω_c とするとブリルアンゾーンの体積は $8\pi^3/\Omega_c$ である)．

固有状態が $\boldsymbol{k}$ で決まるのであるから，固有エネルギーも $\boldsymbol{k}$ の関数として書くことができる．これを **1電子エネルギーバンド**あるいは単に**エネルギーバンド**という．ポテンシャル $V(\boldsymbol{r}) = 0$ の場合は簡単である．

$$-\frac{\hbar^2}{2m} \Delta \psi_{\boldsymbol{k}\mu}(\boldsymbol{r}) = E_\mu(\boldsymbol{k}) \psi_{\boldsymbol{k}\mu}(\boldsymbol{r}) \tag{7.11}$$

$\boldsymbol{k}$ 以外の量子数を μ と書いた．これを解けば，波動関数を体積 $\Omega = N\Omega_c$ の中で規格化して，

$$\psi_{\boldsymbol{k}n}(\boldsymbol{r}) = \frac{1}{\sqrt{\Omega}} \exp\{\mathrm{i}(\boldsymbol{k} + \boldsymbol{K}_n) \cdot \boldsymbol{r}\} \tag{7.12}$$

$$E_n(\boldsymbol{k}) = \frac{\hbar^2}{2m} (\boldsymbol{k} + \boldsymbol{K}_n)^2 \tag{7.13}$$

と求められる．結晶の周期性のため逆格子ベクトル $\boldsymbol{K}_n$ が現れ，この場合量子

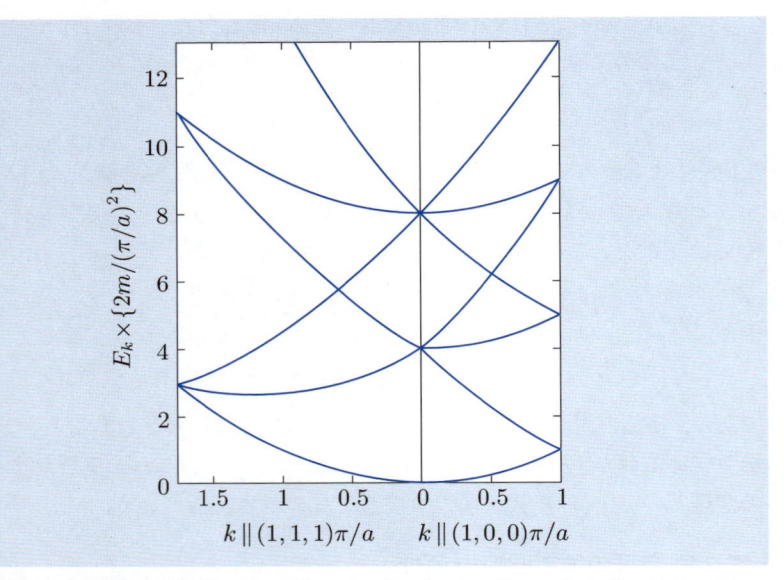

図 7.2 単純立方格子の空格子エネルギーバンド．各バンド・エネルギーは $E_n(\boldsymbol{k}) = \hbar^2/(2m)(\boldsymbol{k}+\boldsymbol{K}_n)^2$ である．エネルギーが高くなるに従って，いろいろな $\boldsymbol{K}_n$ が同じ $\boldsymbol{K}_n^2$ を与えるためバンド構造は複雑になり，またブリルアンゾーンの真中 $\boldsymbol{k}=0$ および端では縮退する．

数 μ は $\boldsymbol{K}_n$ を表すので n と書く．波数 $\boldsymbol{k}$ を結晶の周期性に対応してブリルアンゾーン内に限ったため，このように逆格子ベクトルが現れている．しかし $\boldsymbol{k}$ を (第1) ブリルアンゾーンの外にまで拡張するなら，$\boldsymbol{K}_n$ は必要なくなる．自由電子のエネルギーバンドをブリルアンゾーンの端で折り返しているため，0 でない逆格子 $\boldsymbol{K}_n$ が現れているといってよい．ここで行ったポテンシャル $V(\boldsymbol{r})=0$ の場合のバンドを**空格子 (empty lattice) エネルギーバンド**という (図 7.2)．

周期ポテンシャル $V(\boldsymbol{r})$ が 0 でなければ，そのポテンシャルにより (7.12) 式の波動関数が混ざり合う．その場合も，よい量子数である $\boldsymbol{k}$ は保存されなくてはならない．したがって正しい固有状態は

$$\psi_{\boldsymbol{k}\mu}(\boldsymbol{r}) = \sum_{\boldsymbol{K}_n} c_{\boldsymbol{K}_n}^{\boldsymbol{k}\mu} \exp\{\mathrm{i}(\boldsymbol{k}+\boldsymbol{K}_n)\cdot\boldsymbol{r}\} \tag{7.14}$$

と書くことができる．シュレーディンガー方程式は

7.2 周期的ポテンシャル場内の電子の振舞い

$$H\psi_{k\mu}(r) = E_\mu(k)\psi_{k\mu}(r) \tag{7.15}$$

である．Ω を系の全体積として，

$$\int_\Omega e^{i(K_n - K_m)\cdot r} dr = \delta_{K_n, K_m} \Omega \tag{7.16}$$

に注意しながら，(7.15) 式に左から $\exp\{-i(k+K_m)\cdot r\}$ をかけて積分すると，係数 $c_{K_m}^{k\mu}$ に関する連立方程式

$$\left\{\frac{\hbar^2}{2m}(k+K_m)^2 - E_\mu(k)\right\}c_{K_m}^{k\mu} + \sum_{K_n}\langle k+K_m|V|k+K_n\rangle c_{K_n}^{k\mu}$$
$$= 0 \tag{7.17}$$

が得られる．ここで行列要素は

$$\langle k+K_m|V|k+K_n\rangle = \frac{1}{\Omega}\int_\Omega dr\, e^{-i(k+K_m)\cdot r}V(r)e^{i(k+K_n)\cdot r}$$
$$= \frac{1}{\Omega}\int_\Omega dr\, e^{i(K_n-K_m)\cdot r}V(r)$$
$$= V_{K_n-K_m}$$

であり，k に依存しない $V(r)$ のフーリエ展開係数である．(7.17) 式を摂動論の立場から見れば，$k+K_n$ と $k+K_m$ の成分が強く混ざるのは，空格子バンド・エネルギーがほとんど縮退する

$$|k+K_n| \cong |k+K_m| \tag{7.18}$$

の場合，たとえば $K_m = 0$，$K_n = -K_0$，$k = K_0/2$．すなわち k がブリルアンゾーンの端に位置する場合である．このようなときに $k+K_n$ と $k+K_m$ の状態が強く混ざり，$\pm|V_{K_n-K_m}|$ だけのバンド・エネルギーの分裂が生じる．バンド・エネルギーの分離で開いたエネルギー領域には状態が存在しない．この領域を**バンドギャップ**(**禁止帯**)という(図 7.3)．**進行波**が原子面による散乱波と干渉し**定在波**が作られ(7.1 節)，その定在波のうち原子の中心付近に波の腹を持つものが安定化されエネルギーが下がり，一方原子間に波の腹を持つ定在波のエネルギーが上昇するこのためにバンドギャップが形成されるのである．(ここではイオンの電荷はプラスであると仮定し，電子はマイナス電荷を持つため波の腹の位置とエネルギーの上昇下降は上のように考えた)．

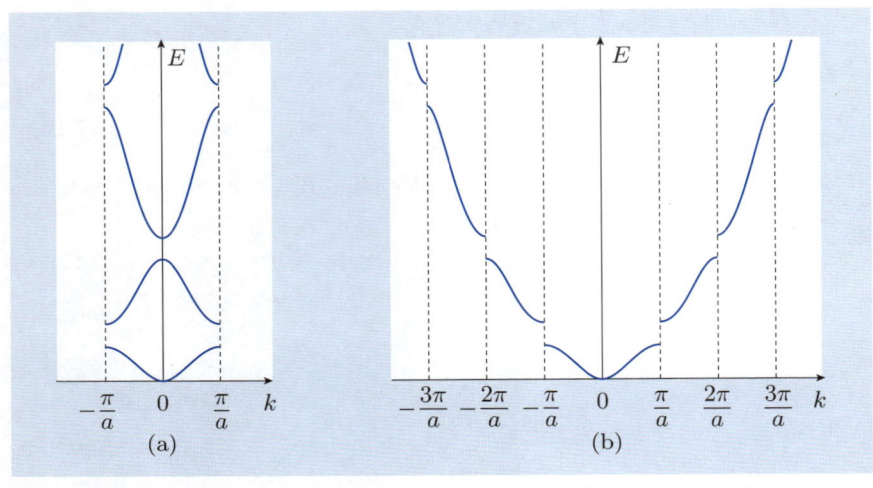

図 7.3 結晶ポテンシャルがある場合のエネルギーバンド. $k=0$ またはブリルアンゾーン端でギャップが開く. (a) ブリルアンゾーンの端でバンドを折り返した場合, (b) 折り返さない場合

7.2.3 タイトバインディング近似

ポテンシャルが深くて,孤立原子の波動関数から出発したほうが考えやすい場合もある.この場合には,正しい全系の固有状態として (7.14) 式の代わりに

$$\psi_{\bm{k}\nu}(\bm{r}) = \sum_{a\mu} c_{a\mu}^{\bm{k}\nu} \sum_{\bm{t}_n} \exp(-i\bm{k} \cdot \bm{R}_{na}) \phi_{a\mu}(\bm{r} - \bm{R}_{na}) \tag{7.19}$$

と書いて,係数 $c_{a\mu}^{\bm{k}\nu}$ を決めればよい. $\phi_{a\mu}(\bm{r})$ は単位胞内の a 原子 (単位胞内の位置 $\bm{R}_a$, $\bm{R}_{na} = \bm{R}_a + \bm{t}_n$) の μ 軌道 ($1s, 2s, 2p_x, 2p_y, 2p_z$ など) の波動関数であり,$\bm{t}_n$ の和は単位胞についての和である. $\bm{k}\nu$ は固有状態を指定する量子数で,波数 $\bm{k}$ の異なる状態は混ざらない.

ここでは簡単のために,単位胞に原子が 1 つだけ存在する場合に話を限ることとしよう.

$$\psi_{\bm{k}\nu}(\bm{r}) = \sum_{\mu} c_{\mu}^{\bm{k}\nu} \sum_{\bm{t}_n} \exp(-i\bm{k} \cdot \bm{t}_n) \phi_{\mu}(\bm{r} - \bm{t}_n) \tag{7.20}$$

シュレーディンガー方程式

$$H\psi_{\bm{k}\nu}(\bm{r}) = E_{\nu}(\bm{k}) \psi_{\bm{k}\nu}(\bm{r}) \tag{7.21}$$

7.2 周期的ポテンシャル場内の電子の振舞い

に左から $\exp(+i\bm{k}\cdot\bm{t}_n)\phi_\mu^*(\bm{r}-\bm{t}_n)$ をかけて積分すると

$$\sum_{\mu'} c_{\mu'}^{\bm{k}\nu} \sum_{\bm{t}_{n'}} e^{i\bm{k}\cdot(\bm{t}_n-\bm{t}_{n'})} (\langle \phi_\mu^n | H | \phi_{\mu'}^{n'} \rangle - E_\nu(\bm{k}) \langle \phi_\mu^n | \phi_{\mu'}^{n'} \rangle) = 0 \tag{7.22}$$

となる．各行列要素は

$$\langle \phi_\mu^n | H | \phi_{\mu'}^{n'} \rangle = \int d\bm{r} \phi_\mu^*(\bm{r}-\bm{t}_n) H \phi_{\mu'}(\bm{r}-\bm{t}_{n'}) \equiv H(\bm{n}\mu : \bm{n}'\mu')$$

$$\langle \phi_\mu^n | \phi_{\mu'}^{n'} \rangle = \int d\bm{r} \phi_\mu^*(\bm{r}-\bm{t}_n) \phi_{\mu'}(\bm{r}-\bm{t}_{n'}) \equiv O(\bm{n}\mu : \bm{n}'\mu')$$

である．$O(\bm{n}\mu : \bm{n}'\mu')$ を**重なり積分**という．

議論をさらに進めるために各原子に軌道は1つしかないとする．このとき μ は1つだけしかなく，(7.22) 式は

$$\sum_{\bm{t}_{n'}} e^{i\bm{k}\cdot(\bm{t}_n-\bm{t}_{n'})} \{H(\bm{n}:\bm{n}') - E(\bm{k}) O(\bm{n}:\bm{n}')\} = 0 \tag{7.23}$$

となる．さらにハミルトニアンの行列要素は

$$\begin{cases} H(\bm{n}:\bm{n}) &= E_0 \\ H(\bm{n}:\bm{n}') &= t \quad (\bm{t}_n - \bm{t}_{n'} = \Delta \quad 最近接原子間) \\ H(\bm{n}:\bm{n}') &= 0 \quad (\bm{t}_n - \bm{t}_{n'} \neq \Delta) \end{cases} \tag{7.24}$$

であり，重なり積分は

$$O(\bm{n}:\bm{n}') = \begin{cases} 1 & (\bm{t}_n = \bm{t}_{n'}) \\ 0 & (\bm{t}_n \neq \bm{t}_{n'}) \end{cases} \tag{7.25}$$

とする．Δ は最近接原子の位置を示すベクトルである．エネルギーバンドは

$$E(\bm{k}) = E_0 + t \sum_\Delta e^{i\bm{k}\cdot\Delta} \tag{7.26}$$

となる．t は**とび移り積分**という．

単純立方格子を例にとると最近接原子位置は (中心原子の位置を原点にとって)

$$\Delta = a(\pm 1, 0, 0),\ a(0, \pm 1, 0),\ a(0, 0, \pm 1)$$

の6つであるから

$$E(\bm{k}) = E_0 + 2t(\cos ak_x + \cos ak_y + \cos ak_z) \tag{7.27}$$

となる．1原子1軌道のモデルでは，軌道はs対称性のものだと考えれば，$t<0$ である．$k_x=k_y=k_z=0$ のとき，すなわち波動関数には節がなく全系に拡がっている場合には，エネルギー $E(\boldsymbol{k})$ は最も低くなる．$\boldsymbol{k}$ 点をブリルアン域の端，たとえば $k_x=\pi/a, k_y=k_z=0$ に向かって動かしていくと，エネルギーは上昇していく．$\boldsymbol{k}=(\pi/a,0,0)$ での波動関数は，ちょうど x 方向の近接原子に向かって節があり，隣の原子で符号が変わる．$\boldsymbol{k}=(0,0,0), \boldsymbol{k}=(\pi/a,0,0)$ の2つの状態は，電子が全系になめらかに拡がって運動エネルギーが下がる状態と，また波動関数が激しく振動して拡がるために運動エネルギーが上昇する状態であり，その中間のエネルギーにさまざまな運動エネルギーの状態が分布する．

　以上のように原子軌道を考えて電子が各原子に強く束縛されている描像から出発する近似を**強結合近似**または**タイトバインディング (tight-binding) 近似**という．出発の波動関数を，(7.14) 式のようにとるか，(7.19) 式のようにとるかは本質的な違いではない．イオン結晶 (NaCl など) のように原子軌道の性格が強く残っている物質ではタイトバインディング近似は自然な方法である．

7.3 結合軌道と反結合軌道

結晶中の結合でなぜ電子のエネルギーが下がりより安定になるのか考えてみよう。簡単のために同種の原子からなる 2 原子分子を考え、また価電子は 1 個だけとする。それぞれの原子を a, b と名づける。この系のハミルトニアンは

$$H = -\frac{\hbar^2}{2m}\Delta - \frac{Ze^2}{4\pi\varepsilon_0}\left(\frac{1}{|\boldsymbol{R}_a - \boldsymbol{r}|} + \frac{1}{|\boldsymbol{R}_b - \boldsymbol{r}|}\right) \tag{7.28}$$

である。この系の固有状態を正確に解析的な形で求めることはできないが次のように考えれば近似的な解を構成することができる。電子が a 原子にあるときの固有状態を $\psi_{a_\nu}(\boldsymbol{r} - \boldsymbol{R}_a)$、$b$ 原子にあるときの固有状態を $\psi_{b_\nu}(\boldsymbol{r} - \boldsymbol{R}_b)$ とする。

$$\left(-\frac{\hbar^2}{2m}\Delta - \frac{Ze^2}{4\pi\varepsilon_0}\frac{1}{|\boldsymbol{R}_a - \boldsymbol{r}|}\right)\psi_{a_\nu}(\boldsymbol{r} - \boldsymbol{R}_a) = E(a_\nu)\psi_{a_\nu}(\boldsymbol{r} - \boldsymbol{R}_a)$$

$$\left(-\frac{\hbar^2}{2m}\Delta - \frac{Ze^2}{4\pi\varepsilon_0}\frac{1}{|\boldsymbol{R}_b - \boldsymbol{r}|}\right)\psi_{b_\nu}(\boldsymbol{r} - \boldsymbol{R}_b) = E(b_\nu)\psi_{b_\nu}(\boldsymbol{r} - \boldsymbol{R}_b)$$

このとき $\psi_{a_\nu}(\boldsymbol{r} - \boldsymbol{R}_a)$ と $\psi_{b_\nu}(\boldsymbol{r} - \boldsymbol{R}_b)$ は各々規格化されているがお互いに直交はしていない。

上の 2 つの状態を基底にしてハミルトニアン (7.28) の行列および重なり積分行列は

$$H = \begin{pmatrix} E'(a_\nu) & H_{a_\nu b_\nu} \\ H_{b_\nu a_\nu} & E'(b_\nu) \end{pmatrix} \tag{7.29}$$

$$O = \begin{pmatrix} O_{a_\nu a_\nu} & O_{a_\nu b_\nu} \\ O_{b_\nu a_\nu} & O_{b_\nu b_\nu} \end{pmatrix} \tag{7.30}$$

となる。ここで

$$E'(a_\nu) = E(a_\nu) + V_{b_\nu}(a_\nu) \tag{7.31}$$

$$V_{b_\nu}(a_\nu) = \left\langle \psi_{a_\nu} \left| -\frac{Ze^2}{4\pi\varepsilon_0}\frac{1}{|\boldsymbol{R}_b - \boldsymbol{r}|} \right| \psi_{a_\nu} \right\rangle \tag{7.32}$$

$$H_{a_\nu b_\nu} = \langle \psi_{a_\nu} | H | \psi_{b_\nu} \rangle \tag{7.33}$$

$$O_{a_\nu b_\nu} = \langle \psi_{a_\nu} | \psi_{b_\nu} \rangle \tag{7.34}$$

と定義される。さらにハミルトニアンのエルミート性により $H_{a_\nu b_\nu} = H_{b_\nu a_\nu}^*$ が

成り立ち，重なり行列成分についても $O_{a_\nu b_\nu} = O^*_{b_\nu a_\nu}$ である．

固有エネルギーおよび固有状態の波動関数は**一般化固有値問題**

$$H - EO = 0 \tag{7.35}$$

を解いて得られる．基底関数 $\psi_{a_\nu}(\bm{r} - \bm{R}_a)$ と $\psi_{b_\nu}(\bm{r} - \bm{R}_b)$ が互いに直交している場合には重なり積分行列が単位行列である．このとき固有エネルギーは

$$E_\pm = \frac{1}{2}\left[E'(a_\nu) + E'(b_\nu) \pm \sqrt{\{E'(a_\nu) - E'(b_\nu)\}^2 + 4|H_{a_\nu b_\nu}|^2}\right] \tag{7.36}$$

対応する固有状態は

$$\begin{aligned} &A_\pm\{a_\pm \psi_{a_\nu}(\bm{r}-\bm{R}_a) + b_\pm \psi_{b_\nu}(\bm{r}-\bm{R}_b)\} \\ &\frac{b_\pm}{a_\pm} = \frac{E_\pm - E'(a_\nu)}{H_{a_\nu b_\nu}} \end{aligned} \tag{7.37}$$

となる．$A_\pm$ は波動関数の規格化因子である．固有状態 (7.37) について少し詳しく見てみよう．簡単のために2種の原子は同じもので状態も同じ，すなわち

$$E'(a_\nu) = E'(b_\nu)$$

とする．このときは固有エネルギーは

$$E_\pm = E'(a_\nu) \pm |H_{a_\nu b_\nu}| \tag{7.38}$$

対応する固有状態は

$$A_\pm\left\{\psi_{a_\nu}(\bm{r}-\bm{R}_a) \pm \frac{H_{a_\nu b_\nu}}{|H_{a_\nu b_\nu}|}\psi_{b_\nu}(\bm{r}-\bm{R}_b)\right\} \tag{7.39}$$

となる．ハミルトニアン行列の非対角要素 $H_{a_\nu b_\nu}$ は原子の中心に対して空間反転で符号を変えない (s, d 状態など) 状態間では負，原子の中心に対して空間反転で符号を変える (p, f 状態など) 状態間では正になる．したがって波動関数が節を持たずに隣の原子位置まで広がっている場合には，エネルギーが $|H_{a_\nu b_\nu}|$ だけ下がる．波動関数が広がるということはより長波長成分が増えるということで運動エネルギーの得を意味する．一方，波動関数が2つの原子の中間に節を持つならば，短波長成分の波が主たる成分を持つということになりその分だけ運動エネルギーが上昇する．エネルギーの下がる方を**結合軌道**，反対にエネルギーの上昇する方を**反結合軌道**と呼ぶ．

7.3 結合軌道と反結合軌道

2原子分子で説明したことは大きな分子や結晶の場合にも定性的にはそのまま成立する．結晶中のエネルギーバンドに戻ってみよう．結晶を作ることで電子波動関数は隣接した原子位置に跳び移ることができるようになり，跳び移りの運動エネルギーを得した分だけ状態は広がりを持つ．最もエネルギーの低い状態は2原子分子の結合状態のように波動関数が新たな節を持たずに全系に広がった状態である (図 7.4)．最もエネルギーの高い状態が隣の原子で波動関数の符号が変わる．すなわち隣接した原子同士の間に新たな節を持った状態であり，節がある分だけ運動エネルギーが高くなっている．

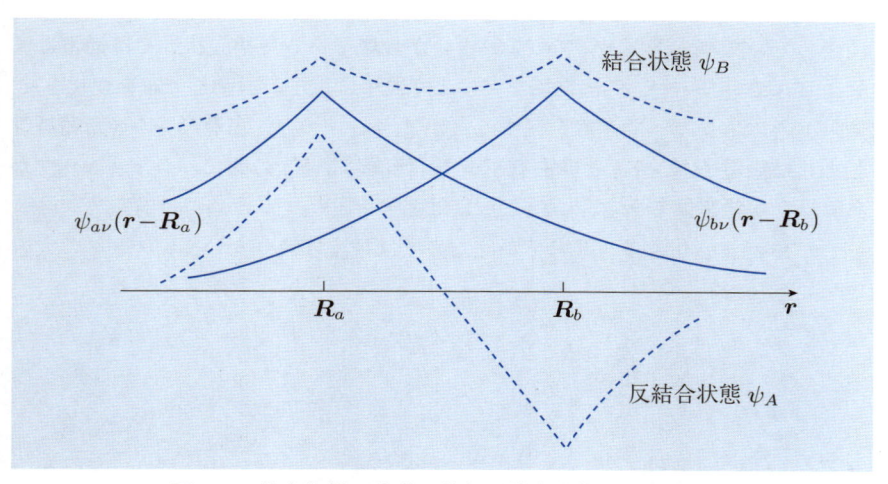

図 7.4 結合状態の波動関数と反結合状態の波動関数

7.4 バンドギャップと金属，絶縁体の区別

2つのエネルギーバンドが有限のエネルギーのすき間をおいて存在するときこのすき間を**エネルギーギャップ**，あるいは**バンドギャップ**(**禁止帯**) という．バンドギャップの典型的なものは，2つの異なる原子準位が離れている場合である．

バンドギャップの存在が，金属，半導体，絶縁体の区別を生んでいる (図 7.5)．電子をパウリ (Pauli) の規則に従ってエネルギーバンドに詰めていったとき，バンドの途中で終わる場合，すなわち占有バンドと非占有バンドがエネルギー的に接していてバンドギャップのない場合が**金属**である．基底状態では通常は電流は流れていないが，外部電場などにより簡単に電子の運動量分布を変化させ，無限小のエネルギーで電流を流すことができる．一方，**占有バンド** (**充満バンド**または**価電子バンド**) と**非占有バンド** (**伝導バンド**) の間にバンドギャップがある場合が**絶縁体**である．このときには電子を励起するためには有限のエネルギーが必要となり，弱い電場をかけたのでは電流は流れない．ギャップの大き

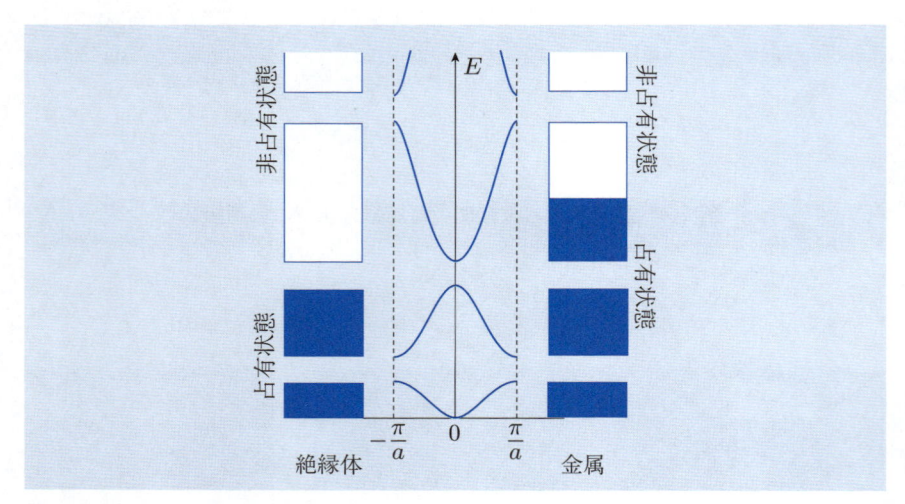

図 7.5 金属のバンドと絶縁体のバンド．占有バンドと非占有バンドがエネルギー的に接していてバンドギャップのない場合が金属，占有状態と非占有状態の間にバンドギャップがある場合が絶縁体である．図 7.3(a) と比較せよ．

さが狭い場合には**半導体**という．

　半導体では不純物を添加するなどにより，電流の担い手である電子あるいは正孔 (ホール) の濃度を制御することができる．これは，伝導帯のすぐ下または充満帯のすぐ上のエネルギーに不純物による準位 (不純物準位) を作ることができ，熱的な励起あるいは外場による化学ポテンシャルの制御によって，そこから電子または正孔を供給できるからである．

7章の問題

☐ **1**　1次元鎖結晶のエネルギーバンドをタイトバインディング近似で計算せよ．

☐ **2**　食塩のエネルギーバンドはどうなるだろう．Na も Cl もスピンを無視して1原子に1つの s 軌道だけ持つとしてタイトバインディング近似で考えよ．

📖 固体素子の集積化と IT 技術の発達

　1948年米国 AT&T ベル研究所のショックレー (William Shockley)，バーディーン (John Bardeen)，ブラタン (Walter Brattain) がトランジスタ作用を発見した．それ以前の電子機器で増幅その他の機能のために用いていたのは3極真空管である．これを固体に移し変えたものがトランジスタである．初期のトランジスタは動作が安定しなかったが，今日では例外的な特殊用途のものを除いて真空管を見ることはなくなった．

　世界最初の電子式コンピュータ (1946年) といわれる ENIAC (Electronic Numerical Integrator and Computer) には 17,468 本の真空管が使われ，総重量30トン，倉庫1つを占拠していたという．

8 固体の光学的,誘電的性質

　物質はそれぞれに特有な色を持つ．それぞれの金属は特徴のある色と金属光沢がある．ルビーやサファイア，ダイヤモンドなどは透明であり特有な色や屈折率を持つ．このような光に対する物質の性質は何によるのか．

　物質の光学的,誘電的性質を決めているのは，1つは物質中の電子の状態そしてもう1つは格子振動の性質である．電子の励起エネルギーは可視領域 (1.5〜3.5 eV) より低いところから始まり紫外領域 (3.5〜6 eV) まで広がる．一方，光学活性な格子振動の周波数領域は赤外領域 (0〜1.5 eV) にある．

　本章では物質の光学的性質と誘電的性質について学ぶ．誘電体は実用材料として大変重要な性質であり，また基礎科学としても重要で興味深い性質である．

> **8章で学ぶ概念・キーワード**
> - 屈折，吸収，反射，ローレンツモデル
> - プラズマ振動，バンド間遷移
> - 直接遷移と間接遷移，エキシトン
> - フレンケル・エキシトンとワニエ・エキシトン
> - 誘電体，圧電性，焦電性，強誘電性

8.1 物質の誘電率：屈折，吸収，反射

物質の光学的性質を一般的に議論する際には，物質中の**マクスウェル (Maxwell) 方程式**を考える必要がある．原子スケールで均した平均的な電磁場を考えれば，SI単位を用いてマクスウェル方程式は

$$\nabla \cdot D = \rho_{ext} \tag{8.1}$$

$$\nabla \cdot B = 0 \tag{8.2}$$

$$\nabla \times E = -\frac{\partial B}{\partial t} \tag{8.3}$$

$$\nabla \times H = \frac{\partial D}{\partial t} + J \tag{8.4}$$

と書ける．E は**電場**(電界)，D は**電束密度**(電気変位)，H は**磁場**(磁界)，B は**磁束密度**，J は**電流**，ρ_{ext} は外部電荷密度である．SI単位系で，電場の単位はN/C (ニュートン/クーロン)，電束密度の単位はC/m^2 (クーロン/平方メートル)，磁場の単位はA/m (アンペア/メートル)，磁束密度の単位はT (テスラ) である．さらに物質定数である**誘電率** ε (物質中の誘電率 ε と真空中の誘電率 ε_0 の比 $\varepsilon/\varepsilon_0$ を**比誘電率**という)，**磁化** M および**磁化率** χ を用いて

$$D = \varepsilon E \tag{8.5}$$

$$B = \mu_0 H + M = (\mu_0 + \chi) H \tag{8.6}$$

と書かれる．真空の誘電率 ε_0 および透磁率 μ_0 は光速 c を用いて

$$\varepsilon_0 = (\mu_0 c^2)^{-1} = 8.85 \times 10^{-12} \text{ F·m}^{-1} \tag{8.7}$$

$$\mu_0 = 4\pi \times 10^{-7} \text{ H·m}^{-1} \tag{8.8}$$

である[1]．さらに金属の場合には電流は電場に比例して**オームの法則**が成り立

---

[1] F (ファラド) および H (ヘンリー) は電気容量 (キャパシタンス) と磁気誘導 (インダクタンス) の単位 (SI単位系) で，基本単位を用いれば

$$1 \text{ F} = 1 \text{ C/V} = 1 \text{ N}^{-1} \cdot \text{m}^{-1} \cdot \text{C}^2 = 1 \text{ m}^{-2} \cdot \text{kg}^{-1} \cdot \text{s}^4 \cdot \text{A}^2$$

$$1 \text{ H} = 1 \text{ Wb/A} = 1 \text{ N} \cdot \text{m} \cdot \text{A}^{-2} = 1 \text{ m}^2 \cdot \text{kg} \cdot \text{s}^{-2} \cdot \text{A}^{-2}.$$

ち，**伝導度** σ を用いて

$$J = \sigma E \tag{8.9}$$

と書ける[2]．

電場 E，磁場 H に平面波を考え

$$E = E_0 \exp\{i(k \cdot r - \omega t)\}, \quad H = H_0 \exp\{i(k \cdot r - \omega t)\} \tag{8.10}$$

とする．(8.5), (8.6), (8.9) 式を用いてマクスウェル方程式を整理すると次のものを得る．

$$k \cdot E = -i\frac{\rho_{ext}}{\varepsilon} \tag{8.11}$$

$$k \cdot H = 0 \tag{8.12}$$

$$k \times E = (\mu_0 + \chi)\omega H \tag{8.13}$$

$$k \times H = (-\varepsilon\omega - i\sigma)E \tag{8.14}$$

一般的に成立する関係 $k \times k \times E = k(k \cdot E) - (k \cdot k)E$ を用いて (8.13), (8.14) 式より E を消去すれば，(8.11), (8.12), (8.13), (8.14) 式により k, E, H が互いに垂直である解が存在する．このとき分散関係

$$k^2 = (\mu_0 + \chi)(\varepsilon\omega + i\sigma)\omega \tag{8.15}$$

を得る．一般化された誘電率を

$$\tilde{\varepsilon} = \varepsilon + i\frac{\sigma}{\omega} \tag{8.16}$$

と定義すると (8.15) 式の分散関係は

$$k^2 = k^2 = (\mu_0 + \chi)\tilde{\varepsilon}\omega^2 \tag{8.17}$$

である．

一般にはフーリエ分解した誘電率は複素数となり，したがってここで定義さ

---

[2] 電気抵抗の単位 Ω (オーム) は，ジュールの法則から簡単に知ることができる．抵抗 R，電流 I の回路の単位時間の発熱量は RI^2 で与えられるから

$$1\,\Omega = 1\,(\mathrm{J \cdot s^{-1}})/\mathrm{A}^2 = 1\,\mathrm{kg \cdot m^2 \cdot s^{-3} \cdot A^{-2}}$$

である．また電気伝導度 σ の単位は $(\Omega\mathrm{m})^{-1}$ である．

れる波数ベクトル $\bm{k}$ は複素数である．以下では磁性体ではないとして $\bm{M} = 0$ ($\chi = 0$) とし，また**複素屈折率** $\tilde{n}$ を

$$\begin{aligned}
\tilde{n} &= \sqrt{\frac{1}{\mu_0 \varepsilon_0}} \frac{k}{\omega} = \sqrt{\frac{\tilde{\varepsilon}}{\varepsilon_0}} \\
&= n + \mathrm{i}\kappa
\end{aligned} \tag{8.18}$$

と定義する．その実部 n および虚部 κ は

$$n^2 - \kappa^2 = \mathrm{Re}\,\frac{\tilde{\varepsilon}}{\varepsilon_0}, \quad 2n\kappa = \mathrm{Im}\,\frac{\tilde{\varepsilon}}{\varepsilon_0} \tag{8.19}$$

である．誘電体の十分薄い平行平板に垂直に入射する電磁波を考えるとその反射率は

$$\begin{aligned}
R &= \left|\frac{\tilde{n} - 1}{\tilde{n} + 1}\right|^2 \\
&= \frac{(n-1)^2 + \kappa^2}{(n+1)^2 + \kappa^2}
\end{aligned} \tag{8.20}$$

で与えられる．

具体的な誘電率，反射率などは物質あるいはモデルを定めて決められる．以下ではそれを考えてみよう．

8.2 束縛された電子のローレンツモデル：絶縁体

絶縁体中の電子はそれぞれの原子に束縛されている．束縛された電子はエネルギー $\hbar\omega_0$ によって特徴づけることができる．この場合には電子の運動は減衰のある調和振動子として記述される．これを**ローレンツモデル**と呼ぶ．

$$m\frac{d^2\boldsymbol{r}}{dt^2} + m\gamma\frac{d\boldsymbol{r}}{dt} + m\omega_0^2\boldsymbol{r} = -e\boldsymbol{E} \tag{8.21}$$

外部電場を

$$\boldsymbol{E} = \boldsymbol{E}_0 \mathrm{e}^{-\mathrm{i}\omega t}$$

とすると

$$\boldsymbol{r} = \boldsymbol{r}_0 \mathrm{e}^{-\mathrm{i}\omega t}$$
$$\boldsymbol{r}_0 = \frac{-e\boldsymbol{E}_0/m}{(\omega_0^2 - \omega^2) - \mathrm{i}\gamma\omega} \tag{8.22}$$

となる．これは角振動数 $\omega = \omega_0$ で共鳴を表す減衰振動である．分極を $\boldsymbol{P} = (-e)\boldsymbol{r}N/V$ （N/V は単位体積あたりの振動子数）と定義すれば

$$\boldsymbol{P} = \boldsymbol{D} - \varepsilon_0\boldsymbol{E} = (\varepsilon - \varepsilon_0)\boldsymbol{E} \tag{8.23}$$

$$\varepsilon = \varepsilon_0 + \frac{e^2}{m} \cdot \frac{1}{(\omega_0^2 - \omega^2) - \mathrm{i}\gamma\omega}\left(\frac{N}{V}\right) \tag{8.24}$$

となる．

比誘電率の実部と虚部 $\varepsilon/\varepsilon_0 = \varepsilon_1 + \mathrm{i}\varepsilon_2$ および複素屈折率の実部 n と虚部 κ を図 8.1 に示そう．ε_2 は角振動数 ω_0 近傍でピークを持ち，幅 γ 程度のうちに減衰する．ε_1 は角振動数 ω_0 の近傍で符号を変える．吸収係数の小さな領域 (κ の小さい領域) が**透過**領域，κ が比較的大きい領域のうち n の大きなところが**吸収**，n の小さな領域が**反射**の領域である．透過光，反射光の色がこれらの波長によって決まる．原子に束縛された電子では，その状態を特徴づけるエネルギー $\hbar\omega_0$ は通常は数 eV から 1 eV より少し小さい程度である．したがって紫外から赤外領域に対応する．

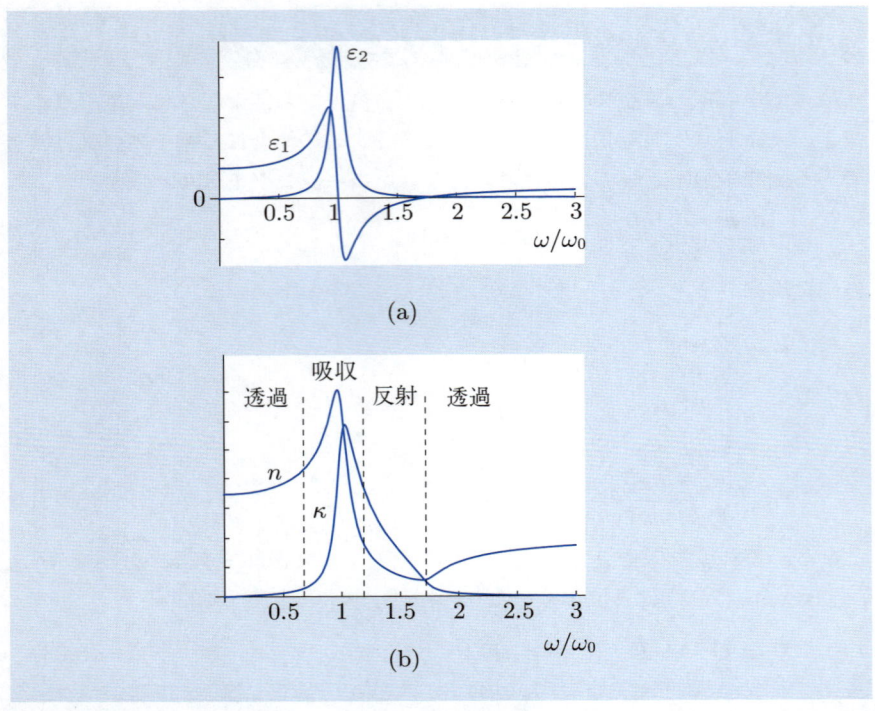

図 8.1 誘電体のローレンツモデル．(a) 複素比誘電率 $\varepsilon/\varepsilon_0 = \varepsilon_1 + i\varepsilon_2$，(b) 複素屈折率 $n + i\kappa$

8.3 自由な電子の運動：金属

金属の場合には電子は自由に動き回り特定の中心に束縛されてはいないが，電子同士の相互作用あるいは電子以外の散乱中心により散乱減速される．このような状態は運動方程式

$$m\frac{d^2\boldsymbol{r}}{dt^2} + \frac{m}{\tau}\frac{d\boldsymbol{r}}{dt} = -e\boldsymbol{E} \tag{8.25}$$

で記述される．これはすでに解かれていて振動する電場に対しては (8.22) 式で $\omega_0 = 0, \gamma = 1/\tau$ とすればよい．

$$\boldsymbol{r} = \boldsymbol{r}_0 \mathrm{e}^{-\mathrm{i}\omega t}$$
$$\boldsymbol{r}_0 = -\frac{-e\boldsymbol{E}_0/m}{\omega^2 + \mathrm{i}\omega/\tau} \tag{8.26}$$

これから複素誘電率および電気伝導度は

$$\varepsilon = \varepsilon_0 - \frac{e^2}{m}\cdot\frac{1}{\omega^2 + \mathrm{i}\omega/\tau}\left(\frac{N}{V}\right) = \varepsilon_0\left(1 - \frac{\omega_p^2}{\omega^2 + \mathrm{i}\omega/\tau}\right) \tag{8.27}$$

$$\sigma = \frac{\tau e^2}{m}\frac{1}{1 - \mathrm{i}\omega\tau}\left(\frac{N}{V}\right) = \sigma_0\frac{1}{1 - \mathrm{i}\omega\tau} \tag{8.28}$$

と与えられる．ここで

$$\omega_p = \sqrt{\frac{e^2 n}{\varepsilon_0 m}}, \quad \sigma_0 = \frac{\tau e^2 n}{m} \quad (n = \frac{N}{V}) \tag{8.29}$$

はそれぞれ，**プラズマ振動数**および**ドルーデの直流伝導度**と呼ばれ，電子密度の協同的な振動 (プラズマ振動) の角振動数および散乱の緩和時間が τ である電子 (密度 n) の直流伝導度である．

普通の金属では $N/V \simeq 10^{22}\,\mathrm{cm}^{-3}$ であり，プラズマ振動数は

$$\omega_p = \sqrt{\frac{(1.6021\times 10^{-19})^2(10^{22}\times 10^6)}{(8.85\times 10^{-12})(9.11\times 10^{-31})}} = 5.6\times 10^{15}\mathrm{s}^{-1}$$

波長にして 3000 Å であり近紫外領域となる．これは eV に直せば 3.7eV である[3]．

---
[3] 誘電率の単位はすでに述べたように $\mathrm{F\cdot m^{-1}} = \mathrm{m^{-3}\cdot kg^{-1}\cdot s^4\cdot A^2}$ である．したがって電荷を $\mathrm{C = A\cdot s}$ で，密度を $\mathrm{m^{-3}}$ で，質量を kg で表して式 (8.29) に代入すれば，s^{-1} 単位で表した角振動数が得られる．

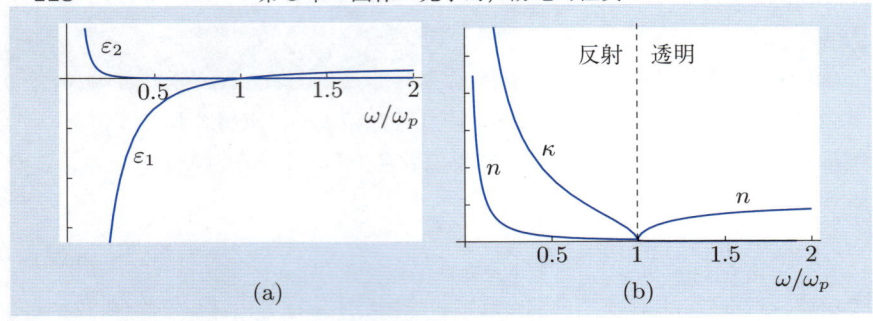

図 8.2 金属の光学的性質. (a) 複素比誘電率 $\varepsilon/\varepsilon_0 = \varepsilon_1 + i\varepsilon_2$, (b) 複素屈折率 $n + i\kappa$

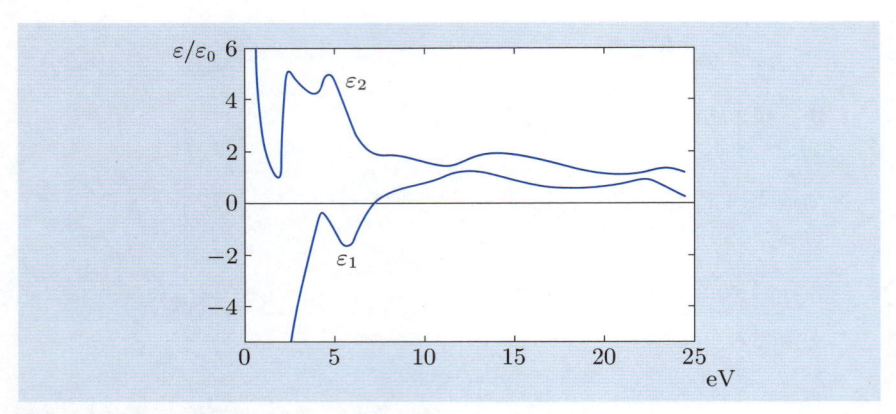

図 8.3 金属銅の誘電率. 図 8.2(a) と比較してみよ. H. Ehrenreich and H.R. Phillip, Phys. Rev. **128**, 1622 (1962) より.

一方，不純物を添加した半導体では赤外領域あるいはもっとエネルギーの低い領域になる．散乱の緩和時間は普通の金属では $\tau \simeq 5 \times 10^{-14}$ s である．

上で求めた金属の複素比誘電率 $\varepsilon/\varepsilon_0 = \varepsilon_1 + i\varepsilon_2$，複素屈折率 $n + i\kappa$ を図 8.2 に示す．$\omega \ll \omega_p$ では ε_1 は負で非常に大きく，一方 ε_2 は正で大きくなる．ここでは κ が大きく光はほとんど全反射される．実際には金属の場合プラズマ振動数付近で**バンド間遷移**が重なっているため，反射光にそれぞれの金属特有な色を呈する．$\omega > \omega_p$ では ε_2 は正で急激に小さくなり一方 ε_1 は正で大きくなる．こちらでは (バンド間遷移による吸収を別にすれば) 金属は透明となる．現実の金属の例として銅の誘電率を図 8.3 に示しておこう．

8.4 格子振動の光学的性質

格子振動による光学応答については，8.2 節で説明した原子に束縛された電子のモデルにおける束縛された電子を原子として以下のように読み変えて，そのまま適用することができる．

- 電子密度 N/V ⇒ 光学活性な格子振動に寄与する原子対 (振動子) の密度 N/V
- 電子の質量 m ⇒ 光学活性な格子振動に寄与する原子対の相対質量 μ
- 電子の電荷 $-e$ ⇒ 光学活性な格子振動に寄与する原子対の有効電荷 q
- 電子の束縛エネルギーに対応する角振動数 ω_0 ⇒ 光学活性な格子振動 (横波モード) の角振動数 ω_0

式 (8.24) と同様に誘電率として以下を得る．

$$\varepsilon(\omega) = \varepsilon_0 + \frac{q^2}{\mu} \cdot \frac{1}{(\omega_0^2 - \omega^2) - \mathrm{i}\gamma\omega} \left(\frac{N}{V}\right) \tag{8.30}$$

この結果，格子振動の光学モード (横波モード) の角振動数 ω_0 では誘電関数 ε_2 がピークを持つことが分かる．

それでは光学モードの縦波成分はどうなっているのだろう．実は光学モードの縦波成分に関しても誘電関数によって議論することができる．これまでマクスウェル方程式を考えるとき，(8.13), (8.14) 式において横波の解が存在することのみ認めてきた．ここで縦波の解を考えよう．(8.11), (8.12) 式をこれまで直接考えなかったのは，横波 ($\boldsymbol{k} \cdot \boldsymbol{E} = 0$) および外部電荷がない $\rho_{ext} = 0$ と仮定したから，これらの式が自動的に満足されていたからである．一方縦波 ($\boldsymbol{k} \cdot \boldsymbol{E} \neq 0$) であって外部電荷がない場合を考えれば，(8.11) 式の解は

$$\varepsilon(\omega) = 0 \tag{8.31}$$

を満足しなくてはならないこれから角振動数 ($\gamma = 0$ として (8.30) 式より求める)．

$$\omega_L^2 = \omega_0^2 + \frac{q^2}{\varepsilon_0 \mu} \cdot \frac{N}{V} \tag{8.32}$$

が得られる．これが縦波光学モードの角振動数であり，分散はなく $\boldsymbol{k}$ に依存しない．これから誘電率 (8.30) と格子振動の角振動数の間の関係

$$\frac{\omega_L^2}{\omega_0^2} = \frac{\varepsilon(0)}{\varepsilon(\infty)} \tag{8.33}$$

を得る．ただし (8.30) 式から $\omega = 0$ および $\omega = \infty$ での誘電率は

$$\begin{cases} \varepsilon(0) = \varepsilon_0 + \dfrac{q^2}{\mu\omega_0^2}\left(\dfrac{N}{V}\right) = \varepsilon_0 \dfrac{\omega_L^2}{\omega_0^2} \\ \varepsilon(\infty) = \varepsilon_0 \end{cases} \tag{8.34}$$

となることを用いた．(8.33) 式の関係はモデルによらず一般的に成立し，「**リデイン–ザックス–テラーの関係**」という．(8.33) 式の右辺がミクロな量を含まないことに注意しなくてはならない．このことは，横波と縦波の角振動数の比は巨視的分極場によって決まっていることを意味している．

▣ 半導体素子の集積度

今日の電子回路では単独のトランジスタを組み合わすのではなく，半導体基板に複数の回路素子を物理的に離した状態で配置し，絶縁物質上の導体を被着して配線するという集積回路 (IC=Integrated Circuit) が用いられている．集積回路の発明が以降の半導体を基盤とする新しい世界を作り上げた (1958 年，テキサス・インスツルメンツ社のキルビー (Jack St. Clair Kilby) の発明．「キルビー特許」と呼ばれる)．

現在の 45 nm process LSI では 4 億 1 千万個のトランジスタが組み込まれている．インフルエンザウィルスの大きさが直径約 100 nm であるから，現在のトランジスタはウィルスより小さくなっているのである．45 nm process LSI が含むトランジスタの個数を ENIAC に使われた真空管の個数を比べれば，約 2 万 3000 倍である．真空管 1 個の消費電力は 0.5 W とすると，これをすべて真空管で作れば消費電力は 2 億 500 万 W (平均的原子力発電所の原子炉 1 基の出力が 10 億 W 程度) に相当する．パソコン 1 つの消費電力は大体 100 W 程度であるから，これと比べると約 200 万分の 1 にしかならない．トランジスタは固体であるから，真空管に比べるとはるかに寿命が長い．ENIAC では真空管が週 (1 週間は 604,800 秒) に 2～3 本壊れる程度であったというから，300,000 秒に 1 本の真空管が壊れたことになる．上記の LSI を真空管で作ればこれの 2 万 500 倍の頻度で真空管を変えていかなくてはならず，10 秒ごとにシステムを止めなくてはならない．実際には稼働している時間はないということになる．このように比べてみると，固体素子の出現，特にその集積化が如何にすさまじいかということが実感できるであろう．

8.5 バンド間遷移

ここで**バンド間遷移**について簡単に述べておこう．電子があるバンドの k 状態にあり，光を吸収するなどして異なるバンドの k' 状態に遷移するとき，これをバンド間遷移という．絶縁体では，価電子バンドと伝導バンドの間に有限のバンドギャップがあるため，光の吸収はエネルギー 0 から存在するのではなく，バンドギャップ E_g だけのエネルギーの間は吸収がなく透明で，$E \geq E_g$ で光の吸収が存在する．光吸収が有限に始まるエネルギーを**基礎吸収端**と呼び，これがバンドギャップに対応する．金属ではプラズマ振動より低いエネルギー領域の全反射が金属光沢を与え，それにバンド間遷移が重なって独特の色の原因となっている．銅の場合の図 8.3 に示した実際の誘電率がバンド間遷移により図 8.2 と比べて複雑な形をしているため可視光領域の銅の特徴的な色を生じている．

光吸収はどのようなバンド状態の間にでもあるのではなく，**選択則**と呼ばれる規則が存在する．光の波長は原子の大きさに対して十分長いから，原子スケールで見て吸収される光の波数ベクトルは 0 と考えてよい．価電子バンドのトップと伝導バンドの底が同じ k 点にあるときにはしたがって k に対する選択の規則 (選択則) が満たされる．これを**直接遷移**という．一方，価電子バンドのトップと伝導バンドの底が違う k 点にあるときには 2 つの状態間の遷移は普通には

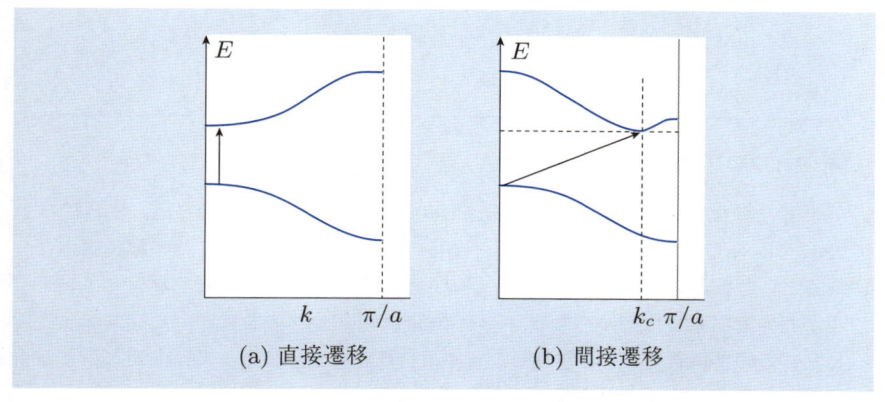

図 8.4 バンド間遷移．直接遷移と間接遷移．

起きず,たとえば格子振動の助けを借りてはじめて遷移が起きる.これを**間接遷移**という.

光の電磁場ベクトルは電流ベクトルと相互作用するから,2つの状態の間で状態の**パリティ**(**偶奇性**)は異なっていなくてはならない.たとえばs状態とp状態の間は光を吸収して状態の遷移が起こり得るが,s状態とs状態の間の遷移は起こり得ない.このように光吸収によってそれに関与する状態の性質を詳しく調べることができる.

もちろん上で述べたことはかなり荒っぽい議論で,あくまでも光の波数ベクトル k が0であるとしてのものである.実際には高次の効果として $k \neq 0$ としての寄与を考えなくてはいけない場合もある.この場合の選択則は前に述べたものとは違う.ルビーやサファイアの色も物質が透明な領域での遷移金属イオンのd状態からd状態への遷移に伴う光吸収によるものである.ただしこの遷移は上で述べたパリティの選択則は満足しておらず,高次の遷移によるものであるが,ここではふみ込まない.

■ マイクロプロセッサと日本人

世界初のマイクロプロセッサ・Intel 4004について書いておこう.これには2237個のトランジスタが使用され,今日のプロセッサはすべてこの延長線上にあるといわれる.これは日本企業ビジコン社の電卓のために,ビジコンとインテルが共同で開発したものである.この4004のロジックの設計が,ビジコン社員としてこのプロジェクトに参加した日本人技術者嶋正利によってほとんどひとりで行われたということはあまり知られていない.

8.6 エキシトン

絶縁体物質の光学的性質は充満バンド (価電子バンド) から伝導バンドへの電子状態の励起に伴う光吸収による. 電子が励起されて価電子バンドに状態が1つ空で残ると, この空の状態は周りから見てそこが正の電荷に帯電した粒子のように振る舞う. これを**正孔 (ホール)** という. 正孔という概念は半導体の伝導現象を考えるとき極めて重要である. この問題は第10章で学ぶことになる.

価電子バンドから伝導バンドに励起された電子は系に付加された余分な電子のように振る舞うが, 価電子バンドに残された正孔との間にクーロン力が働き互いを引きつけ合う. 多くの場合に電子と正孔が遠く離れて存在するより空間的に近くによって束縛し合うほうがエネルギー的に安定である. この状態を**励起子** (れいきし, **エキシトン**, exciton) と呼ぶ.

電子と正孔のエネルギーは近似的にそれぞれ次のように表される.

$$E_c(\boldsymbol{k}) = E_c + \frac{\hbar^2}{2m_e}k^2$$
$$E_v(\boldsymbol{k}) = E_v - \frac{\hbar^2}{2m_h}k^2 \tag{8.35}$$

ただし E_c および E_v は伝導バンドの底および価電子バンドのトップのエネル

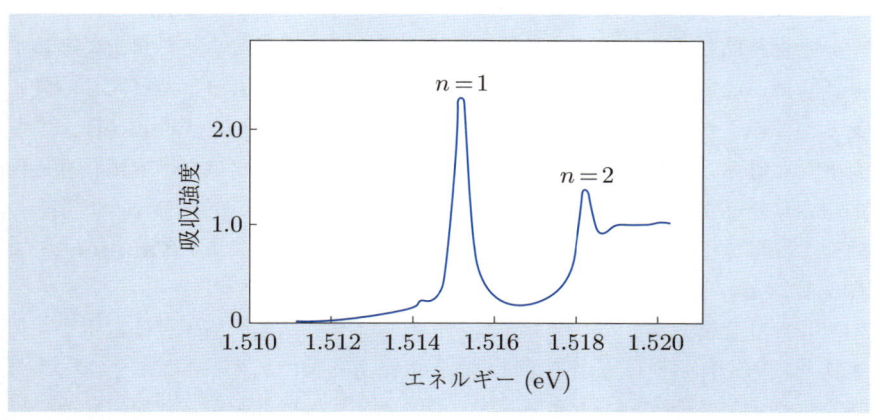

図 8.5 GaAs 薄膜 (厚さ約 2μm), 2K でのエキシトン吸収スペクトル. D.D.Sell, Phys.Rev B**6**, 3750 (1972) より.

ギーである．電子と正孔の間ではクーロン相互作用は

$$-\frac{e^2/(4\pi\varepsilon)}{|\bm{r}_e-\bm{r}_h|} \tag{8.36}$$

である．ただし ε は媒質 (物質) の誘電率である．この系のシュレーディンガー方程式は束縛エネルギーを E として

$$\left\{-\frac{\hbar^2}{2m_e}\Delta_e - \frac{\hbar^2}{2m_h}\Delta_h - \frac{e^2/(4\pi\varepsilon)}{|\bm{r}_e-\bm{r}_h|}\right\}\Psi(\bm{r}_e,\bm{r}_h) = E\Psi(\bm{r}_e,\bm{r}_h) \tag{8.37}$$

となる．これを解くには重心座標 $\bm{R}=(m_e\bm{r}_e+m_h\bm{r}_h)/(m_e+m_h)$ と相対座標 $\bm{r}=\bm{r}_e-\bm{r}_h$ および重心質量 $M=m_e+m_h$，相対質量 $\mu=m_e m_h/(m_e+m_h)$ を用いて考えればよい．相対運動の自由度については水素原子の問題になるので，束縛エネルギーとして

$$E_b = -\frac{\mu}{2n^2\hbar^2}\left(\frac{e^2}{4\pi\varepsilon}\right)^2 = \frac{13.6}{n^2}\left(\frac{\mu/m}{\varepsilon/\varepsilon_0}\right)^2 \text{ eV} \tag{8.38}$$

を得る． n は主量子数で $1, 2, 3, \cdots$ という正整数の値をとる．$n=1$ の状態の波動関数の広がりは

$$a = \frac{\hbar^2}{\mu}\frac{4\pi\varepsilon}{e^2} = 0.529\left(\frac{\varepsilon/\varepsilon_0}{\mu/m}\right) \text{ Å} \tag{8.39}$$

となる．

分子性結晶では励起された電子の状態と正孔の状態はそれぞれ自由に結晶中を動き回ることができず，強く結合しお互いに空間的にもほとんど同じ位置にある．このように強く相互作用したエキシトンを**フレンケル (Frenkel)・エキシトン**と呼ぶ．それに対して多くの半導体・絶縁体結晶では電子も正孔も比較的自由に結晶中を動き回ることができ，したがってエキシトンを作ってもその軌道半径は原子半径に比べてはるかに大きい．これを**ワニエ (Wannier)・エキシトン**という．

アルカリ金属元素とハロゲン元素からなるイオン結晶の格子欠陥は電子を捕まえた状態を作ったほうが安定になる．これも一種のエキシトンである．この場合には束縛準位がバンドギャップ内の深いところにできて，可視領域の光に対応する束縛エネルギーが必要となる．そのためこれらの欠陥中心はそれが着色された中心となるから**色中心**ということもある．

8.7 物質の誘電的性質

これまでは外部電場のもとで発生する電気分極について一般的に議論してきた．このような一般の物質を**常誘電体**と呼ぶ．一般の(異方的な)物質において電気変位と電場との間の関係は

$$D_i = D_{0i} + \sum_k \varepsilon_{ik} E_k \tag{8.40}$$

と書ける．ε_{ik} を**誘電(率)テンソル**という．弾性の議論をしたときと同様に結晶の対称性によって誘電テンソルの零でない成分がどこに現れるか，また零でない成分同士がどのような関係にあるかが決まっている．

物質には常誘電体のほかに，圧力を加えることにより電気分極を発生する**圧電体**がある．圧電体のうち外部電場を加えなくても電気分極を持つ物質およびその性質を**焦電体**といい，さらに焦電体のうち外部電場を反転させると電気分極が反転する物質を**強誘電体**という．すべての結晶はその点群対称性(1点を固定したその周りでの対称性)に従って 32 の晶群に分類できる．これらのうちで中心対称性(反転対称点)を持つ 11 晶群は圧電効果を持たない．残り 21 のうちで極性を持つ 10 晶群はすべて圧電性を示し(これらが焦電体である)，一方，極性を持たない 11 の晶群では 1 種類の晶系を除いて圧電性を示す．

8.7.1 圧電体，圧電性

結晶の中には電場中での内部応力が電場の 1 乗に比例するものがある．このような物質では，物質を変形させるとその変形に比例した電場が内部に発生する．このような物質を圧電体，この性質を**圧電性**，圧電効果 (piezoelectricity) という．圧電体の場合には (8.40) に替わり次式が成り立つ．τ_{kl} は第 4 章で学んだ応力テンソルである．

$$D_i = D_{0i} + \sum_k \varepsilon_{ik} E_k + \sum_{kl} d_{i,kl} \tau_{kl} \tag{8.41}$$

$d_{i,kl}$ を圧電係数といい 3 階のテンソルである．歪テンソル u_{ij} を応力 τ と電場 E で表せば

$$u_{ik} = \sum_l d_{l,ik} E_l + \sum_{lm} \mu_{iklm} \tau_{lm} \tag{8.42}$$

と書かれ，また μ_{iklm} は弾性コンプライアンス定数と呼ばれる．圧電性を示す物質に関しては，その結晶の対称性がテンソル $d_{i,kl}$ を不変に保つようなもので

なくてはならず,中心対称性のある物質は圧電性を持ちえない. (8.41), (8.41) 式から自由エネルギーの形も決めることができる. D_{0i} がゼロでないものを特に焦電体という.

8.7.2 焦電体,焦電性

式 (8.41) において定数項 D_{0i} がゼロでなく存在する物質を焦電体,**焦電性** (pyroelectricity) という.これは外部電場がなくても自発的に分極していることを意味している.

通常は焦電体の示す自発分極は大変小さく,またこれに対して物質表面にわずかな電荷の移動を生じ全体としては電気双極子モーメントを持たない状態になっているのが普通である.あるいは空気中のイオンその他が結晶表面に付き同じような状態を作っている.焦電体物質を熱すると自発分極の大きさが変化し焦電性が実際に観測できる.焦電体としては電気石 (ホウ素を含むシクロ珪酸塩鉱物),水晶 (石英),蔗糖などが古くから知られている.そのほかにチタン酸鉛 $PbTiO_3$,タンタル酸リチウム $LiTaO_3$ などの無機材料,三硫化グリシン (TGS) などの**有機材料**が挙げられる.

圧電性を示す物質は数多くあり,また圧電性高分子も重要である.圧電物質は圧電素子としてセンサーやアクチュエーターなどとして,非線形光学素子として,あるいはインクジェットのヘッドなどへの応用として,今後ますます重要になる物質である.また STM,分子間力顕微鏡などにおける微小変位 - 電気信号変換の材料としても使用される.

8.7.3 強誘電体

焦電体 (自発分極を持つ系) のうちで外部から自発分極と反対方向に電場を加え自発分極の方向が反転する場合,強誘電体という.したがって強誘電体と焦電体の区別は対称性その他から明確に区別されてはいない.強誘電体としてはチタン酸バリウム $BaTiO_3$,燐酸 2 水素カリウム KH_2PO_4,ロッシェル塩 $NaKC_4H_4O_6$ などが古くから知られている.

強誘電体は自発分極を持つほか,分極の外部電場に対する応答が**履歴曲線** (ヒステリシス曲線) を描くこと,温度上昇に伴い常誘電体 - 強誘電体相転移を行い,相転移の振舞いは**キュリー—ワイスの法則**に従うなど,現象論的にはのちに説明する強磁性体と極めて似た振舞いを示す (第 11 章,第 12 章).

8章の問題

□ **1** ナトリウムおよび銀について，それぞれの原子あたり自由電子は1個存在するとして自由電子密度およびプラズマ振動数を計算せよ．ただしナトリウムおよび銀の密度は $1.012\,\mathrm{g/cm^3}$ (Na), $10.49\,\mathrm{g/cm^3}$ (Ag) であるとせよ．

□ **2** 電荷密度に対する運動方程式からプラズマ振動数の式を導け．

□ **3** Si の電子と正孔の有効質量を $m_e = 0.2m$, $m_h = 0.6m$ また比誘電率を $\varepsilon/\varepsilon_0 = 12$ としてエキシトンの半径を見積もれ．

9 金属と電子輸送

　金属の特徴は，展性・延性に富む (曲がりやすく伸びやすい) こと，金属光沢があること，電気伝導度および熱伝導度が大きいことなどである．これらはすべて，金属電子すなわち原子に (強く) 束縛されず系の中を自由に動き回る電子が存在することによる．金属電子の存在により，小さい外力のもとで転位のすべりが可能である，自由な電子の集団的運動 (プラズマ振動) による全反射が存在する，金属電子が外場のもとで散乱を受けず長い距離を動くことができる，などなどである．以上の諸性質に関しては電子がフェルミ粒子であるという量子論的な性格が本質的である．

> **9章で学ぶ概念・キーワード**
> - ドルーデモデル，電気伝導度，電気抵抗
> - 易動度，ドリフト速度，フェルミエネルギー
> - フェルミ速度，縮退した電子，電子比熱
> - 帯磁率，残留抵抗，電気伝導度の温度依存性
> - ホール効果，フェルミ面

9.1　ドルーデの古典気体モデル

電子の座標を r と書き，電子の運動は運動方程式

$$m\frac{d}{dt}\boldsymbol{v} + \frac{m}{\tau}\boldsymbol{v}_D = -e\boldsymbol{E} \tag{9.1}$$

で記述できるとする．$\boldsymbol{v}_D$ は**ドリフト速度**で $\boldsymbol{v}_D = \boldsymbol{v} - \boldsymbol{v}_{thermal}$ と書かれる．電場をゼロにすると (9.1) 式の解は $\boldsymbol{v} = \boldsymbol{v}_{thermal} + \boldsymbol{v}_0 \exp(-t/\tau)$ となる．すなわち $\boldsymbol{v}$ は時定数 τ で指数関数的に熱平衡値 $\boldsymbol{v}_{thermal}$ に緩和する．$\boldsymbol{E} = 0$ の定常状態 ($(d/dt)\boldsymbol{v} = 0$) では

$$\boldsymbol{v}_D = -\frac{e\tau}{m}\boldsymbol{E} \tag{9.2}$$

が解である．したがってその場合の電場方向の電流は

$$\boldsymbol{j} \simeq -en\boldsymbol{v}_D = en\mu\boldsymbol{E} = \frac{e^2\tau n}{m}\boldsymbol{E} \tag{9.3}$$

である．これから電気伝導度は

$$\sigma = \frac{j_z}{E_z} = \frac{e^2 n \tau}{m} = e\mu n \tag{9.4}$$

と求まる．$\mu\,(=\tau e/n)$ を**易動度**という．ここでは自由電子 (密度 n) がすべて伝導に関与していると考えている．また緩和時間 τ は他の方法で決めるべき量で，ここでの議論の中では決めることはできない．上の理論は**ドルーデモデル**と呼ばれる．

実験によって求められる**電気伝導度** (**電気伝導率**) と電子密度から τ を決めることができる．たとえば銅では室温で電気伝導度は $\sigma = 6.5 \times 10^7\,(\Omega\cdot\mathrm{m})^{-1}$ である[1]．したがって緩和時間は

---

[1] 導線の 2 点間を流れる定常電流を I (アンペア)，その電位差を V (ボルト) とするとき，$R = V/I$ を電気抵抗といい，その単位として Ω (オーム) を用いる．したがってそれを基本単位で表すと $\Omega = (\mathrm{J\cdot C^{-1}})/\mathrm{A} = \mathrm{kg\cdot m^2\cdot s^{-3}\cdot A^{-2}}$ である．

　オームの法則が成り立つときは，電気抵抗 R は導線の長さ l に比例しその断面積 S に反比例する．$R = \rho(l/S)$ と書けば，比例定数 ρ は物質の大きさによらない物質定数であり，これを電気抵抗率，比抵抗などという．電気抵抗率の単位はしたがって $\Omega\cdot m$ である．電気抵抗率の逆数が電気伝導度あるいは電気伝導率であり，その単位は $(\Omega\cdot\mathrm{m})^{-1}$ である．これから伝導度を $(\Omega\cdot\mathrm{m})^{-1}$ で，電荷を C で，質量を kg で表して (9.5) 式 $\tau = \sigma m/ne^2$ に代入すれば得られた数値は秒単位での緩和時間である．

9.1 ドルーデの古典気体モデル

$$\tau = \frac{\sigma m}{ne^2} = \frac{(6.5 \times 10^7)(9.1 \times 10^{-31})}{(8.5 \times 10^{22} \times 10^6)(1.6 \times 10^{-19})^2} = 2.7 \times 10^{-14}\,\text{s} \quad (9.5)$$

となる．外場を $10^2\,\text{V/m}$ とすると ($1\,\text{eV} = 1.6021 \times 10^{-19}\,\text{N·m}$)，ドリフト速度は大体

$$v_D = \frac{eE\tau}{m} = \frac{(10^2 \times 1.6021 \times 10^{-19}\,\text{N}) \cdot (2.7 \times 10^{-14}\,\text{s})}{(9.11 \times 10^{-31}\,\text{kg})} = 0.47\,\text{m/s} \quad (9.6)$$

となる．ここで求めた速度は電子系全体のドリフト速度であり，電子1個の速度ではないことに注意せねばならない．電子は実際には次節で説明するフェルミ–ディラック統計に従うため，伝導に関与する電子数は全体のうちのごくわずかであり，1つ1つの伝導に関与する電子の速度ははるかに大きく，たとえば銅では $v_F = 1.6 \times 10^6\,\text{m/s}$ である．v_F を**フェルミ速度**と呼び，これについては以下で説明する（図 9.1）．電子の衝突時間と電子のこの実際の速度から，電子が衝突せずに進む距離（**平均自由行程**）は室温で

$$l = v_F \tau = (1.6 \times 10^6)(2.7 \times 10^{-14}) = 4.32 \times 10^{-8}\,\text{m} \quad (9.7)$$

すなわち $43.2\,\text{nm}$ となる．これは原子間距離よりはるかに長い．金属の電気抵抗の原因としては主として不純物などによる散乱と格子振動による散乱の2つがある．格子振動による散乱は低温では押さえられるので平均自由時間 τ は低温で長くなり，したがって低温では平均自由行程は長くなって小さな試料の大きさと同程度にも達することもある．

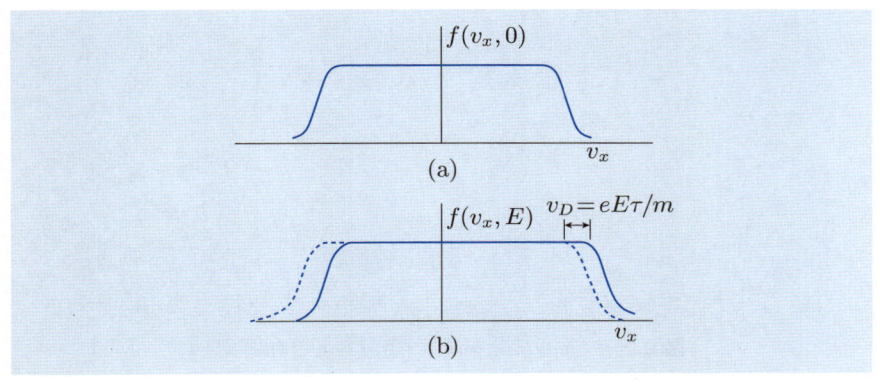

図 9.1 (a) 電場のない場合，および (b) 電場のある場合の電子分布とドリフト速度 v_D，(b) の点線は電場がない場合の電子分布

9.2 フェルミ分布と状態密度

電子はフェルミ粒子であり，1つの固有状態をとる電子は1つだけである．したがってスピン状態も含めて1つのバンドのある k 状態をとる電子はただ1つだけである．電子の熱平衡状態の分布は**フェルミ–ディラック統計**

$$f_{FD}(E) = \frac{1}{\exp\{(E - E_F)/k_B T\} + 1} \tag{9.8}$$

に従う．E_F はバンドに電子をエネルギーの低い順に詰めていって，ちょうど電子がいっぱいに詰まったところのエネルギーで，フェルミエネルギーという．分布は温度が絶対零度であれば E_F より低いところでは1，E_F より高いエネルギーでは0となる．金属の場合にはバンドギャップがないから E_F が占有状態のうちで一番高いエネルギーであり，同時に非占有状態の一番低いエネルギーでもある．フェルミ分布は絶対零度では0と1の値をとる階段状の関数であるが，有限温度では E_F の両側に各々 $2k_B T$ 程度の間に1から0に連続的に変わる関数である．

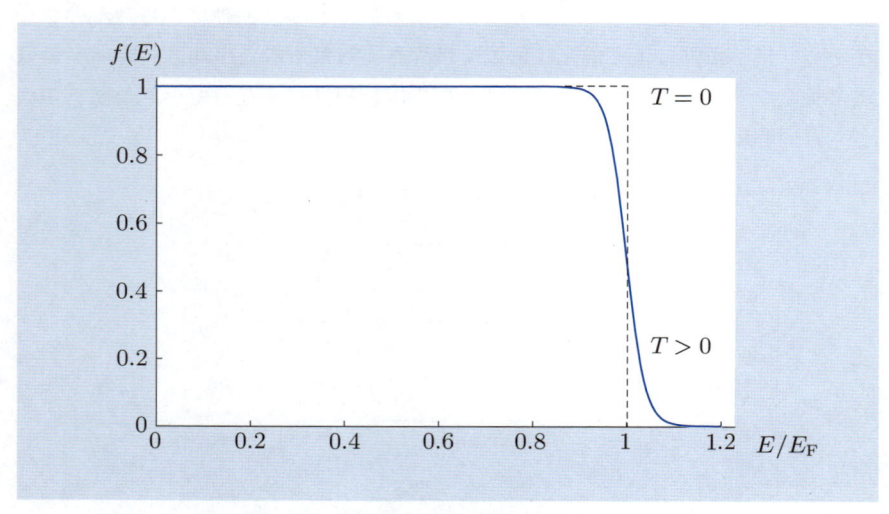

図 9.2 フェルミ分布関数 (絶対零度と有限温度)

9.2 フェルミ分布と状態密度

エネルギー E から $E + dE$ の範囲に電子がとり得る状態がどのくらいあるか考えよう．この状態数を $D(E)dE$ と書く．$D(E)$ を**状態密度**という．スピンの自由度 2 を含めてエネルギー E (あるいは波数 k) までに含まれる電子の総数は単位体積あたり $(E = (\hbar^2/2m)k^2)$

$$\frac{1}{V} 2 \left(\frac{4\pi}{3}\right) \frac{V}{(2\pi)^3} k^3 = \frac{1}{3\pi^2} \left(\frac{2mE}{\hbar^2}\right)^{3/2}$$

$$= \int_0^E dE' D(E') \tag{9.9}$$

である．(9.9) 式を E で微分すれば $D(E)$ として

$$D(E) = \frac{\sqrt{2}}{\pi^2} \left(\frac{m}{\hbar^2}\right)^{3/2} E^{1/2} \tag{9.10}$$

を得る．電子の総数 N は

$$N = V \int_0^{E_F} dE D(E)$$

$$= \frac{V}{3\pi^2} \left(\frac{2mE_F}{\hbar^2}\right)^{3/2} \tag{9.11}$$

である．またこれを用いれば**自由電子**の全 (運動) エネルギーは絶対零度では

$$K.E. = V \int_0^{E_F} dE E D(E)$$

$$= \frac{\sqrt{2}V}{\pi^2} \left(\frac{m}{\hbar^2}\right)^{3/2} \frac{2}{5} E_F^{5/2}$$

$$= \frac{3}{5} N E_F \tag{9.12}$$

となる．また電子のエネルギーの最大値 (フェルミエネルギー E_F) に対応する電子の速度をフェルミ速度 v_F，運動量を**フェルミ運動量** p_F，波数を**フェルミ波数** k_F という．運動量空間でエネルギー E_F の等エネルギー面を**フェルミ面**という．

E_F, v_F, k_F などを電子密度 N/V の関数として表すことができる．

表 9.1 金属元素の自由電子濃度,フェルミエネルギー,フェルミ速度,フェルミ波数. ここで自由電子数を与えるための有効価数を Z とした.

元素	Z	N/V (10^{22}/cm^3)	E_F (eV)	E_F (10^4 K)	v_F (10^8 cm/s)	k_F (10^8 cm^{-1})
Na	1	2.65	3.24	3.77	1.09	0.92
Al	3	18.1	11.7	13.6	2.03	1.75
Fe	2	17.0	11.1	13.0	1.98	1.71
Cu	1	8.47	7.0	8.16	1.57	1.36
Ag	1	5.86	5.49	6.38	1.39	1.20

$$E_F = \frac{(3\pi^2)^{2/3}\hbar^2}{2m}\left(\frac{N}{V}\right)^{2/3} \tag{9.13}$$

$$v_F = \sqrt{\frac{2E_F}{m}} = \frac{\hbar(3\pi)^{1/3}}{m}\left(\frac{N}{V}\right)^{1/3} \tag{9.14}$$

$$k_F = (3\pi^2)^{1/3}\left(\frac{N}{V}\right)^{1/3} \tag{9.15}$$

いくつかの金属に対してこれらを表にまとめておこう. フェルミエネルギーに対応する温度が 10000 K をはるかに越えるほど高いことに注意しよう. これは電子がフェルミ分布に従うからであり,したがって室温程度の温度では極めてわずかの電子 (全電子のうち $\sim k_B T/E_F$ 程度の割合) しか比熱や電気伝導に関与しないのである. 低温の電子の状態を**縮退した電子**という.

9.3 電子比熱，帯磁率，電気伝導

電子の状態密度およびフェルミ分布関数をもとにして，いくつかの物理量の温度依存性などについて考えよう．

フェルミ分布関数を E_F の両側にそれぞれ $2k_BT$ の幅で斜めの線分で近似する[2]．このとき熱的に励起される電子の総数は $2k_BTD(E_F)$ であり，内部エネルギーの変化は単位体積あたり

$$\Delta E = \frac{1}{3}k_BT \times 2k_BTD(E_F)$$
$$= \frac{2}{3}(k_BT)^2 D(E_F) \tag{9.16}$$

と見積もられる．したがって**電子ガス**の比熱 (単位体積あたり) は低温で

$$C_v = \frac{d}{dT}\Delta E$$
$$= \frac{4}{3}(k_B)^2 D(E_F)T \tag{9.17}$$

である．以上の見積もりは本質的に正しいがフェルミ分布関数の計算を折れ線近似によらず行えば

$$C_v = \frac{\pi^2}{3}(k_B)^2 D(E_F)T \tag{9.18}$$

となる．**電子比熱**を $C_v = \gamma T$ と書いたときの比熱の温度係数 γ (10^{-4} cal mole^{-1} K^{-2}) の実測値をいくつかの元素について表 9.2 に示しておこう．(9.18) 式による計算値は，アルカリ金属である Na では 2.6，Pb では 3.6 である．

1 個の電子はスピン角運動量 s ($s = (1/2)\hbar$) に伴って

---

[2] $$\left.\frac{d}{dE}f_{FD}(E)\right|_{E_F} = \frac{1}{4k_BT}$$

であるから，フェルミ分布関数の E_F における接線が $f_{FD} = 1$ と $f_{FD} = 0$ を切るのは各々 $E = E_F \pm 2k_BT$ である．この $E_F - 2k_BT$ より上の部分の重心の位置は，長方形分布のときの $E_F - k_BT$ から，高さ 1，底辺の長さ $4k_BT$ の三角形の重心 $E_F - (2/3)k_BT$ にシフトする．すなわち正味の移動は $(1/3)k_BT$ である．

表 9.2 金属の電子比熱係数 γ

元素	Na	Al	Fe	Cu	Ag	Pb
$\gamma(10^{-4}\,\mathrm{cal\,mole^{-1}\,K^{-2}})$	3.5	3.0	12.0	1.6	1.5	7.0

$$\boldsymbol{m}_s = -\mu_0 \frac{e}{m}\boldsymbol{s} \tag{9.19}$$

の磁気モーメントを持っている．ここで現れる単位

$$\mu_B = \frac{\mu_0 e\hbar}{2m}$$
$$= 1.17 \times 10^{-29}\,\mathrm{Wb\cdot m}\,(\text{ウェーバ・メートル}) \tag{9.20}$$

を**ボーアマグネトン**(ボーア磁子)といい，これが電子の磁気モーメントの単位である[3]．フェルミ分布に従う自由電子の集団は普通はスピン角運動量 $\pm(1/2)\hbar$ の電子を同数含む．これを磁場 $\boldsymbol{H}$ の中に置くと電子の磁気モーメントとの相互作用によりエネルギーがそれぞれ $\pm\mu_B H$ だけシフトする．集団としては正負の磁気モーメントの集団はフェルミエネルギー (化学ポテンシャル) が共通であるから，正味では正のスピン角運動量を持った電子が負のスピン角運動量を持ったものよりわずかに多く，その分だけ体系全体の磁化が現れる．電子のエネルギーのシフトは温度に依存しないからこの磁化も主要な項は温度によらず一定である．単位体積あたりの**磁気モーメント** (磁化) は

---

[3] 磁束の単位である Wb は基本単位で書くと

$$1\,\mathrm{Wb} = 1\,\mathrm{N\cdot m\cdot A^{-1}}$$

である．磁場 $\boldsymbol{H}$ の単位は A/m (アンペア/メートル)，磁束密度 $\boldsymbol{B} = \mu_0 \boldsymbol{H}$ および磁化 $\boldsymbol{M}$ の単位は $\mathrm{Wb/m^2} = \mathrm{N\cdot A^{-1}\cdot m^{-1}}$ である．$\mathrm{Wb/m^2}$ をテスラ (T) と呼ぶこともある．電磁気の単位については

$$\mu_0 = 4\pi \times 10^{-7}\,(\mathrm{N\cdot A^{-2}}), \quad (\varepsilon_0\mu_0)^{-1/2} = c\,(\text{光速})$$

であることに注意せよ．磁化率 χ の単位は μ_0 の単位と同じである．また

$$\mu_B/\mu_0 = 0.93 \times 10^{-23}\,\mathrm{A\cdot m^2} = 0.93 \times 10^{-23}\,\mathrm{J/Tesla}$$

である．

9.3 電子比熱, 帯磁率, 電気伝導

$$\begin{aligned}
M &= -\mu_B(N_{-1/2} - N_{+1/2}) \\
&= \mu_B \int dE \left\{ \frac{1}{2}D(E+\mu_B H) - \frac{1}{2}D(E-\mu_B H) \right\} f_{FD}(E) \\
&\simeq \mu_B^2 H \int dE \frac{\mathrm{d}D(E)}{\mathrm{d}E} f_{FD}(E) \\
&= \mu_B^2 H D(E_F)
\end{aligned} \tag{9.21}$$

よって帯磁率 (磁化率) は

$$\begin{aligned}
\chi &= \frac{M}{H} \\
&= \mu_B^2 D(E_F) \\
&= \frac{3\mu_B^2}{2E_F}\left(\frac{N}{V}\right)
\end{aligned} \tag{9.22}$$

である. 以上で説明した金属電子のスピン分極に由来する磁性を**パウリ常磁性**といい, ここで求めた帯磁率をパウリ常磁性帯磁率という. 金属電子にはパウリ常磁性のほかに, 電子の磁場中のらせん軌道運動により生じる電流に伴う磁気モーメントがある. これを**ランダウ反磁性**といい 11.1 節でもう少し詳しく説明する. ランダウ反磁性の帯磁率はパウリ常磁性の $-1/3$ 倍に等しい.

最後に金属電子の直流電気伝導度について考えよう. フェルミ分布に従う電子の電流密度は

$$\boldsymbol{j} = -e\frac{1}{8\pi^3}\int d\boldsymbol{k}\, \boldsymbol{v}(\boldsymbol{k}) f_{FD}(\boldsymbol{k}, \mathcal{E}) \tag{9.23}$$

である. フェルミ分布関数が z 方向の電場 $\mathcal{E}$ により変化することを考慮して

$$f_{FD}(\boldsymbol{k}, \mathcal{E}) = f_{FD}(\boldsymbol{k}, 0) + \frac{e\tau(\boldsymbol{k})}{\hbar}\mathcal{E}\frac{\partial f_{FD}(\boldsymbol{k}, 0)}{\partial k_z}$$

ここで

$$\frac{\partial f_{FD}(\boldsymbol{k},0)}{\partial k_z} = \frac{\partial f_{FD}(\boldsymbol{k},0)}{\partial E}\hbar v_z$$

であるから

$$j_z = -\frac{e^2}{8\pi^3}\mathcal{E}\int d\boldsymbol{k}\, v_z^2 \tau(\boldsymbol{k})\frac{\partial f_{FD}(\boldsymbol{k},0)}{\partial E} \tag{9.24}$$

となる．運動量空間においてエネルギー E の等エネルギー球面上の微小面積を dS_E とし，またそれに垂直な波数成分を $k_\perp$ とすれば微小体積要素 $d\boldsymbol{k}$ は

$$d\boldsymbol{k} = dS_E dk_\perp$$
$$= dS_E \frac{dE}{|\nabla_{\boldsymbol{k}} E|}$$
$$= dS_E \frac{dE}{\hbar v(\boldsymbol{k})}$$

と書き換えることができること，および

$$\frac{\partial f_{FD}(\boldsymbol{k}, 0)}{\partial E} = -\delta(E - E_F)$$

を用いると一般的な結果として

$$\sigma = \frac{j_z}{\mathcal{E}} = \frac{e^2}{8\pi^3 \hbar} \int dS_E \left[\frac{v_z^2}{v(\boldsymbol{k})} \tau(\boldsymbol{k}) \right]_{E(\boldsymbol{k}) = E_F} \tag{9.25}$$

を得る．(9.25) 式の積分の中をフェルミエネルギーでの平均で置き換える．

$$\left[\frac{v_z^2}{v(\boldsymbol{k})} \tau(\boldsymbol{k}) \right]_{E(\boldsymbol{k}) = E_F} \simeq \frac{1}{3} v_F \tau(E_F)$$

またスピンの自由度 2 を考慮して，フェルミ面の面積が

$$2 \times 4\pi k_F^2$$

であることを用いれば全電子密度 n を用いて

$$\sigma = \frac{e^2 \tau k_F^3}{3m\pi^2} = \frac{e^2 \tau}{m} n \tag{9.26}$$

と書ける．これは古典的に求めたドルーデの式 (9.4) と一致する．このように最終的な結果に全電子密度が現れるが，古典論で考えたようにすべての電子が伝導に関与するからではない．電気伝導度がフェルミ面上の電子密度 (フェルミ面の面積に比例) およびフェルミ速度に比例するためである．

9.4　電気伝導度の温度依存性

　金属の電気伝導度は (9.26) 式により与えられた．縮退した電子系では，フェルミエネルギーでの速度はバンド構造だけで決まり基本的には温度に依存しない．したがって電気抵抗が温度に依存するとすれば衝突の緩和時間 τ が温度に依存するからである．金属の電気伝導度の原因は主として，金属が含む格子欠陥による散乱 (緩和時間 τ_{def}) と格子の熱振動による散乱 (緩和時間 τ_{ph}) とが考えられる．電子の散乱される確率 (散乱確率) は緩和時間に逆比例する．いま考えている 2 つの散乱過程は独立であるから，全散乱確率は 2 つの確率の和となる．以上から正味の散乱確率に対応する緩和時間については

$$\frac{1}{\tau} = \frac{1}{\tau_{def}} + \frac{1}{\tau_{ph}} \tag{9.27}$$

が成り立つ．

　金属試料が含む格子欠陥による部分は，散乱は温度に依存せず，したがってそれによる抵抗も極低温で一定に残る (**残留抵抗**)．格子振動による散乱については，十分高温では散乱の確率は格子振動の変位の 2 乗に比例し，これはまた熱エネルギーに比例する．したがって格子振動による散乱確率は高温では温度に比例して増加する．

$$\frac{1}{\tau_{ph}} \propto k_B T \tag{9.28}$$

緩和時間の逆数が加算的であるから伝導度の逆数すなわち電気抵抗も加算的である．

$$\rho = \rho_{def} + \rho_{ph}(T) \tag{9.29}$$

$$\rho_{def} = 一定 \tag{9.30}$$

$$\rho_{ph} \propto T \tag{9.31}$$

これを**マティーセンの規則**という (図 9.3 参照)．

　金属の電気抵抗が温度に比例して増加する振舞いは，豆電球をつないだ回路に金属コイルを挿入し，ガスバーナーでその金属コイルを加熱することにより，電球の輝度，明暗を観察し，金属の電気抵抗を温度依存性を容易に理解することができる．

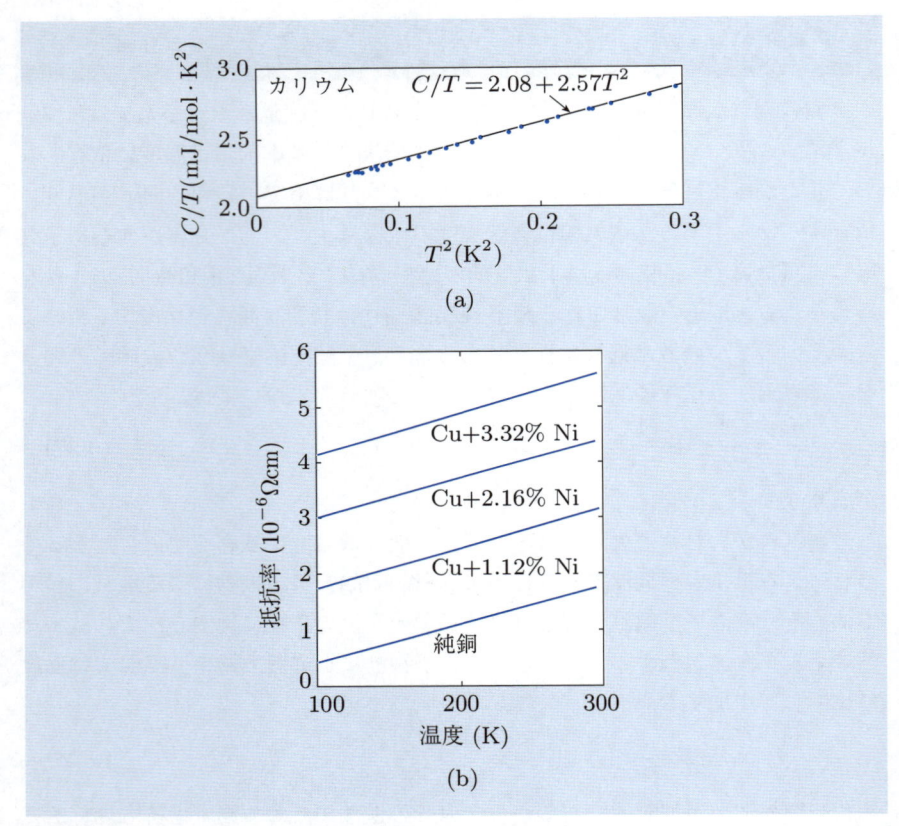

図 9.3 (a) カリウムの電子比熱 (W.H.Lien and N.E.Phillips, Phys. Rev. **133**, A1370 (1964) より) および (b) 不純物 (N_i) を含む銅の抵抗率の温度依存性 (J.Linde, Ann. Phys. (Leipzig), **5**, 15 (1932) より).

9.5 ホール効果

自由な電子を外部電場 $\boldsymbol{E}$ 中におくと電子は電場と逆方向に加速される ($\boldsymbol{F} = -e\boldsymbol{E}$). 同じく磁束密度 $\boldsymbol{B}$ の中におくと電子はローレンツ力 $\boldsymbol{F} = -e\boldsymbol{v} \times \boldsymbol{B}$ によって加速される. したがって外部電場, 磁場の中に置かれた電子の運動方程式は

$$m\left(\frac{d\boldsymbol{v}}{dt} + \frac{\boldsymbol{v}}{\tau}\right) = -e\left(\boldsymbol{E} + \boldsymbol{v} \times \boldsymbol{B}\right) \tag{9.32}$$

$\boldsymbol{E} \parallel x, \boldsymbol{B} \parallel z$ の配置 (図 9.4) を考えると, 定常状態 $\left(\dfrac{d\boldsymbol{v}}{dt} = 0\right)$ として (9.32) は

$$\begin{aligned} m\frac{v_x}{\tau} &= -eE_x - ev_y B \\ m\frac{v_y}{\tau} &= -eE_y + ev_x B \end{aligned} \tag{9.33}$$

を得る. これを $v_x\ v_y$ について解いて電流は (電子密度を n として)

$$\begin{aligned} j_x &= -nev_x = \frac{\sigma_0}{1 + (\omega_c \tau)^2}(E_x - (\omega_c \tau)E_y) \\ j_y &= -nev_y = \frac{\sigma_0}{1 + (\omega_c \tau)^2}(E_y + (\omega_c \tau)E_x) \end{aligned} \tag{9.34}$$

となる. ただし $\omega_c = \dfrac{eB}{m}$ は**サイクロトロン振動数**, $\sigma_0 = \dfrac{ne^2\tau}{m}$ はドルーデの電気伝導度である. 図 9.4 に描いた状況では y 方向の両端は結ばれていないので, この方向に電流は流れない. すなわち $j_y = 0$ である. したがって y 方向に

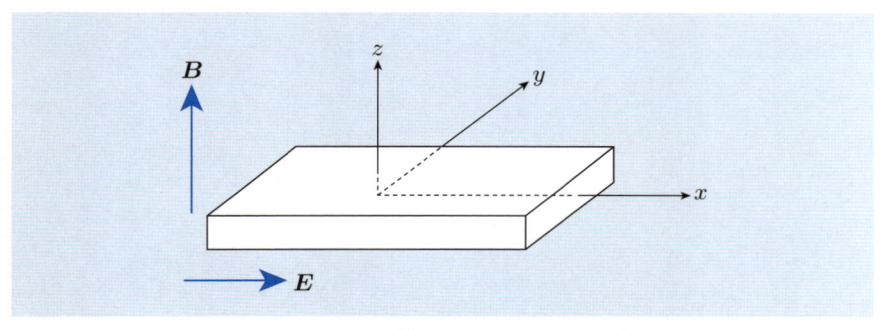

図 9.4 ホール効果の電場, 磁場の配置

現れる電場 (**ホール電場**) および x 方向に流れる電流は

$$E_y = -\frac{eB\tau}{m}E_x \tag{9.35}$$

$$j_x = \sigma_0 E_x \tag{9.36}$$

となる．このように電流と磁場の両方に垂直な方向に起電力の現れる現象を**ホール効果**という．これから

$$R = \frac{E_y}{Bj_x} = -\frac{1}{ne} \tag{9.37}$$

を得る．R を**ホール (Hall) 係数**という．

電気伝導度は e^2 に比例するので電気伝導を担うものの電荷の正負によらないが，ホール係数は e に逆比例する．したがってホール係数を測定すれば電気伝導を担うものの電荷の正負およびその濃度 n を決めることができる．金属の場合電気伝導を担うのは電子であるからその電荷は $-e$ 以外ないが，半導体の場合には電気伝導は電子とは限らず正孔も関与する．キャリアが正孔なら電荷は e となり，上のすべての式で $-e$ を e と置き換えればよい．そのためホール効果の測定は半導体では重要になる．

9.6 バンド構造とフェルミ面の形

　金属の電気伝導度はフェルミエネルギーにおける電子の速度および緩和時間の平均的値で決まっている．しかし細かくいえば各バンドについてこれらを知る必要がある．電子構造を詳しく知るためにはエネルギーバンドの形やフェルミ面の形を知らねばならず，そのためには振動磁場中の電子の運動に伴う反磁性磁化を直接観測するなどの方法がある．電子は磁場中ではサイクロトロン運動を行い，金属中でエネルギーバンドを形成しているので，フェルミ面の形に依存した共鳴的なシグナルを観測することができるのである．これらの方法で物質の電子エネルギー構造は詳しく調べられている．図 9.5 に銅のフェルミ面を示しておこう．

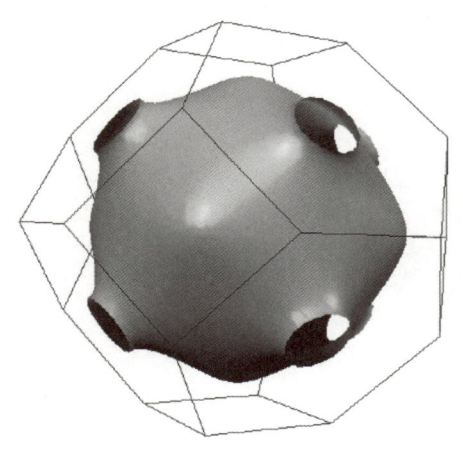

図 9.5　銅のフェルミ面．(111) 方向で他と連結している．
　　　　http://www.phys.ufl.edu/fermisurface/ より．

9章の問題

☐ **1** 表 9.1 に与えられている数値を計算してみよ．

☐ **2** 表 9.1 の金属について，電子比熱の温度に比例する係数を計算せよ．実験値は Na, Al, Fe, Cu, Ag についてそれぞれ 3.5, 3.0, 12, 1.6, 1.6 ($\times 10^{-4}$ cal/(mole K^2)) である．計算値と実験値の食い違いは自由電子近似による問題点すなわちバンド効果による．

☐ **3** 電子比熱の計算を，帯磁率の計算と同じようにフェルミ分布関数のボケを正しく評価して求めよ．

10 半導体

　半導体では，価電子バンドと伝導バンドの間にバンドギャップがあり，電子は価電子バンドをちょうどいっぱいに埋めている．バンドギャップの大きさはそれほど大きくなく1eV程度である．したがって有限温度では価電子バンドの上端付近にごくわずかに空の状態(正孔)ができ，伝導バンドにはわずかに電子が励起されている．さらに不純物をわずかに添加することで電子や正孔を導入することができ，伝導度が何桁も増大する．半導体はまた共有結合性の強い物質である．固体半導体は一般に硬く融点が高く，共有結合に特有な構造をとる．

　近年では高分子が作る半導体も多く知られ，伝導性ソフトマター，高分子半導体などと呼ばる．これらは固体の場合と異なり，可塑性が高いため実用上も大変重要である．高分子半導体も基本的に本章で議論される半導体理論の枠内に収まる．

> **10章で学ぶ概念・キーワード**
> - 正孔，間接ギャップ，直接ギャップ，キャリア
> - 真正半導体と不純物半導体，縮退
> - ドナー(準位)，アクセプター(準位)
> - 半導体の電気伝導度の温度依存性，pn接合
> - n型，p型，整流作用，発光ダイオード
> - トランジスタ

10.1 バンド構造とキャリア

IV族 Ge や Si (**ダイヤモンド構造**), GaP, GaAs, GaN (III-V 族化合物；**閃亜鉛鉱構造**), CdS (II-VI 族化合物；閃亜鉛鉱構造) など特有の結晶構造をとる. また閃亜鉛鉱構造 (立方晶) をとるもののいくつか (ZnS, SiC, GaN) は成長条件によって構造の異なる**ウルツァイト構造** (六方晶) を作る.

典型的半導体である Si および Ge のバンドを図 10.1 に示す. 半導体の正孔のエネルギーは, 価電子バンドの上端のエネルギーを E_v とすると,

$$E_v(\boldsymbol{k}) = E_v - \frac{\hbar^2}{2}\sum_{\alpha\beta}\frac{(\boldsymbol{k}-\boldsymbol{k}^0)_\alpha(\boldsymbol{k}-\boldsymbol{k}^0)_\beta}{m_h^{\alpha\beta}} \tag{10.1}$$

と書くことができる. 一方, 伝導バンドの電子のエネルギーは, 伝導バンドの下端を E_c とすると

$$E_c(\boldsymbol{k}) = E_c + \frac{\hbar^2}{2}\sum_{\alpha\beta}\frac{(\boldsymbol{k}-\boldsymbol{k}^0)_\alpha(\boldsymbol{k}-\boldsymbol{k}^0)_\beta}{m_e^{\alpha\beta}} \tag{10.2}$$

である. ただし価電子バンドの上端が $\boldsymbol{k}^0$, または伝導バンドの下端が $\boldsymbol{k}^0$ にあ

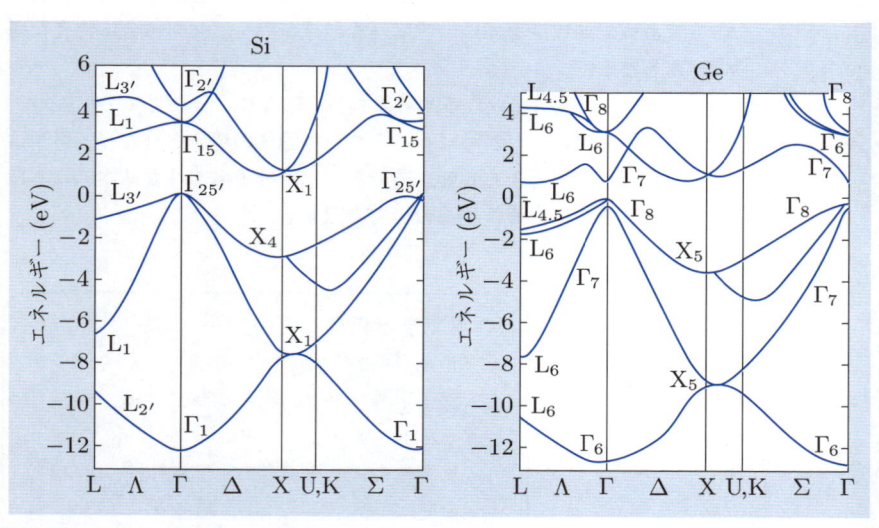

図 10.1 シリコン Si およびゲルマニウム Ge のバンド構造. J.R. Chelikowsky and M.L. Cohen, Phys. Rev. B**14**, 556 (1976) より.

10.1 バンド構造とキャリア

表 10.1 半導体のエネルギーギャップと有効質量．表の半導体では，価電子バンドの上端は $k=0$ にあり 3 重に縮退し，それがブリルアンゾーン内の点 $k \neq 0$ では有効質量の大きい 2 重縮退のバンドと有効質量の小さい縮退のないバンドに分かれる．Si や Ge の伝導バンドの下端は $k=0$ ではない．そこでの等エネルギー面は回転楕円体面となり回転軸方向 (l) と回転軸に垂直な 2 次元成分 (t) に分けられる．

	Si	Ge	GaAs	InP
バンドギャップ E_g(eV)	1.17	0.74	1.52	1.42
価電子バンドの上端	(0,0,0)	(0,0,0)	(0,0,0)	(0,0,0)
伝導バンドの下端	$2\pi/a(0.85,0,0)$	$\pi/a(1,1,1)$	(0,0,0)	(0,0,0)
価電子バンドの有効質量 m_h/m	$\begin{cases}0.54\\0.15\end{cases}$	$\begin{cases}0.28\\0.04\end{cases}$	$\begin{cases}0.45\\0.082\end{cases}$	$\begin{cases}0.65\\0.12\end{cases}$
伝導バンドの有効質量 $m_e/m = \begin{cases}m_t/m\\m_l/m\end{cases}$	$\begin{cases}0.19\\0.98\end{cases}$	$\begin{cases}0.082\\1.57\end{cases}$	0.067	0.079

るとした．$m_h^{\alpha\beta}$, $m_e^{\alpha\beta}$ などは価電子バンドまたは伝導バンドの曲率を表すもので**有効質量**という．表 10.1 にそれらをまとめておこう．E_g はバンドギャップ $E_c - E_v$ である．Si, Ge, GaP などは間接ギャップ (価電子バンドのエネルギー最大の k 点と伝導バンドのエネルギー最小の k 点が異なる) を持つ．それに対して GaAs, InP などは直接ギャップ (価電子バンドのエネルギー最大の k 点と伝導バンドのエネルギー最小の k 点が同じ) を持つ．

電場をかけたとき，伝導バンドに励起された電子 (電荷 $-e$) は電場と反対方向に動く．一方，価電子バンドでは，正孔の近傍の電子が玉つき的に少しずつやはり電場と反対方向に移動していく．これは正電荷 ($+e$) の粒子が電場方向に移動していると見ることもできる．すなわち正孔は，正電荷を持った粒子として自由に価電子バンドを動いていると考えてもよく，1 個の独立粒子として取り扱うことができる．正孔の速度が群速度 $\boldsymbol{v} = \frac{1}{\hbar}\nabla_{\boldsymbol{k}}E(\boldsymbol{k})$ であるから，加速度は

$$\dot{\boldsymbol{v}} = \frac{1}{\hbar}\frac{d}{dt}\nabla_{\boldsymbol{k}}E(\boldsymbol{k}) = -\frac{\hbar}{m_h}\dot{\boldsymbol{k}}, \quad E(\boldsymbol{k}) = E_v - \frac{\hbar^2 k^2}{2m_h} \tag{10.3}$$

である．一方，電子が外場 $\mathcal{E}$ 中でなされる仕事は

$$\delta E = -e\mathcal{E} \cdot \bm{v}\delta t = \nabla_{\bm{k}} E(\bm{k}) \cdot \delta\bm{k} = \hbar\bm{v} \cdot \delta\bm{k} \tag{10.4}$$

であるから，波数ベクトルの変化 $\delta\bm{k}$ は

$$\hbar\delta\bm{k} = -e\mathcal{E}\delta t, \quad \hbar\dot{\bm{k}} = -e\mathcal{E} \tag{10.5}$$

となり，正孔の加速度は

$$\dot{\bm{v}} = \frac{e}{m_h}\mathcal{E} \tag{10.6}$$

である．すなわち正孔は正の有効質量 m_h を持った正電荷の自由粒子である．

半導体の中では電子と正孔がともに電流に寄与するので，伝導度 σ は

$$\sigma = e(n_e\mu_e + n_h\mu_h) \tag{10.7}$$

と書かれる．n_e, n_h は電子および正孔の濃度，

$$\mu_e = e\frac{\tau_e}{m_e}, \quad \mu_h = e\frac{\tau_h}{m_h} \tag{10.8}$$

はそれぞれ**易動度**である．電子と正孔は，電荷が負と正でドリフト速度ベクトルの方向が逆だから，伝導度に対しては同符号で寄与する．したがって伝導度によって伝導に寄与するのが電子か正孔かを区別することはできない．両者を区別するためには磁場下での伝導の振舞い (ホール効果, 第 9 章) を見なくてはならない．伝導に寄与する状態 (粒子) を**キャリア**という．

10.2 真性半導体と不純物半導体

電子が価電子バンドから伝導バンドに熱励起され，キャリアとして電子と正孔が同数できる半導体を**真性半導体**と呼ぶ．電子と正孔の分布はそれぞれにフェルミ–ディラック統計に従って

$$f_e(E) = \frac{1}{e^{(E-\mu)/k_B T} + 1} \quad (\text{電子}) \tag{10.9}$$

$$f_h(E) = 1 - f_e(E)$$
$$= \frac{1}{e^{-(E-\mu)/k_B T} + 1} \quad (\text{正孔}) \tag{10.10}$$

と与えられる．化学ポテンシャル μ がバンドギャップ内にあって両方のバンド端から十分に離れている場合，$e^{-(E_c-\mu)/k_e T} \ll 1$, $e^{(E_v-\mu)/k_B T} \ll 1$ であるからこれらの分布は古典ボルツマン分布となる．これを**非縮退**という．

$$f_e(E) \approx e^{-(E-\mu)/k_B T}, \quad f_h(E) \approx e^{(E-\mu)/k_B T} \tag{10.11}$$

伝導バンドおよび価電子バンドの状態密度は

$$D_c(E) = \frac{\sqrt{2}}{\pi^2} \left(\frac{m_e}{\hbar^2}\right)^{3/2} \sqrt{E - E_c} \tag{10.12}$$

$$D_v(E) = \frac{\sqrt{2}}{\pi^2} \left(\frac{m_h}{\hbar^2}\right)^{3/2} \sqrt{E_v - E} \tag{10.13}$$

と書ける．これから伝導バンドの電子密度は

$$\begin{aligned} n_e &= \frac{\sqrt{2}}{\pi^2} \left(\frac{m_e}{\hbar^2}\right)^{3/2} e^{\mu/k_B T} \int_{E_c}^{\infty} \sqrt{E - E_c} e^{-E/k_B T} dE \\ &= 2 \left(\frac{m_e k_B T}{2\pi \hbar^2}\right)^{3/2} e^{-(E_c - \mu)/k_B T} \\ &= n_c e^{-(E_c - \mu)/k_B T} \end{aligned} \tag{10.14}$$

また価電子バンドの正孔の密度は

$$\begin{aligned} n_h &= 2 \left(\frac{m_h k_B T}{2\pi \hbar^2}\right)^{3/2} e^{-(\mu - E_v)/k_B T} \\ &= n_v e^{-(\mu - E_v)/k_B T} \end{aligned} \tag{10.15}$$

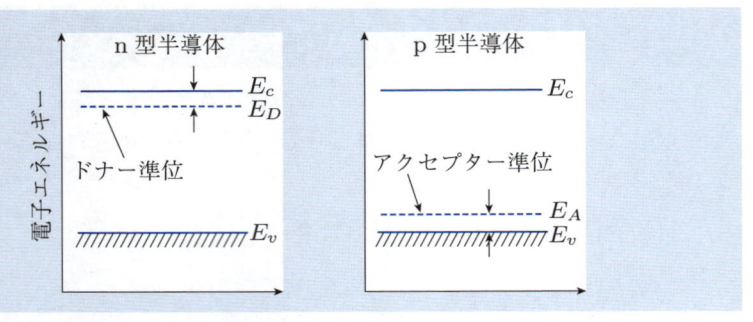

図 10.2 n 型半導体のドナー準位と p 型半導体のアクセプター準位

となる．積 $n_e n_h$ は化学ポテンシャルとは無関係で

$$
\begin{aligned}
n_e n_h &= n_c n_v \mathrm{e}^{-(E_c - E_v)/k_B T} \\
&= n_c n_v \mathrm{e}^{-E_g/k_B T} \\
&\equiv n_i^2
\end{aligned}
\tag{10.16}
$$

である．真性半導体では $n_e = n_h$ であるから，

$$
\begin{aligned}
n_e = n_h &= n_i \\
&= \sqrt{n_c n_v} \mathrm{e}^{-E_g/2k_B T}
\end{aligned}
\tag{10.17}
$$

である．この値は室温の Si, Ge, GaAs でそれぞれほぼ 1.5×10^{10}, 2×10^{13}, $5 \times 10^7 (\mathrm{cm}^{-3})$ である．n_i は intrinsic carrier density (**本来性のキャリア濃度**) と呼ばれる．また (10.14), (10.15) 式より化学ポテンシャルは

$$
\mu = \frac{E_c + E_v}{2} + \frac{3}{4} k_B T \ln\left(\frac{m_h}{m_e}\right)
\tag{10.18}
$$

となる．したがって $m_e = m_h$ であれば化学ポテンシャルはバンドギャップのちょうど真中にくる．

キャリア濃度が増してくると，それらの濃度に対する古典的表式が利用できず，本来のフェルミ分布に従うようになる．このとき，電子は **縮退** しているという．

キャリア濃度の制御は不純物の添加により行うことができ，不純物濃度に依

10.2 真性半導体と不純物半導体

表 10.2 Si, Ge 中のドナー (P, As, Sb), アクセプター (B, Al, Ga, In) のイオン化エネルギー (meV).

	P	As	Sb	B	Al	Ga	In
Si 中	45	49	39	45	57	65	16
Ge 中	12.0	12.7	9.6	10.4	10.2	10.8	11.2

存して半導体の伝導が変化する．これを**不純物半導体**という．たとえば Si, Ge に 5 価の P, As, Sb を添加すると不純物は伝導バンドに電子を与え自由電子の濃度を高めることができる．この不純物を**ドナー** (donor) という．また 3 価の B, Al, Ga, In は価電子を 1 個引きつけ，結果として正孔を価電子バンドに 1 つずつ生み出す．この不純物を**アクセプター** (accepter) という．不純物半導体でも非縮退で分布がボルツマン分布に従う限り電子正孔濃度は (10.16) 式

$$n_e n_h = n_i^2$$

に従う．ドナーを添加した半導体を **n 型半導体**，アクセプターを添加した半導体を **p 型半導体**という．通常，半導体に添加し得る不純物濃度 (の最小の値) は $10^{12}\,\mathrm{cm}^{-3}$ 程度である．不純物の Si, Ge 中におけるイオン化エネルギー (不純物が作るドナーおよびアクセプター準位) を表 10.2 に示す．

10.3　不純物半導体のキャリア濃度

ドナー濃度が N_d のとき，ドナー準位から伝導バンドに励起される電子濃度 n_e を求めよう．適当なエネルギー原点から測って，ドナー準位の軌道エネルギーを E_D とする．ドナーには，スピン自由度まで含めて電子は 1 つしか入らない．ドナーの状態には，電子がない場合 (電子数 $N_j = 0$，エネルギー $E_j = 0$．ドナーは $+1$ 価) と上向きまたは下向きスピンを持つ電子が 1 つだけある場合 (電子数 $N_j = 1$．ドナーは中性) の 3 つがある．熱平衡状態のドナー 1 個あたりの電子数は

$$\langle n \rangle = \frac{\sum_{j=1}^{3} N_j e^{(-E_j + \mu N_j)/k_B T}}{\sum_{j=1}^{3} e^{(-E_j + \mu N_j)/k_B T}} = \frac{2 e^{(-E_D + \mu)/k_B T}}{1 + 2 e^{(-E_D + \mu)/k_B T}}$$

$$= \frac{1}{1 + \frac{1}{2} e^{(E_D - \mu)/k_B T}} \tag{10.19}$$

である．したがってドナー準位にとらえられる電子の濃度は

$$n_d = \frac{N_d}{1 + \frac{1}{2} e^{(E_D - \mu)/k_B T}} \tag{10.20}$$

となる．これは中性ドナー数 N_d^0 に等しい．イオン化されたドナー密度 N_d^+ は

$$N_d^+ = N_d - n_d = \frac{N_d}{1 + 2 e^{(\mu - E_D)/k_B T}} \tag{10.21}$$

である．

アクセプターの場合には事情は少し複雑で，電子は 1 個または 2 個収容され，収容される電子数が 0 ということはない．アクセプター準位のエネルギーを E_A とする．2 電子が収容されるとき (アクセプターは -1 価) には，1 電子が収容された 2 つの状態 (中性) より E_A だけエネルギーが高い．したがってアクセプターにとらわれた電子数は

$$\langle n \rangle = \frac{2 + 2 e^{(-E_A + \mu)/k_B T}}{2 + e^{(-E_A + \mu)/k_B T}} \tag{10.22}$$

である．この計算から分かるように，中性 (個数 N_a^0) および -1 価 (個数 N_a^-)

アクセプター数はそれぞれ

$$N_a^0 = N_a \frac{2}{2 + e^{(-E_A+\mu)/k_BT}} = \frac{N_a}{1 + \frac{1}{2}e^{(-E_A+\mu)/k_BT}} \tag{10.23}$$

$$N_a^- = N_a \frac{e^{(-E_A+\mu)/k_BT}}{2 + e^{(-E_A+\mu)/k_BT}} = \frac{N_a}{1 + 2e^{(E_A-\mu)/k_BT}} \tag{10.24}$$

となる.

ドナーだけが添加されている場合を考えよう．低温では価電子バンドからの電子の熱励起は無視できすべての伝導バンドにある電子はドナーから供給されるので，伝導バンドの電子を n_e とすると

$$N_d = n_d + n_e \tag{10.25}$$

が成立する．また n_e は (10.14) 式で与えられるから (10.14) (10.20) (10.25) 式より

$$\frac{n_e^2}{N_d - n_e} = \frac{1}{2} n_c e^{-(E_c-E_D)/k_BT} \tag{10.26}$$

を得る．十分低温では $N_d \gg n_e$ として (10.26) 式を書き直し

$$n_e = \left(\frac{N_d n_c}{2}\right)^{1/2} e^{-(E_c-E_D)/2k_BT} \tag{10.27}$$

である．したがって電気伝導度 $\sigma = e n_e \mu_e$ は

$$\sigma = \frac{e^2 \tau}{m_e} \left(\frac{m_e k_B T}{2\pi \hbar^2}\right)^{3/4} N_d^{1/2} e^{-(E_c-E_D)/2k_BT} \tag{10.28}$$

となる (**不純物領域**). 高温 $(E_c - E_D \ll k_B T \ll E_c - E_v)$ では，ドナーはすべてイオン化されて $n_e \cong N_d$ となる．したがって

$$\sigma = \frac{e^2 \tau}{m_e} N_d \tag{10.29}$$

である (**飽和領域**). さらに高温 $(E_c - E_v \approx k_B T)$ となると，電子は価電子帯より伝導帯に直接励起され，真性半導体として働く (**真性領域**). この場合には電気伝導度は真性半導体のもの

$$\sigma = \frac{e^2 \tau_e}{m_e} n_e + \frac{e^2 \tau_h}{m_h} n_h \tag{10.30}$$

となり，(10.17) 式より

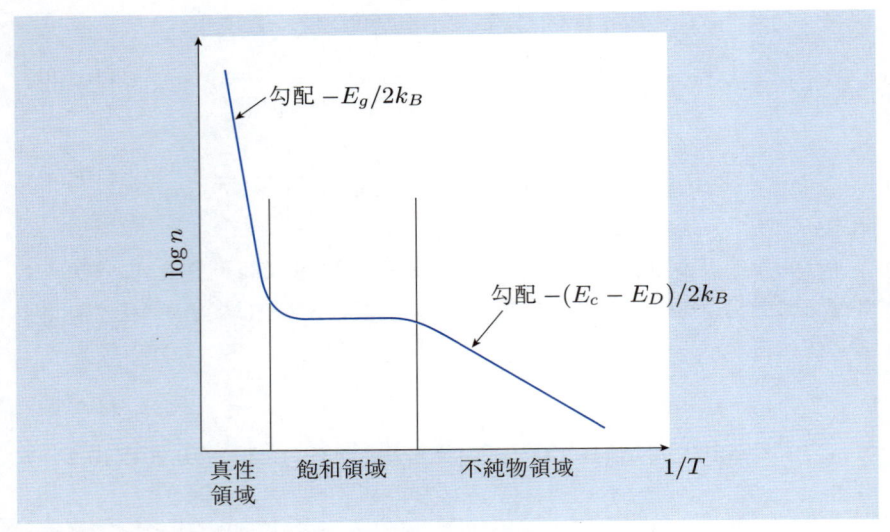

図 10.3 n 型不純物半導体キャリア濃度の温度変化．式 (10.28), (10.29), (10.31) による．

$$\sigma \sim \mathrm{e}^{-E_g/2k_B T} \tag{10.31}$$

となる．キャリア濃度の振舞いを図 10.3 に示す．p 型の場合も同様に取り扱うことができる．

10.4 散乱

電気伝導はキャリア濃度のほかにも散乱の緩和時間 τ を通じて温度に依存する．散乱の緩和時間 τ は，キャリア速度 $\langle v \rangle$ に逆比例し，散乱断面積 S に逆比例する．

$$\frac{1}{\tau} \propto \langle v \rangle S \tag{10.32}$$

半導体では，非縮退の場合にボルツマン統計に従うから，$\langle v \rangle$ は温度 T の $1/2$ 乗に比例する．

$$\langle v \rangle \propto T^{1/2} \tag{10.33}$$

散乱機構としては高温では格子振動による散乱，低温では荷電中心 (イオン化したドナー，アクセプター) による散乱 (ラザフォード散乱) が支配的である．それぞれの散乱断面積を S_{ph}, S_{def} と書くと，

$$S_{ph} \propto T \tag{10.34}$$
$$S_{def} \propto \langle v \rangle^{-4} \sim T^{-2} \tag{10.35}$$

である．よって緩和時間はそれぞれ

$$\tau_{ph} \propto T^{-3/2} \tag{10.36}$$
$$\tau_{def} \propto T^{3/2} \tag{10.37}$$

である．易動度は

$$\mu = \frac{e\tau}{m}$$

であるから低温では荷電中心による散乱が効き，高温では格子振動による散乱が支配的である．これにより易動度の温度依存性

$$\mu \propto \begin{cases} T^{3/2} & \text{(低温)} \\ T^{-3/2} & \text{(高温)} \end{cases} \tag{10.38}$$

が得られる．すなわち易動度は，低温域ではより低温になるに従い減少し，高温域ではさらに高温になるに従い減少する．$\sigma = e\mu_e n_e$ であるから図 10.3 と併せて電気伝導度の温度変化が理解できる．図 10.4 に電気伝導度の例を示す．

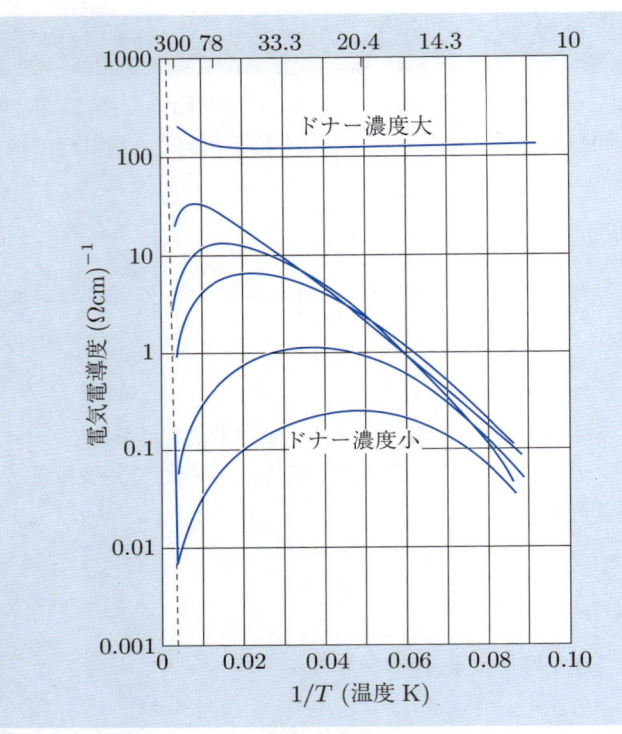

図 10.4 As 添加ゲルマニウムの伝導度の温度変化(点線はキャリアが添加されない状態での伝導度).P.P.Debye and E.M.Conwell, Phys. Rev. **93**, 693 (1954) より.低温では荷電中心による散乱が抑えられ電気伝導度は温度とともに上昇する.高温では格子振動による散乱が効くので電気伝導度は温度とともに減少する.

10.5　pn接合

素子として半導体を用いるとき，固体を一様に不純物添加することはほとんどない．素子を理解するために，最も簡単な組合せである **pn接合** を考えよう．これは半導体の半分を p 型に，他の半分を n 型に不純物添加したものである．それぞれの不純物濃度を N_d, N_a とし，キャリアは非縮退の条件下にあり，さらに不純物が完全にイオン化されていて n 型および p 型領域で

$$n_e \approx N_d, \quad n_h \approx N_a \tag{10.39}$$

であるとする．

n 型側での伝導バンドの底を E_c^n と書けば (10.14) 式より

$$E_c^n = \mu - k_B T \ln\left(\frac{N_d}{n_c}\right) \tag{10.40}$$

である．一方，p 型側では正孔濃度 $n_h = N_a$ に対して伝導バンドの電子数 n_e^p は (10.16) 式から

$$n_e^p = \frac{n_i^2}{N_a} \tag{10.41}$$

を得る．このとき伝導バンドの底を E_c^p と書くと (10.14) 式より

$$E_c^p = \mu - k_B T \ln\left(\frac{n_i^2}{N_a n_c}\right) \tag{10.42}$$

となる．したがって n 型領域と p 型領域とで

$$eV_{bi} = E_c^p - E_c^n = k_B T \ln\left(\frac{N_d N_a}{n_i^2}\right)$$
$$= E_g - k_B T \ln\left(\frac{n_c n_v}{N_d N_a}\right) \tag{10.43}$$

だけ伝導バンドの底がシフトする (図 10.5)．$N_d \approx 0.01 n_c$, $N_a \approx 0.01 n_v$ の不純物濃度で $eV_{bi} \approx E_g - 9.2 k_B T$ となる．

n 領域の電子，p 領域の正孔は接合部から離れた内部の領域にあり，接合部では n 領域，p 領域は正味でそれぞれ $+, -$ に帯電する．これにより双極子電場が作られエネルギーバンドが変形する．

接合領域には実質的にキャリアがないから外部から電位差 V を与えると，電圧降下はこの領域で行われる．順方向，逆方向に電位差を与えたときの模式図

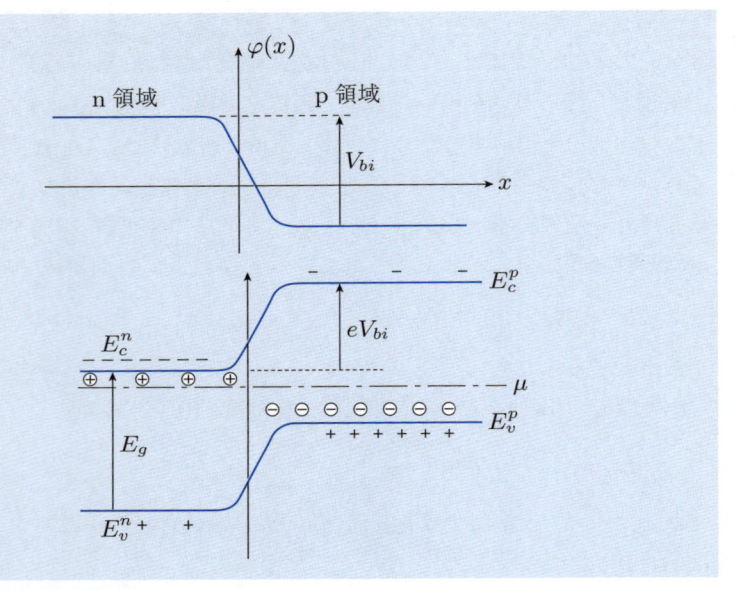

図 10.5 pn 接合の静電ポテンシャル $\varphi(x)$ とエネルギーバンド．化学ポテンシャルは n 領域と p 領域で共通．図で $\oplus$, $\ominus$ はイオン化したドナーまたはアクセプターを表し，$-$, $+$ は電子または正孔を表す．

を図 10.6 に示す．この場合には，n, p それぞれの領域で異なる化学ポテンシャルを考える必要がある．化学ポテンシャルの場所依存性は図中の鎖線で分かるであろう．

順方向に電位差を与えたとき (図 10.6(a))，p → n の電子の流れはほとんど変化しないが n → p への電子の流れは $\exp(eV/k_BT)$ 倍される．また n → p の正孔の流れは変わらないが，p → n の正孔の流れは $\exp(eV/k_BT)$ 倍される．こうして p 領域から n 領域への電流の正味は

$$I = I_0(e^{eV/k_BT} - 1) \tag{10.44}$$

と与えられる．逆方向に電位差を与えるとき (図 10.6(b)) には電子は p → n へ，正孔は n → p へ移動する．しかし p 領域の電子も n 領域の正孔も少ないので電流はほとんど流れない．以上のようにして pn 接合に外部電圧を印加することにより**整流特性**が得られる (図 10.6(c))．

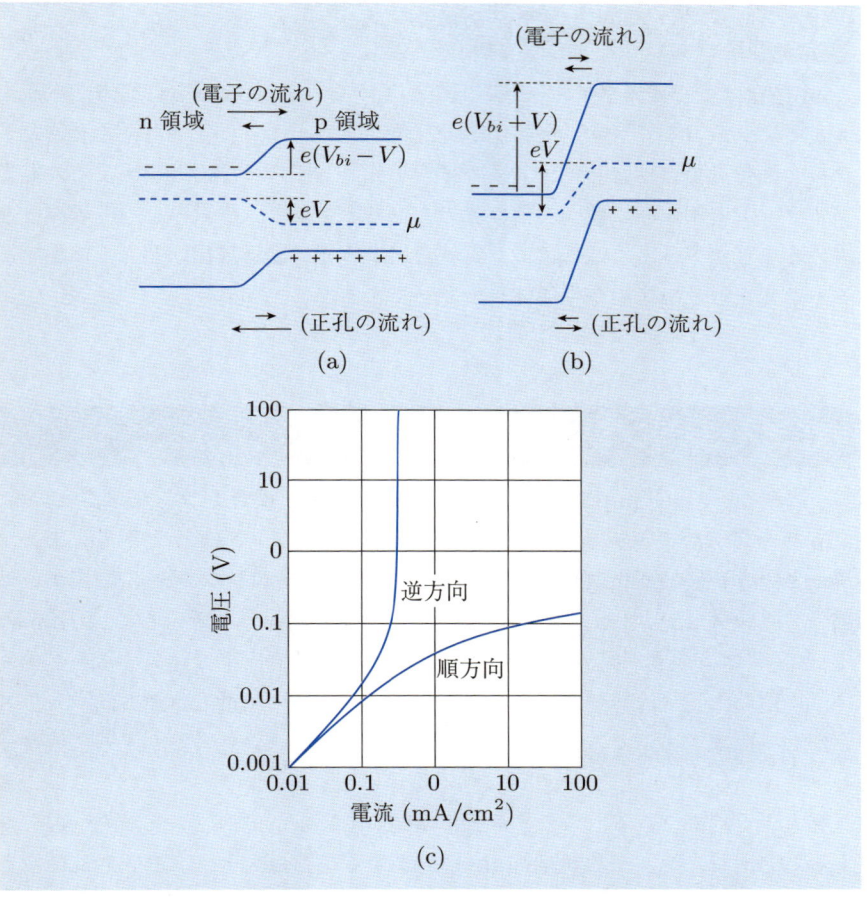

図 10.6 pn 接合に外部電場をかけた場合の化学ポテンシャルの変化，およびの場合の電子および正孔の流れ (矢印)．電圧印加が：(a) 順方向電圧の場合，(b) 逆方向電圧の場合，(c) 電圧を順方向または逆方向にかけた場合の電流–電圧特性．整流作用を示す．

10.6　発光ダイオード

　pn 接合はまた**発光ダイオード**としても用いられる．pn 接合に順方向電流を流すと，p → n へ正孔が，n → p に電子が注入される．注入された正孔と電子が接合部付近で再結合して，エネルギーを光としてほぼ 100％放出する．発光ダイオードの両側面に鏡面を作り光の共振器とすると，少数キャリアの濃度を高めることができる．これにより再結合による光の**誘導放出**が起き，位相のそろった光を取り出すのが**半導体レーザー**である．

10.7　トランジスタ

　pn 接合を 2 つ，pnp あるいは npn としたものを**接合トランジスタ**という．pnp 接合について説明しよう．一方の pn 側に順方向 (この p 型部分を**エミッター**という) 他方の np 部に逆方向 (この p 型部分を**コレクター**，真中の n 型部分を**ベース**という) 電圧を与える．ベースの n 型部分を薄くして ($10\,\mu m$ 程度) おく．エミッター部から電流 (正孔) を順方向低電圧下で注入すると，ベース部に達した正孔はベースとコレクターの接合部まで拡散し，逆方向バイアスがかかった高電場下でコレクターに流れ込む．ベースからコレクターに流れ込む少数キャリア (正孔) により運ばれる電流によってコレクターとベース間の電圧を大きく制御できる．ここで電流は増幅しないがベースとエミッター間に加える電力消費に比べて負荷抵抗 R_c に発生する電力は大きく，電圧および電力**増幅作用**を持つ．

10 章の問題

☐ **1**　室温 300 K での Si (真性) における電子および正孔濃度を見積もれ．

☐ **2**　低温 50 K で Si に As を $10^{15} \mathrm{cm}^{-3}$ だけ添加した系の電子濃度を見積もれ．

11 磁　　性

　物質の磁性 (外部磁場に対する性質) は，基本的に原子核や電子の持っているスピンが担っている．原子核スピン (核スピン) 同士あるいは電子スピンと核スピンの相互作用は弱い．核スピン利用として，医療診断に使われる NMR (核磁気共鳴)，MRI (核磁気共鳴画像法) などが広く用いられている．これらの核磁気共鳴を使った診断法では，生体中の水の中の水素原子核 (陽子) の信号を見ている．fMRI (機能性 MRI) は脳機能の診断に用いられる．

　磁石の直接的な利用のほか，音響機器，情報通信機器，医療機器，磁気遮蔽など磁石の実用例は日常生活の隅々に至っている．通常，磁石は鉄・コバルト・ニッケルといったある種の金属，合金，金属酸化物 (フェライト磁石) などからできている．最近ではネオジム－鉄－ホウ素系，サマリウム－コバルト系など希土類元素を含む金属間化合物で非常に強い磁石が開発されている．磁性体となる有機化合物，1つの分子が磁気モーメントを持つ状態を保つ分子磁石など新しいタイプの磁性体も開発されている．

> **11章で学ぶ概念・キーワード**
> - パウリのスピン常磁性，ラーモアの常磁性
> - ランダウ反磁性，自由イオンの常磁性
> - キュリー則，強磁性と反強磁性
> - キュリーワイス則，キュリー温度
> - ネール温度，ワイス温度

11.1 電子の示す磁性

原子スピン系の示す磁気的性質を議論する前に，電子の示す磁気的性質について考えよう．電子は，電子スピンによる磁気モーメントと軌道運動によって生ずる電流が作る磁気モーメントの 2 種類の磁気モーメントを持っている．

11.1.1 電子スピンによる磁性：パウリのスピン常磁性

第 9 章で議論したように，1 個の電子はスピン角運動量 s ($s = (1/2)$, s の大きさを $s\hbar$ と書く) に起因して

$$m_s = -\mu_0 \frac{e}{m} s \tag{11.1}$$

の磁気モーメントを持っている．

$$\mu_B = \frac{\mu_0 e \hbar}{2m} = 1.17 \times 10^{-29} \, \text{Wb} \cdot \text{m}$$

をボーアマグネトンといい，電子スピン磁気モーメントの単位である．9.3 節で述べたように，外部磁場 H の中に置かれた自由電子は磁化 (単位体積あたりの磁気モーメント)

$$M = \mu_B^2 D(E_F) H \tag{11.2}$$

を持つ．この場合には磁化は磁場と同じ方向を向いている．これを常磁性という．帯磁率 (磁化率) χ_P は

$$\chi_P = \mu_B^2 D(E_F) = \frac{3\mu_B^2}{2E_F}\left(\frac{N}{V}\right) \tag{11.3}$$

となる[1]．これが**パウリ常磁性**である．

金属ナトリウムで $m^* = m$ (電子の有効質量が本来の電子質量と同じ) とするとおおよそ $N/V = 2.65 \times 10^{22} \text{cm}^{-3}$, $E_F = 3.24 \, \text{eV}$ であるから，比磁化率 (χ/μ_0) は

---

[1] 帯磁率 (磁化率) の単位は磁化 $\text{Wb} \cdot \text{m}^{-2} = \text{N} \cdot \text{A}^{-1} \cdot \text{m}^{-1}$，磁場 $\text{A} \cdot \text{m}^{-1}$ であるから
$$\text{Wb} \cdot \text{m}^{-2} / \text{A} \cdot \text{m}^{-1} = \text{N} \cdot \text{A}^{-2} = \text{H} \cdot \text{m}^{-1}$$
あるいはボーアマグネトン $\text{Wb} \cdot \text{m}$, エネルギー $\text{J} = \text{N} \cdot \text{m}$ であるから
$$(\text{Wb} \cdot \text{m})^2 \text{m}^{-3} \cdot (\text{N} \cdot \text{m})^{-1} = \text{N} \cdot \text{A}^{-2} = \text{H} \cdot \text{m}^{-1}$$
である．これは透磁率の単位と同じである．

$$\frac{\chi_P(\mathrm{Na})}{\mu_0} = \frac{(1.17 \times 10^{-29})^2}{4\pi \times 10^{-7}} \cdot \frac{3}{2} \cdot \frac{1}{(3.24 \times 1.602 \times 10^{-19})} \cdot (2.65 \times 10^{28})$$
$$= 8.3 \times 10^{-6}$$

という小さな値である.

11.1.2　電子の軌道運動による磁性：常磁性と反磁性

スピン磁気モーメントだけでなく電子の軌道運動(電流)による磁気モーメントも存在する．電磁場中の電子の運動エネルギーは，ベクトルポテンシャル $\boldsymbol{A}$ を用いて

$$H_{kin} = \frac{1}{2m}(\boldsymbol{p} + e\boldsymbol{A})^2 \tag{11.4}$$

と書ける．一様な z 方向の磁束密度 $\boldsymbol{B}_0 = \mu_0 \boldsymbol{H}$ の場合には，ベクトルポテンシャルは

$$\boldsymbol{A} = \frac{1}{2}\boldsymbol{B}_0 \times \boldsymbol{r} = \frac{B_{0z}}{2}(-y, x, 0)$$

としてよいから

$$H_{kin} = \frac{1}{2m}(\boldsymbol{p} + \frac{e}{2}\boldsymbol{B}_0 \times \boldsymbol{r})^2$$
$$= \frac{\boldsymbol{p}^2}{2m} + \frac{e}{2m}l_z B_{0z} + \frac{e^2 B_{0z}^2}{8m}(x^2 + y^2) \tag{11.5}$$

と変形される．ここで $l_z = xp_y - yp_x$ は軌道角運動量演算子である.

(11.5)式の第2項により，電子の軌道運動に伴う磁気モーメント

$$\boldsymbol{m}_l = -\frac{\mu_0 e}{2m}\boldsymbol{l} \tag{11.6}$$

による常磁性が現れる．原子に束縛された電子の場合のこの効果については次節で議論する．閉殻イオン(原子)ではこの項の寄与はゼロとなる．閉殻軌道の場合には，すべての電子に関する和はこの項 (l_z) に関する期待値の和であり，ゼロとなるからである.

(11.5)式の第3項は，外部磁場と反対の向きの磁化を作るように電流が流れることを意味している(**レンツの法則**)．このように外部磁場と反対向きの磁気モーメントがあられる現象を**反磁性**という．原子の球対称的電荷分布を考慮すると

$$\langle\psi|x^2|\psi\rangle = \langle\psi|y^2|\psi\rangle = \frac{1}{3}\langle\psi|r^2|\psi\rangle$$

であるから，原子に束縛された電子について，この項からの帯磁率(磁化率)への寄与は[2]

$$\chi_d = -\frac{e^2\mu_0^2}{6m}\langle\psi|r^2|\psi\rangle\left(\frac{N}{V}\right) \tag{11.7}$$

となる．符号がマイナスに出ているのが磁化は磁場と反対向きであること，すなわち反磁性であることを示している．$\langle\psi|r^2|\psi\rangle$ は1個の電子に対する平均で，電子密度は (N/V) である．これを**ラーモアの反磁性**と呼ぶ．閉殻を形成する原子，イオンでは軌道常磁性の寄与はなく，ラーモアの反磁性が現れる．多くの原子やイオン，たとえばグラファイト(C), Cu, Ag, Au, Pb などは反磁性体である．またほとんどの有機化合物は反磁性を示す．銅の10個の 3d 電子について，密度を $10\times(8.47\times10^{22}/\text{cm}^3)$，軌道半径を 0.5 Å，質量を自由電子の質量と同じであるとすると，反磁性(比)磁化率は (11.7) 式より

$$\frac{\chi_d(\text{Cu})}{\mu_0}$$
$$= -\frac{(1.6021\times10^{-19})^2(4\pi\times10^{-7})}{6(9.1095\times10^{-31})}\times(0.5\times10^{-10})^2\times(10\times8.47\times10^{28})$$
$$= -12.5\times10^{-6} \tag{11.8}$$

と見積もることができる．通常の反磁性物質の値もおおよそこの程度の小さいものである．

以上では電子の運動の軌道は，磁場により変化を受けないと考えた．しかし実際には電子は，磁束にまつわりつくようならせん運動(サイクロトロン運動)を行う．伝導電子の場合，軌道運動については新しい量子化が行われる．これを**ランダウ量子化**という．詳しい議論は行わないが軌道運動の量子化の結果，**ランダウ反磁性**と呼ばれる新しい反磁性が現れる．古典的な荷電粒子にはない磁性である．これはパウリ常磁性帯磁率(磁化率)の $-1/3$ の反磁性帯磁率(磁化率)を与える．

$$\chi_d^L = -\frac{\mu_B^2}{2E_F}\left(\frac{N}{V}\right) = -\frac{1}{3}\mu_B^2 D(E_F) \tag{11.9}$$

---

[2] 磁場中での物質のエネルギーの変化を $E(H)$ と書いたとき磁化は $M(H) = -\frac{\partial E(H)}{\partial H}$ である．また帯磁率(磁化率) χ は $\chi = -\frac{\partial^2 E(H)}{\partial H^2}$ である．

11.2　自由イオンの常磁性

11.2.1　イオンの磁気モーメントの起源

不完全殻を持ったイオン，たとえば遷移金属イオンや希土類金属イオンは，孤立したイオンが磁気モーメントを持っている．これは孤立イオンに束縛された複数の電子が，互いのスピン磁気モーメント同士を，また軌道磁気モーメント同士をそれぞれ平行にそろえたほうがエネルギー的に安定になるという**フント (Hund) の規則**の結果である．フントの規則は交換相互作用エネルギーおよびクーロンエネルギーを得するように働く．たとえば2つの電子スピンがそろっていればその間で交換相互作用が働きエネルギー的に得をする．軌道磁気モーメントがそろっているなら電子の周回運動方向が同じであるから軌道上で電子が互いにいき会う確率が小さく，そのためクーロン相互作用は得をする．

遷移金属イオンおよび希土類金属イオンの磁気モーメントを表 11.1 に示す．溶液中の鉄族イオンの場合には，周りに陰イオン (配位子という) が結合し，これからのクーロン力が強く，そのため遷移金属イオンに束縛された電子の軌道

表 11.1　遷移金属イオンおよび希土類金属イオンの磁気モーメント (μ_B 単位)．実験値 (上段) と理論値 (下段)．

	Ti^{3+}	V^{3+}	Cr^{3+}	Mn^{3+},Cr^{2+}	Fe^{3+},Mn^{2+}
m/μ_B	1.8	2.8	3.8	4.9	5.9
$2\sqrt{S(S+1)}$	1.73	2.83	3.87	4.90	5.92

	Fe^{2+}	Co^{2+}	Ni^{2+}	Cu^{2+}
m/μ_B	5.2	4.9	2.8	1.95
$2\sqrt{S(S+1)}$	4.90	3.87	2.83	1.73

	Ce^{3+}	Pr^{3+}	Nd^{3+}	Pm^{3+}	Sm^{3+}	Eu^{3+}	Gd^{3+}
m/μ_B	2.5	3.6	3.8	-	1.5	3.6	7.9
$g\sqrt{J(J+1)}$	2.54	3.58	3.62	2.68	0.84	0	7.94

	Tb^{3+}	Dy^{3+}	Ho^{3+}	Er^{3+}	Tm^{3+}	Yb^{3+}
m/μ_B	9.7	10.5	10.5	9.4	7.2	4.5
$g\sqrt{J(J+1)}$	9.72	10.63	10.60	9.57	7.57	4.54

角運動量による縮退が解ける.その結果,軌道角運動量の期待値は 0 となり (**軌道角運動量の消失**),各電子の磁気モーメントはスピン磁気モーメントのみとなる.こうして電子のスピン磁気モーメントの和 M による磁気モーメント $\mu_B 2\sqrt{S(S+1)}$ が全磁気モーメントを与える.

希土類金属イオンの場合には,溶液中でも希土類の原子核によるクーロンポテンシャルが十分深く周りのイオンの効果は小さい.そのため各電子の角運動量はスピン角運動量と軌道角運動量の和となり,合成角運動量 $J = \sum(l+s)$ による磁気モーメント $\mu_B g\sqrt{J(J+1)}$ がイオンの磁気モーメントとなる.ここで g は**ランデの g 因子**と呼ばれる定数である[3].

11.2.2 自由イオンの常磁性帯磁率 (磁化率)

自由イオンの磁気モーメント M による帯磁率 (磁化率) の温度変化を議論しよう.ここでは遷移金属イオンを考えているとすると,スピン磁気量子数 S (このような書き方は混乱を呼ぶのでなるべく避けたいのだが,スピン角運動量はベクトル S と書いて $\hbar$ の次元を持ち,その大きさを整数または半奇数の値を持つ数 S を用いて $S\hbar$ と書く) に対して磁気モーメントは $m_0 = -2(\mu_B/\hbar)S$ である.さらに古典的な磁気モーメントを考えると,磁気モーメントのポテンシャルエネルギーは

---

[3] 原子の合成角運動量は
$$J = L + S$$
である.L および S は価電子による全軌道角運動量および全スピン角運動量である.それぞれに伴う磁気モーメントは $-(\mu_B/\hbar)L, -2(\mu_B/\hbar)S$ であるから全磁気モーメントは
$$m_0 = -(\mu_B/\hbar)(L + 2S)$$
となる.外部磁場 H (z 方向) のもとではこの磁気モーメントは合成角運動量の方向と角度を持っているため H の周りに歳差運動を行い,その磁場方向の成分は
$$m_0^{\parallel} = -(\mu_B/\hbar)gJ$$
となる.g をランデの g 因子といい以下のように定められる.
$$g = 1 + \frac{J(J+1) + S(S+1) - L(L+1)}{2J(J+1)}$$
ここでは J, L, S の大きさを $\hbar J, \hbar L, \hbar S$ と書いた.

11.2 自由イオンの常磁性

$$E = -\boldsymbol{m}_0 \cdot \boldsymbol{H} = 2\frac{\mu_B}{\hbar}|\boldsymbol{S}|H\cos\theta \tag{11.10}$$

$$\boldsymbol{m}_0 = -2\frac{\mu_B}{\hbar}\boldsymbol{S}, \quad m_0 = 2\mu_B\frac{|\boldsymbol{S}|}{\hbar} = 2\mu_B S, \quad S = \frac{|\boldsymbol{S}|}{\hbar} \tag{11.11}$$

と与えられる．ボルツマン分布を用いて $\cos\theta$ の平均値を計算すると

$$\begin{aligned}
\langle\cos\theta\rangle &= \frac{\displaystyle\int e^{-E/k_B T}\cos\theta \cdot 2\pi\sin\theta\,d\theta}{\displaystyle\int e^{-E/k_B T} 2\pi\sin\theta\,d\theta} \\
&= \frac{d}{dx}\ln\left(\frac{1}{x}\sinh x\right)\Big|_{x=m_0 H/k_B T} \\
&= \left\{\coth x - \frac{1}{x}\right\}_{x=m_0 H/k_B T} \\
&= L(m_0 H/k_B T) \tag{11.12}
\end{aligned}$$

$$L(x) \equiv \coth(x) - \frac{1}{x} \tag{11.13}$$

となる．$L(x)$ を**ランジェバン関数**という．上の計算から磁場方向の磁気モーメントの平均値は

$$\langle M \rangle = \left(\frac{N}{V}\right) m_0 L\left(\frac{m_0 H}{k_B T}\right) \tag{11.14}$$

である．(N/V) は単位体積あたりのイオンの個数である．十分高温で $m_0 H/k_B T \ll 1$ であるなら $L(a) \approx a/3 - a^3/45 + \cdots$ と展開して

$$\langle M \rangle = \frac{N}{V} \cdot \frac{m_0^2}{3k_B T} H \tag{11.15}$$

であり，帯磁率は

$$\chi = \left(\frac{N}{V}\right) \cdot \frac{m_0^2}{3k_B T} = \left(\frac{N}{V}\right) \cdot \frac{(2\mu_B S)^2}{3k_B T} \tag{11.16}$$

となる．これと (11.3) 式を比較するとすぐ分かるように，**自由イオンの常磁性**帯磁率はパウリ常磁性帯磁率と比べて $E_F/k_B T$ 程度と大変に大きい．図 11.1 にランジェバン関数を示す．

上では磁気モーメントは古典的量であると考えて計算したが，実際は量子論に従って，たとえばスピン磁気量子数 $S\hbar$ に対して $M_s\hbar = -S\hbar, (S+$

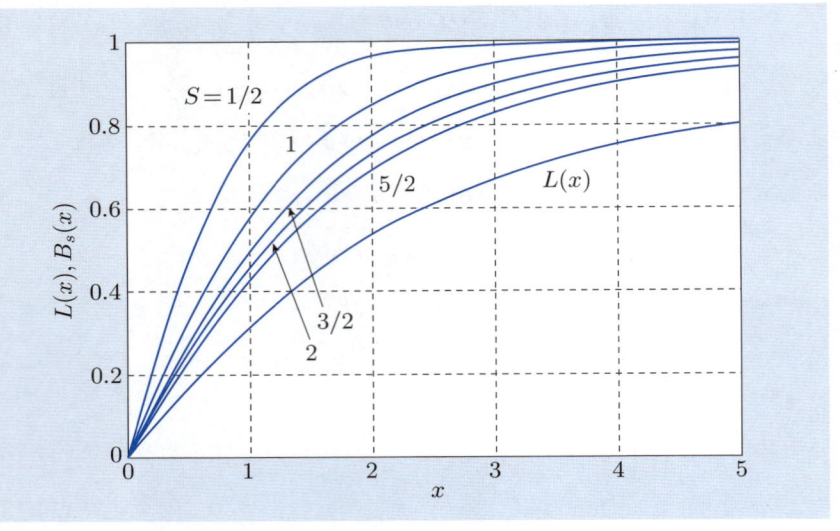

図 11.1 ランジェバン関数とブリルアン関数

$1)\hbar, \cdots, (S-1)\hbar, S\hbar$ の $(2S+1)$ 個の値をとる．これを考えてもう一度計算しよう．

$$E = -\bm{m}_0 \cdot \bm{H} = 2\mu_B M_s H \tag{11.17}$$

$$\bm{m}_0 = -\frac{\mu_0 e}{m}\bm{S} = -2\frac{\mu_B}{\hbar}\bm{S} \tag{11.18}$$

$$(M_s = -S, -S+1, \cdots, S-1, S)$$

それぞれの磁気モーメントは (11.17) 式で表されたエネルギー準位に熱分布をするから分配関数は

$$Z = \sum_{M_s=-S}^{S} e^{-(2\mu_B H/k_B T)M_s} = \frac{\sinh(\mu_B H(2S+1)/k_B T)}{\sinh(\mu_B H/k_B T)}$$

である．これにより単位体積あたりの磁気モーメントの期待値は

$$\begin{aligned}\langle M \rangle &= \left(\frac{N}{V}\right) k_B T \frac{\partial}{\partial H} \log Z \\ &= \left(\frac{N}{V}\right) 2\mu_B S B_S \left(\frac{2\mu_B S H}{k_B T}\right)\end{aligned} \tag{11.19}$$

11.2 自由イオンの常磁性

である．$B_S(x)$ は**ブリルアン関数**といい

$$B_S(x) = \frac{d}{dx} \log \frac{\sinh\left(\frac{2S+1}{2S}x\right)}{\sinh\frac{x}{2S}}$$

$$= \frac{2S+1}{2S}\coth\left(\frac{2S+1}{2S}x\right) - \frac{1}{2S}\coth\frac{x}{2S} \qquad (11.20)$$

と定義されている．$S \to \infty$ とすると $B_S(x) \to L(x)$ となる．ランジェバン関数が出てきたときには，スピンは大きさ一定で方向の自由度が無限大であると考えたからである．

$x \ll 1$ (弱磁場，高温の極限) では

$$B_S(x) \approx \frac{S+1}{3S}x - \frac{S+1}{3S} \cdot \frac{2S^2+2S+1}{30S^2}x^3 \cdots \qquad (11.21)$$

と展開されるので

$$\langle M \rangle \approx \frac{N}{V}\frac{(2\mu_B)^2 S(S+1)}{3k_B T}H \qquad (11.22)$$

と書き直される．帯磁率として

$$\chi \cong \left(\frac{N}{V}\right)\frac{(2\mu_B)^2 S(S+1)}{3k_B T} \qquad (11.23)$$

を得る．(11.23) 式が (11.16) 式と比べて $(2\mu_B S)^2 \rightleftharpoons (2\mu_B)^2 S(S+1)$ となっているのは量子論の効果である．図 11.1 にブリルアン関数も合わせて書いておこう．帯磁率が温度に逆比例する (11.16), (11.23) 式を**キュリー則**という．

11.3 強磁性，反強磁性

伝導電子や共有結合電子を介して，イオン間には互いにイオンのスピンを平行または反平行にそろえるように相互作用 (交換相互作用，これを同等な有効磁場に置き換えて**有効分子磁場**ともいう) が働いていることがある．スピン間の相互作用機構は純粋に量子力学的なもので，物質によって多様な機構がありまた複雑である．ここではスピン間の相互作用機構に深く立ち入ることはやめて，**強磁性，反強磁性**の現象論 (**ワイス理論**) を説明しよう．

11.3.1 強磁性

鉄，コバルト，ニッケルなどでは，低温では外部磁場がなくても各原子は一定方向にそろった磁化を持っている．これを自発磁化という．自発磁化は，温度を上げていくと適当な有限温度 T_c で連続的にゼロとなり，それより高温では常磁性体として自発磁化は持たない．

十分高温を考えよう．磁化 $\bm{M}$ に比例した有効分子磁場 $\bm{H}_{eff}$ が各磁気モーメントに働いている．

$$\bm{H}_{eff} = \alpha_{eff} \bm{M} \tag{11.24}$$

α_{eff} は (磁化率)$^{-1}$ の単位を持つ量である．帯磁率 (磁化率) を χ_0 とすると，高温では磁化 $\bm{M}$ は外部磁場 $\bm{H}$ および $\bm{H}_{eff}$ の和を感じているから

$$\begin{aligned} \bm{M} &= \chi_0 (\bm{H} + \bm{H}_{eff}) \\ &= \chi_0 (\bm{H} + \alpha_{eff} \bm{M}) \end{aligned} \tag{11.25}$$

となる[4]．χ_0 は前節で求めた高温での帯磁率 (磁化率) (11.23)

表 11.2　いくつかの強磁性物質の飽和自発磁化

	Fe	Co	Ni	Gd
自発飽和磁化 (μ_B)	2.2	1.7	0.6	7
T_c(K)	1043	1388	627	293

---

[4] 低温では有効磁場 (分子磁場プラス外部磁場) の中での分布を考えなくてはならず，前節と同様な手続きにより，右辺はランジェバン関数またはブリルアン関数となる．$H = 0$ の結果は (11.30) で計算されている．

11.3 強磁性，反強磁性

$$\chi_0 = \frac{m_0^2}{3k_B T}\left(\frac{N}{V}\right) \tag{11.26}$$

である．原子の磁気モーメントを m_0 と書いた．系の帯磁率 (磁化率) は (11.25) 式から

$$\chi = \frac{M}{H} = \frac{\chi_0}{1 - \chi_0 \alpha_{eff}} \tag{11.27}$$

である．(11.26) 式で $\chi_0 = C/T$ であるから，帯磁率 (磁化率) χ はある温度 (T_c) より高い温度範囲で

$$\chi = \frac{C}{T - C\alpha_{eff}} = \frac{C}{T - T_c} \quad (T > T_c) \tag{11.28}$$

という温度依存性を示す．これを**キュリー–ワイス則**といい，T_c を**キュリー温度**という．α_{eff} は m_0 および T_c を用いて

$$\alpha_{eff} = \frac{T_c}{C} = \frac{3k_B T_c}{m_0^2}\left(\frac{V}{N}\right) \tag{11.29}$$

と書き換えられる．

$T < T_c$ での磁化については，$\boldsymbol{H} = 0$ の下で分子磁場の式を解けばよい．(11.25) 式で外場 $\boldsymbol{H} = 0$ とし磁化に対してブリルアン関数の式 (11.19) を用いると

$$M = \left(\frac{N}{V}\right) 2\mu_B S B_S\left(\frac{2\mu_B S \alpha_{eff} M}{k_B T}\right) \tag{11.30}$$

を得る．この式を一般に数値的に解けば磁化 M の温度依存性が求められる．図 11.2(a) に強磁性鉄 (Fe) の磁化の温度依存性を示す．低温では外部磁場に対して巨大な分子磁場が存在し，磁化はほとんど飽和しているから帯磁率 (磁化率) は大変小さい．しかし温度が上昇して T_c に近づけば，自発磁化が小さくなり分子磁場が小さくむしろ外部磁場に応答して磁化が容易に変化する．したがって帯磁率 (磁化率) は低温から T_c に近づくにしたがって大きくなり，$T = T_c$ で発散する．帯磁率 (磁化率) の T_c の上および下での温度変化も図 11.2(b) に示す．

鉄での値

$$T_c \simeq 1043\text{K}, \quad m_0 = 2.2\mu_B \tag{11.31}$$

を例にとり，有効分子磁場の大きさを見積もってみよう．(11.29) 式に代入する

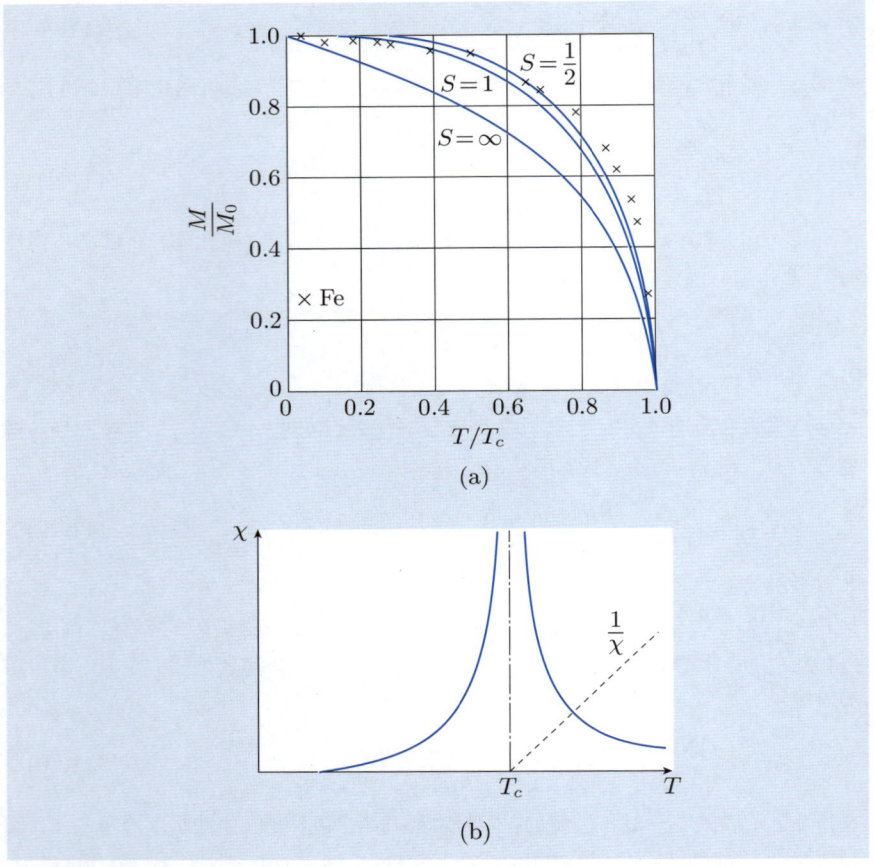

図 11.2 (a) 強磁性体に対するワイス理論による磁化および鉄 Fe の自発磁化を飽和磁化で規格化したものの温度依存性，(b) 帯磁率 (磁化率) の温度依存性

と有効分子磁場の大きさは

$$H_{eff} = \alpha_{eff} \times m_0 \left(\frac{N}{V}\right) = \frac{3k_B T_c}{m_0}$$
$$= \frac{3 \times (1043 \times 1.38 \times 10^{-23}\,\text{J})}{2.2 \times (1.17 \times 10^{-29}\,\text{Wb}\cdot\text{m})} \cong 1.7 \times 10^9\,\text{A/m} \quad (11.32)$$

である．これは実験室で通常用いる磁場の強さと比べて巨大な値である．

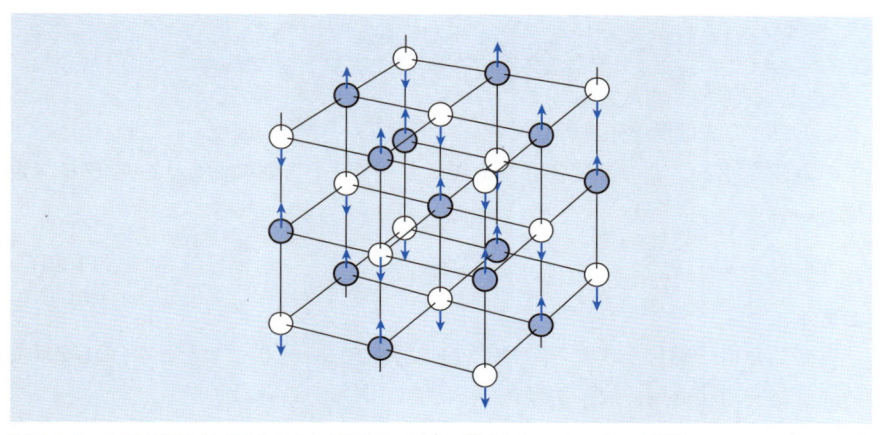

図 11.3 反強磁性体 RbMnF$_3$ 格子のスピン磁気モーメントの配置. ここでは Mn イオンのみ描いてある (丸が Mn イオン).

11.3.2 反強磁性

MnO, FeO, RbMnF$_3$ などの化合物では巨視的には自発磁化は持たないが, 原子論的には 2 つの格子に分かれていて低温ではそれぞれが反対向きの磁化を持っている. これを反強磁性という. 図 11.3 に RbMnF$_3$ のスピン磁気モーメントの配置を示す.

2 つの**部分格子**を A,B とし, A 部分格子には $-\alpha_{eff}M_B$, B 部分格子には $-\alpha_{eff}M_A$ である分子磁場が働くとしよう ($M_A = -M_B$). 高温での磁化は

$$M_A = \chi_0(H - \alpha_{eff}M_B)$$
$$M_B = \chi_0(H - \alpha_{eff}M_A) \qquad (11.33)$$

と書かれる[5]. これを解くと

$$M_A = \frac{\chi_0}{1 + \chi_0\alpha_{eff}}H$$
$$M_B = \frac{\chi_0}{1 + \chi_0\alpha_{eff}}H$$

を得る. $\chi_0 = C/T$ とすると磁化率は

---

[5] 低温では, 強磁性体について述べたように有効磁場中での磁気モーメントの分布を考え, ランジェバン関数あるいはブリルアン関数が現れる.

$$\chi = \frac{M_A + M_B}{H} = \frac{2\chi_0}{1+\chi_0 \alpha_{eff}} = \frac{2C}{T+\Theta} \tag{11.34}$$

となる．この式は反強磁性転移を起こす温度 T_N (ネール温度) より上，$T > T_N$ でのみ成立する．この温度依存性も**キュリー–ワイス則**に従う．Θ を**ワイス温度**といい

$$\Theta = C\alpha_{eff} \tag{11.35}$$

である．

自発部分格子磁化が現れるのは，(11.33) 式で $H=0$ としたときに 0 ではない部分格子磁化 M_A, M_B が存在するときである．これは

$$1 - \chi_0 \alpha_{eff} = 0$$

を満たす温度 (およびそれより低温) のときであり書き直すと，その温度として

$$T_N = C\alpha_{eff} \tag{11.36}$$

を得る．この温度 T_N を**ネール温度**という．以上の分子磁場の取扱いでは

$$T_N = \Theta \tag{11.37}$$

となる．表 11.3 にいくつかの物質について T_N, Θ を示しておく．

実際には多くの物質で Θ/T_N は 1 よりはるかに大きい．これは上の簡単な取扱いでは分子磁場の効果は異なる部分格子からの寄与のみであるとして同一部分格子内の相互作用を無視したからである．

$T < T_N$ において反強磁性体の部分格子磁化を具体的に求めるには $H=0$ の下で，強磁性体の場合と同様に分子磁場を適切に取り扱わねばならない．$T < T_N$ における反強磁性体の帯磁率 (磁化率) は，外部磁場が部分格子磁化と並行な方向にかかっている場合 ($\chi_\parallel$) と，外部磁場が部分格子磁化と垂直な方向にかかっている場合 ($\chi_\perp$) とでは異なる．外部磁場が部分格子磁化と垂直な方向にかかっ

表 11.3 反強磁性体のネール温度 T_N とワイス温度 Θ

	MnO	FeO	MnF$_2$	FeF$_2$
T_N(K)	116	183	67	78.4
Θ(K)	610	570	113	117

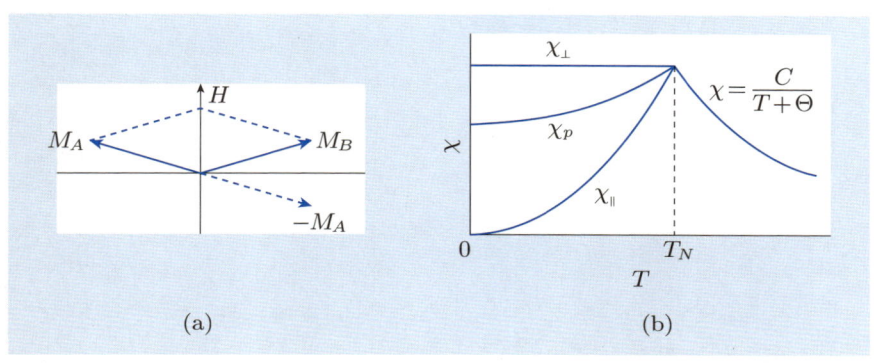

図 11.4 (a) 部分格子磁化の方向と外部磁場，(b) 反強磁性体の帯磁率 (磁化率).
$T < T_N$ では $\chi_\parallel$ と $\chi_\perp$ では異なる.

ている場合には両方の部分格子磁化はともに外部磁場の方向に傾く．2 つの部分格子上の原子スピンよる分子磁場の和は自発磁気モーメントと垂直な方向を向きこれが外部磁場方向とつり合うのであるから，この成分は温度に依存せず外部磁場の大きさに比例する (図 11.4(a))．この結果，**垂直帯磁率** (磁化率) $\chi_\perp$ は温度依存性を示さない．一方，**平行帯磁率** (磁化率) $\chi_\parallel$ については，温度 $T = 0$ では部分格子の磁化は反対向きでそれぞれ飽和している $M_A = -M_B$ から外部磁場によって新たな磁化成分は生ぜず $\chi_\parallel = 0$ である．$T = T_N$ では磁化の方向について外部磁場に対して垂直か平行かの区別はもはやないから $\chi_\parallel = \chi_\perp$ である．これらの議論から，反強磁性体の帯磁率 (磁化率) の温度依存性が図 11.4(b) のようになることが分かる．

11 章の問題

☐ **1** (11.5) 式を示せ．

☐ **2** (11.7) 式を示せ．

☐ **3** 反強磁性のときに，同一部分格子内の相互作用も考慮して帯磁率を計算せよ．

12 相転移

　物質は圧力および温度の変化に従って固体，液体，気体の状態をとる．またそれぞれの相の境界では，双方の相が共存する．本章ではこれらの熱力学的平衡相およびその間の変化である相転移について学ぶ．

　実際にわれわれの周りに見られる系は，ほとんどの場合に平衡相ではなく平衡相に緩和している途中であるかあるいは熱力学的にゆらいでいる非平衡状態である．たとえば，電流を流した状態，温度勾配がある系，有限の時間で温度を上昇/下降させるときなどは，すべて非平衡状態である．そのような非平衡ゆらぎの世界の中で，熱伝導，対流，拡散などという非平衡現象のほうが工学の中でもプロセス制御などに広く使われている．たとえそうであっても，小さな電流を流したときの問題や，ゆっくりと温度の変化を行ったときの問題は，平衡相の物理の中で取り扱うことができる．

12章で学ぶ概念・キーワード
- 相図，気相，液相，固相，三重点，臨界点
- 秩序パラメータ，臨界現象，1次相転移
- 2次相転移，臨界指数
- ハイゼンベルクハミルトニアン，分子場近似
- ランダウ理論，キンズブルグ・ランダウ理論，相関長

12.1　物質の安定状態：相

物質は固体 (結晶)，液体，気体の 3 つの状態を示す (図 12.1)．**固相**と**気相**は**昇華曲線**で，固相と**液相**は**融解曲線**で，液相と気相は**蒸発曲線** (**飽和蒸気圧曲線**) で接している．3 つの曲線は **3 重点**で 1 点に交わり，したがって 3 重点では 3 つの相が共存する．蒸発曲線は 1 点 (**臨界点**) で終端し，これより先では液相と気相とは区別できない．圧力と温度の関数として書いた図 12.1 を相図 (PT 相図) という．液相での密度 ρ_L と気相での密度 ρ_G とが液相と気相の区別をしている．したがって $\rho_L - \rho_G$ が気相液相転移を特徴づける量となる．これを**秩序パラメータ** (**秩序変数**) という．物質の熱力学的に安定な相の間の移り変わりを相転移という．固体中では，磁性，誘電性，超伝導，合金の秩序無秩序転移，あるいは種々の構造相転移などが見られる．

相転移には 2 種類ある．1 つは転移点で 2 つの相のギブス自由エネルギーは等しいが温度微分にはとびがある場合 (図 12.2(a)) である．これを **1 次相転移**といい，秩序パラメータは相転移点で不連続に変化する．自由エネルギーの微分の不連続はエントロピーの不連続として現れ，そのため 1 次相転移では転移点で熱の出入りがある．この熱を**潜熱**という．たとえば気液相転移，固液相転

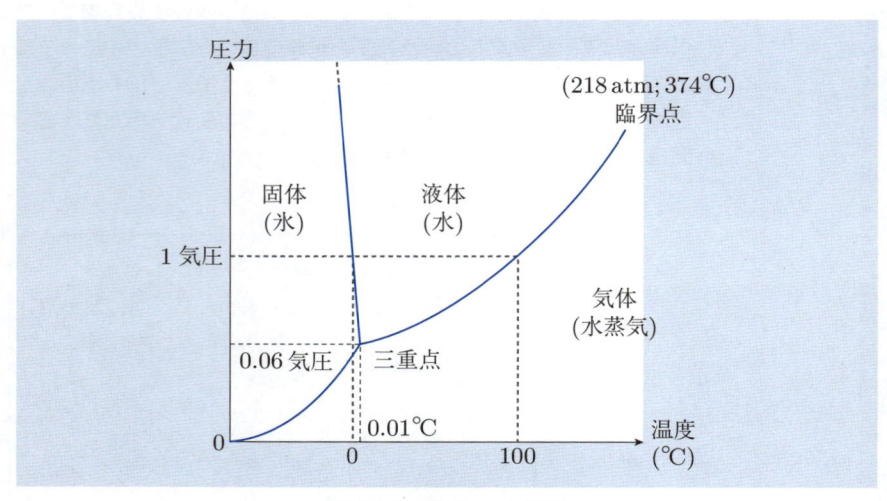

図 12.1　水の PT 相図

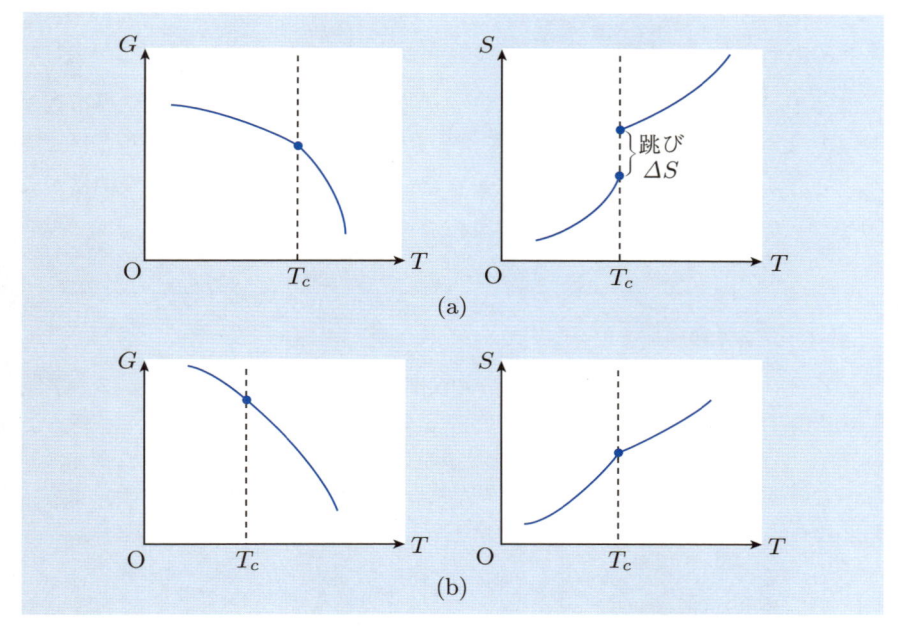

図 12.2 ギブズの自由エネルギー G とエントロピー S の温度 (T) 変化. (a) 1 次相転移の場合と (b) 2 次相転移の場合. T_c が転移点.

移,気液相転移,固気相転移などがこれであり,融解熱,気化熱,昇華熱が潜熱である.それに対してもう 1 つのものは,転移点で 2 つの相のギブズ自由エネルギーが値もその温度微分も等しい場合である (図 12.2(b)).この相転移を **2 次相転移** という.2 次相転移の場合には秩序パラメータが 0 から連続的に 0 でない値に変化し,また潜熱を伴わない.たとえば強磁性体がこの例であり,自発磁化が秩序パラメータである.自発磁化は $T \geq T_c$ で 0, $T < T_c$ では連続的に $(T_c - T)^{1/2}$ に比例して現れる.

相転移点近傍では,種々の物理量が特異性を示す.これを **臨界現象** という.たとえば蒸発曲線 (蒸発温度 T_c) の近傍で,液体の比熱 C_v,密度 ρ_L,圧縮率 K_T は

$$C_v \sim (T_c - T)^{-\alpha'} \qquad (\alpha' = 0 \sim 0.2) \tag{12.1}$$

$$\rho_L - \rho_G \sim (T_c - T)^\beta \qquad (\beta = 0.3 \sim 0.5) \tag{12.2}$$

$$K_T \sim (T_c - T)^{-\gamma'} \qquad (\gamma' = 1.1 \sim 1.4) \tag{12.3}$$

と表される．ここに書いた指数 α', β, γ' などを**臨界指数**と呼ぶ．臨界指数は物質によらず相転移の種類によって決まる普遍的な量 (**ユニバーサル**な量という) であり，臨界指数間にも物質によらない普遍的 (ユニバーサル) な関係が成り立つ．

■ ムーアの法則

今日の集積回路の集積度は「ムーアの法則」で記述されるといわれる．ムーアの法則とは，「集積回路の集積密度は2年ごとに倍になる」という，ゴードン・ムーア (インテルの共同創業者) が提唱した経験則である (下図)．これはまた固体物理学の研究のスピードであり，マクロな系の物性研究から今日のナノスケール系の物性研究に至る道筋でもある．

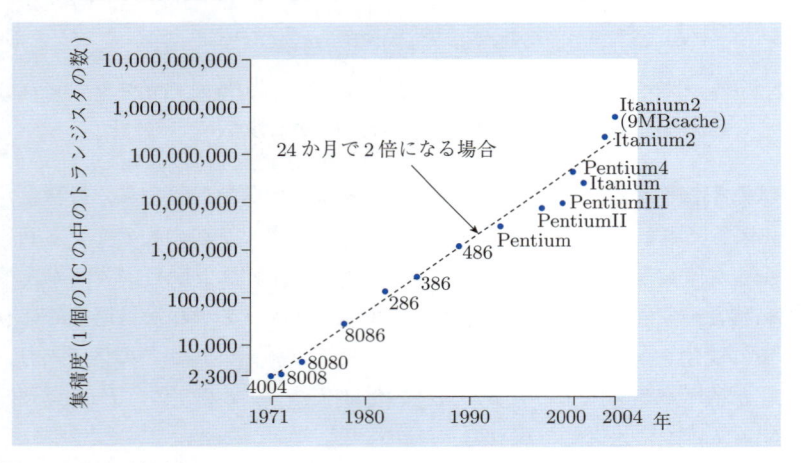

図　ムーアの法則
(http://upload.wikimedia.org/wikipedia/commons/4/4e/Moores_law.svg) 横軸は年，縦軸はインテル製固体素子の集積度 (トランジスタの個数) を対数で示している．このような進み方は自然に任せて生じたものではなく，ムーアが方針を明確に示していたから実行できたのだということができる．

12.2 強磁性体の統計理論

相転移現象を理解するために，再び強磁性体を考えよう．強磁性体の相転移を論じるためのハミルトニアンとして，しばしば用いられるのは次の**ハイゼンベルクハミルトニアン**である．

$$H = -2\sum_{\langle ij \rangle} J_{ij} \boldsymbol{S}_i \cdot \boldsymbol{S}_j - g\mu_B H \sum_i S_{iz} \tag{12.4}$$

第1項の和はスピン i とスピン j の対に対して1通りだけとる．ここでは最近接スピン対についてのみ考える．J_{ij} は交換相互作用定数で，強磁性相互作用では $J_{ij} > 0$ である．このときスピン角運動量 $\boldsymbol{S}_i$ と $\boldsymbol{S}_j$ が平行になるとエネルギーが下がり，2つのスピンが反平行であるならばエネルギーは上がる．ここでは今までスピン角運動量を $\boldsymbol{S}/\hbar$ と書いたものを $\boldsymbol{S}$ と書く (すなわちここでは $\boldsymbol{S}$ は無次元である)．第2項は外部磁場との相互作用を表す項で，本当はスピンは磁場と反平行にそろう (磁気モーメントは磁場と平行にそろう) から符号は + であるべきだがここではこのようにとる．

いま中心スピン $\boldsymbol{S}_0$ から見てその周りのスピンが平均的なスピン磁気モーメント $\langle \boldsymbol{S} \rangle$ を持っているとし，また最近接スピン数を z_0 個であるとする．さらに $\langle \boldsymbol{S} \rangle$ は z 方向を向いているとして

$$\langle \boldsymbol{S} \rangle = \langle S_z \rangle \tag{12.5}$$

と書く．中心スピンのエネルギーは

$$U = -(2Jz_0\langle S_z \rangle + g\mu_B H)S_{0z} = -g\mu_B H_{eff} S_{0z} \tag{12.6}$$

である．ここで H_{eff} と書いたものが前章の強磁性，反強磁性で述べた有効分子磁場である．全スピンに対する状態和は

$$Z = Z_i^N \tag{12.7}$$

$$Z_i = \sum_{S_{0z}} e^{-U/k_B T} = \frac{\sinh(g\mu_B H_{eff}(2S+1)/2k_B T)}{\sinh(g\mu_B H_{eff}/2k_B T)} \tag{12.8}$$

である．よって

$$\langle S_z \rangle = S B_S \left(\frac{g\mu_B S H_{eff}}{k_B T} \right) \tag{12.9}$$

となり (11.19) 式と同様の結果を得る.

まず $H=0$ の場合, ブリルアン関数の展開式 (11.21) の第 1 項を用い, (12.9) 式において $B_S(x) \simeq \dfrac{S+1}{3S}x$ と近似すると, 転移温度

$$k_B T_c = \frac{2}{3} z_0 J S(S+1) \tag{12.10}$$

を得る.

この転移温度近傍で再び微小外部磁場 $H \sim 0$ (および $\langle S_z \rangle \sim 0$) としてブリルアン関数の展開式 (11.21) を用いると

$$\frac{\langle S_z \rangle}{S} = \frac{S+1}{3S}x - \frac{S+1}{3S} \cdot \frac{2S^2+2S+1}{30S^2} x^3 \cdots \tag{12.11}$$

を得る. ただし

$$x = \frac{g\mu_B S H_{eff}}{k_B T} = \frac{2z_0 J S \langle S_z \rangle + g\mu_B H S}{k_B T} \tag{12.12}$$

である. ここで $2z_0 J S \langle S_z \rangle \gg g\mu_B H S$ と仮定し, $(2z_0 J S \langle S_z \rangle)$ について 3 次, $(g\mu_B H S)$ について 1 次までの項を残す (x^3 の項の中に $(2z_0 J S \langle S_z \rangle)^2 (g\mu_B H S)$ の項があるがこれは $(2z_0 J S \langle S_z \rangle)^3$ に比べて高次の項であると理解する) と (12.11) から

$$(g\mu_B \langle S_z \rangle)^2 = (g\mu_B S)^2 \left(\frac{T_c - T}{T} + \frac{C}{T} \frac{H}{g\mu_B \langle S_x \rangle} \right) \frac{10(S+1)^2}{3(2S^2+2S+1)} \left(\frac{T}{T_c} \right)^3 \tag{12.13}$$

が得られる. ただしここで C は

$$C = \frac{g^2 \mu_B^2 S(S+1)}{k_B} \tag{12.14}$$

である.

一般に $H=0, T<T_c$ かつ $(T_c - T) \ll T_c$ のとき

$$\langle S_z \rangle^2 = \frac{10}{3} \cdot \frac{\{S(S+1)\}^2}{2S^2+2S+1} \cdot \frac{T_c - T}{T_c} \tag{12.15}$$

すなわち

$$\langle S_z \rangle \propto \sqrt{T_c - T} \tag{12.16}$$

を得る.

12.2 強磁性体の統計理論

次に $T \simeq T_c$ 近傍での帯磁率 χ を考えよう. (12.13) を H で偏微分して (そのあとに $H \to 0$ の極限を考える)

$$3\langle S_z \rangle^2 \frac{\partial \langle S_z \rangle}{\partial H} = \frac{10}{3} \cdot \frac{\{S(S+1)\}^2}{2S^2+2S+1} \left(\frac{\partial \langle S_z \rangle}{\partial H} \cdot \frac{T_c - T}{T} + \frac{C}{Tg\mu_B} \right) \quad (12.17)$$

を得る. $T < T_c$ の場合には (12.15) を用いて整理すると

$$\chi = \frac{\partial g\mu_B \langle S_z \rangle}{\partial H} = \frac{C/2}{T_c - T} \quad (12.18)$$

を得る. 一方 $T > T_c$ の場合には (12.17) で $\langle S_z \rangle = 0$ とすれば

$$\chi = \frac{\partial g\mu_B \langle S_z \rangle}{\partial H} = \frac{C}{T - T_c} \quad (12.19)$$

を得る.

以上の取扱いでは, 周りのスピンとの相互作用を有効な分子磁場で置き換えた. このような取扱いを**分子場近似**と呼ぶ. 分子場近似は相転移点 T_c 近傍での種々の物理量の温度変化の様子あるいはその臨界指数を求める大変有効な方法である.

臨界指数の値は臨界現象の近似理論により異なるので, 正しい値を精密に測定しあるいは数値的にシミュレーションにより求めることが理論を検証する上からも重要である. 以下の臨界指数について表 12.1 に結果の例を示そう.

$$\text{比熱} \quad C(T) \sim (T_c - T)^{-\alpha'} \quad (T < T_c)$$
$$(T - T_c)^{-\alpha} \quad (T > T_c) \quad (12.20)$$
$$\text{磁化} \quad M(T) \sim (T_c - T)^{\beta} \quad (T < T_c) \quad (12.21)$$
$$\text{磁化率} \; \chi(T) \sim (T_c - T)^{-\gamma'} \quad (T < T_c)$$
$$(T - T_c)^{-\gamma} \quad (T > T_c) \quad (12.22)$$
$$M(H, T_c) \sim H^{1/\delta} \quad (12.23)$$

表 12.1　磁性体の臨界指数の観測値および分子場近似による値

	α	α'	β	γ	γ'	δ
Fe	0.17	0.13	0.34	1.33	—	—
Ni	0.104	−0.262	0.51	1.32	—	4.2
分子場理論	0(不連続)	0(不連続)	1/2	1	1	3

12.3 相転移の現象論:ランダウ理論

12.3.1 2次相転移

相転移を現象論的に理解する**ランダウ理論**を説明しよう.自由エネルギーを秩序パラメータで展開することを考える.自由エネルギー G を秩序パラメータ M および温度の関数であるとし,$T \approx T_c$ の近傍で G を M でベキ展開できると仮定する.

$$G(T, M) = G(T, 0) + \frac{1}{2}\left(\frac{\partial^2 G}{\partial M^2}\right)_{M=0} M^2 + \frac{1}{4!}\left(\frac{\partial^4 G}{\partial M^4}\right)_{M=0} M^4 + \cdots \tag{12.24}$$

G は M を $-M$ にしても変わらないはずだから M の偶数ベキだけが現れる.

$$\left(\frac{\partial^2 G}{\partial M^2}\right)_{M=0} = A(T - T_c) \quad (A > 0)$$

$$\left(\frac{\partial^4 G}{\partial M^4}\right)_{M=0} = 6B \quad (B > 0)$$

とおき A, B は定数とする.したがって

$$G(T, M) = G(T, 0) + \frac{A}{2}(T - T_c)M^2 + \frac{B}{4}M^4 + \cdots \tag{12.25}$$

となる.平衡状態で $G(T, M)$ は極値をとるから,外場がないときには $\partial G/\partial M = 0$ から,

$$M = \left(\frac{A}{B}\right)^{1/2}(T_c - T)^{1/2} \tag{12.26}$$

を得る.秩序パラメータは $T = T_c$ で 0 から連続的に有限な値を持つ.これが 2 次相転移である.図 12.3 a に自由エネルギー G と秩序パラメータ M の関係を異なる温度について示す.G の極小点は $T > T_c$ では $M = 0$ にあり,$T < T_c$ では 0 から有限の値に連続的に移っていく.

外場 H の存在するときには $H = \partial G/\partial M$ であるから,$T > T_c$ での感受率 (磁性体なら磁化率) は

$$\chi = \frac{1}{A} \cdot \frac{1}{T - T_c} \tag{12.27}$$

12.3 相転移の現象論：ランダウ理論

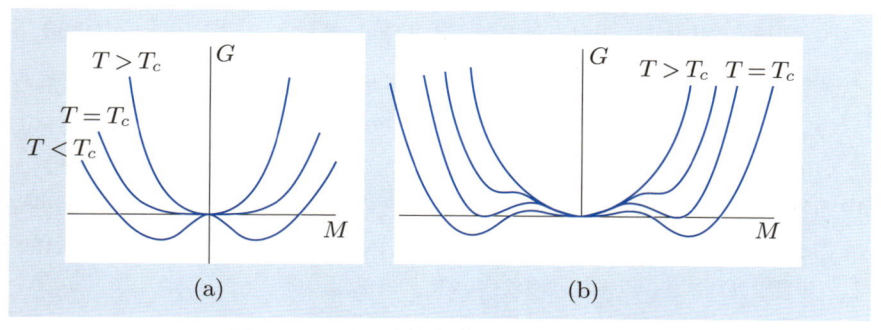

図 12.3 (a) 2 次相転移, (b) 1 次相転移

となる．また $T = T_c$ における秩序パラメータ (磁化) として

$$M(H) = \left(\frac{1}{B}\right)^{1/3} H^{1/3} \tag{12.28}$$

を得る．こうして

$$\beta = 1/2, \quad \gamma = 1, \quad \delta = 3 \tag{12.29}$$

が得られる．

12.3.2　1 次相転移

自由エネルギーにさらに高次の項を考えると 1 次相転移を議論することもできる．

$$G(T, M) = G_0 + \frac{A}{2}(T - T_0)M^2 - \frac{B}{4}M^4 + \frac{C}{6}M^6 + \cdots \tag{12.30}$$

ただしここでは $A, B, C > 0$ とする．秩序パラメータ M は $\partial G/\partial M = 0$ により決まり，$T = T_c$ においては

$$A(T_c - T_0) - BM(T_c)^2 + CM(T_c)^4 = 0 \tag{12.31}$$

である．また $T = T_c$ では

$$G(T_c, M(T_c)) = G(T_c, 0) \tag{12.32}$$

であるから，このとき

$$A(T_c - T_0) - \frac{B}{2}M(T_c)^2 + \frac{C}{3}M(T_c)^4 = 0 \tag{12.33}$$

を満足する．(12.31), (12.33) 式を連立させて解くと $M(T_c) = 0$ の解と $M(T_c) \neq 0$ の解の両方を持つ．したがって秩序パラメータ M は $T = T_c$ において 0 から有限の値 $M(T_c)$ に不連続に変化する．これが 1 次相転移である．図 12.3(b) に自由エネルギーと秩序パラメータのとびの様子を示す．G の極小点は $T > T_c$ では $M = 0$ にあり，$T < T_c$ では 0 から有限の値に不連続に変化する．実際，T_c および T_c 直上の秩序パラメータは

$$A(T_c - T_0) = \frac{3}{16}\left(\frac{B^2}{C}\right) \tag{12.34}$$

$$M(T_c)^2 = \frac{3}{4}\left(\frac{B}{C}\right) \tag{12.35}$$

となる．また感受率 χ (固液相転移なら圧縮率に対応する) は

$$\chi(T > T_c) = \frac{1}{A} \cdot \frac{1}{T - T_0} \tag{12.36}$$

$$\chi(T = T_c - 0) = \frac{1}{4A} \cdot \frac{1}{T_c - T_0} \tag{12.37}$$

である．

12.3.3 ギンツブルク–ランダウ理論

上の自由エネルギーの表式にさらに秩序パラメータの空間的ゆらぎ $\nabla M(\boldsymbol{r})$ をとり入れることにより秩序パラメータの相関を議論することができる．これが**ギンツブルク–ランダウ理論**である．次章で超伝導相転移を議論するときにここでの方法を使う．

臨界点近傍で，自由エネルギーは

$$G = G_0 + \int \left\{\frac{1}{2\chi}M(\boldsymbol{r})^2 + \frac{C}{2}(\nabla M(\boldsymbol{r}))^2\right\} d\boldsymbol{r} \tag{12.38}$$

と書けるとする．磁化密度 $M(\boldsymbol{r})$ をフーリエ変換して

$$M_{\boldsymbol{k}} = \int M(\boldsymbol{r}) e^{-i\boldsymbol{k}\cdot\boldsymbol{r}} d\boldsymbol{r} \tag{12.39}$$

と定義すると

$$G = G_0 + \frac{1}{V}\sum_{\boldsymbol{k}}\frac{1}{2}\left(\frac{1}{\chi}+Ck^2\right)M_{\boldsymbol{k}}M_{\boldsymbol{k}}^* \tag{12.40}$$

である．ゆらぎの確率は $\exp(-G/k_BT)$ に比例するから，

$$A = \left(\frac{1}{\chi}+Ck^2\right)/(k_BT\cdot V)$$

とおき，さらにゆらぎの変数 $|M_{\boldsymbol{k}}|$ について平均すれば，これは

$$\langle M_{\boldsymbol{k}}M_{\boldsymbol{k}}^*\rangle = \frac{\int d|M_{\boldsymbol{k}}|\exp\left(-\frac{A}{2}|M_{\boldsymbol{k}}|^2\right)|M_{\boldsymbol{k}}|^2}{\int d|M_{\boldsymbol{k}}|\exp\left(-\frac{A}{2}|M_{\boldsymbol{k}}|^2\right)} = \frac{1}{A} \tag{12.41}$$

と計算できる．したがって

$$\langle M_{\boldsymbol{k}}M_{\boldsymbol{k}}^*\rangle = \frac{Vk_BT}{1/\chi+Ck^2} \tag{12.42}$$

である．これをフーリエ逆変換すると

$$\langle M(\boldsymbol{r})M(\boldsymbol{r}')\rangle = \frac{k_BT}{4\pi C}\cdot\frac{\exp\{-|\boldsymbol{r}-\boldsymbol{r}'|/\sqrt{C\chi}\}}{|\boldsymbol{r}-\boldsymbol{r}'|} \tag{12.43}$$

となる．すなわち空間上で離れた 2 点での秩序パラメータ (強磁性体では磁化密度) の相関は $\sqrt{C\chi}$ 程度の距離の範囲で残っている．したがって秩序パラメータの相関長は $\sqrt{C\chi}$ である．χ は T_c で発散するから $T\to T_c$ のときに相関長は無限大となる．すなわち秩序パラメータのゆらぎの相関長は相転移点で無限大となり発散する．

12 章の問題

□ **1** 固体で見られる相転移 (磁性，誘電性，超伝導，合金の秩序無秩序転移) がそれぞれ 1 次転移であるか，2 次転移であるか，あるいはその両方であるか，調べてみよ．

13 超伝導

　物性物理学のハイライトの1つが超伝導である．超伝導現象は1911年のオネスによる水銀の電気抵抗の実験における発見以来，その解決がバーデーン，クーパーおよびシュリーファーの3名によって1957年にBCS理論が完成するまで，実に40年以上の間，物理学者の頭を悩ませた問題である．BCS理論のあと，一時はもはや原理的に大きな問題はないと思われ，超伝導研究がもっぱら応用研究であった時期もあった．しかし1985年の高温超伝導(酸化物超伝導体)の発見あるいは翌1986年の田中昭二グループによる超伝導状態の確認以降数年間，いわゆる高温超伝導フィーバーが世界中を吹き荒れた．現在でも，高温超伝導の理論は完全に決着がついているわけではない．さらにその後，比較的高い転移温度を持った超伝導物質，多様な超伝導物質の発見が続き，超伝導研究は大きな広がりを見せている．また高温超伝導の発見を契機に，いわゆる強相関電子系(電子間の相互作用が強い系一般を示す)の理解も大きく進展した．

13章で学ぶ概念・キーワード
- マイスナー効果，第1種超伝導
- 第2種超伝導，臨界磁場，ロンドン侵入長
- コヒーレント長,ロンドン方程式,クーパー対
- 電子—フォノン相互作用，BCS理論
- 超伝導転移温度，ジョセフソン効果
- 磁束量子化

13.1　超伝導とは：永久電流と完全反磁性

　金属の電気伝導についてはすでに第9章において学んだ．現実の物質では必ず有限濃度の不純物や格子欠陥を含み，また有限温度では格子振動がある．これが電子を散乱し電気抵抗の原因になっている．またたとえ不純物や格子欠陥，格子振動による散乱がないとしても電子間のクーロン相互作用による電子－電子散乱があり，電気抵抗の原因となる．

　1911年にオランダのオネス (H. Kamerlingh Onnes) は水銀の電気抵抗が 4.2 K 以下 (正確には $T_c = 4.15$ K) で突然 0 になることを見出した．さらに試料に不純物を添加してもなお電気抵抗は有限にはならなかった．水銀以外の物質でも同様な現象が見出されたが，この現象についての完全な理解は 1957 年になって Bardeen, Cooper および Schrieffer によってなされた (**BCS 理論**)．

　超伝導は決して特別な物質で起きるのではなく，多くの単体，化合物で見られる．転移温度は従来は Nb_3Ge の $T_c = 23$ K を最高温度として極低温の現象と考えられた．しかし近年，高温超伝導体と呼ばれる銅酸化物，炭素フラーレン化合物，MgB_2 および鉄化合物など，高い超伝導転移温度を持った新しいタイプの超伝導体が続々と発見されている (表 13.1)．

　超伝導への転移に際しては一般に結晶構造の変化を伴わない．常伝導から超伝導状態に転移する際の物性の特徴は以下のようにまとめることができる．

(1) 電気抵抗が 0 になる (**完全導体**)．
(2) 常伝導状態で磁場をかけて後に温度を下げて超伝導状態に転移させると，超伝導体の中に入っていた磁束は物質の外に排除される (**マイスナー効果**)．
(3) 超伝導体の元素を同位体で置き換えると，超伝導転移温度は原子質量 M の $(-1/2)$ 乗に比例して変化する (**同位体効果**)．
(4) 電子比熱の温度依存性は $C_s \sim \exp\{-A/(k_B T)\}$ である．

超伝導体を本質的に特徴づけるのは (1) の電気抵抗 0 という性質 (完全導体) ではなく，(2) の超伝導体は磁束を排除するという性質 (**完全反磁性**) である．

　いま考えている物質が完全導体 (電気抵抗 $R = 0$) の状態にあるが完全反磁性ではないとしてみよう．この場合には物質中の面積 S を囲む経路について

$$IR = V = \int_S \boldsymbol{E} \cdot d\boldsymbol{l} = \int_S \mathrm{rot}\boldsymbol{E} \cdot d\boldsymbol{S} = -\frac{d\boldsymbol{B}}{dt} \cdot \boldsymbol{S} \tag{13.1}$$

13.1 超伝導とは：永久電流と完全反磁性

表 13.1 常圧で超伝導になるいくつかの物質とその超伝導転移温度 T_c. $(SN)_x$ はポリマー，真中の列の下2つは炭素フラーレン化合物 (いわゆるサッカーボール) で有機物といってもよい．一番右の列上4つは酸化物高温超伝導物質である．$[BEDT \cdot TTF]_2Cu(NCS)_2$ は電荷移動型有機導体である．また $LaO_{0.89}F_{0.11}FeAs$ はこれまでの金属超伝導体，あるいは銅酸化物超伝導体とも異なる新しい系列の高温超伝導体として注目されている．

単体	T_C (K)	化合物	T_C (K)	化合物	T_C (K)
Nb	9.23	Nb_3Ge	23	$La_{2-x}Sr_xCuO_4$	38
Pb	7.19	Nb_3Sn	18.3	$YBa_2Cu_3O_{7-\delta}$	92
V	5.3	V_3Si	17.1	$Tl_2Ba_2Ca_2Cu_3O_{10}$	125
Re	1.70	UPt_3	0.54	$HgBa_2Ca_2Cu_3O_8$	135
Al	1.20	MgB_2	39	(高圧化では 160K)	
Mo	0.92	$(SN)_x$	0.26	$[BEDT \cdot TTF]_2Cu(NCS)_2$	11.4
Zr	0.55	$C_{60}K_3$	19.3	$LaO_{0.89}F_{0.11}FeAs$	32
W	0.012	$C_{60}RbCs_2$	48		

が成立していて，抵抗 $R = 0$ であるから導体の中では至るところで

$$\frac{d\boldsymbol{B}}{dt} = 0 \tag{13.2}$$

が成立していなくてはならない．すなわち $\boldsymbol{B}$ は物質内部で時間的に変化してはいけないから，完全導体の状態で外部磁場 $\boldsymbol{B}$ を有限の値から 0 にしても物質中に永久電流が誘起されて内部磁場はそのまま持続される．一方，外部磁場を 0 にしたままで冷却して完全導体の状態にもっていってももちろん内部磁場は 0 である．そのあとで磁場を有限にしても，内部磁場はやはり 0 である．すなわち完全導体ではあるが完全反磁性ではない場合には，$T \to 0$ と外部磁場 $\to 0$ の順序によって $T = 0$, 外部磁場 $= 0$ の状態は内部磁場が 0 であるかないか，2つの状態をとり得る．したがってこの状態は熱力学的安定相ではないということになり実際と矛盾する．こうして完全導体というだけでは超伝導を説明できないことが分かる．

超伝導体が外部磁場を排除する現象を，完全反磁性あるいはマイスナー効果という．完全反磁性状態では，外部磁場が存在するときには超伝導体の表面を永久電流が流れ，外部磁場と逆向きに磁化が発生して物質内部の磁場を完全に打ち

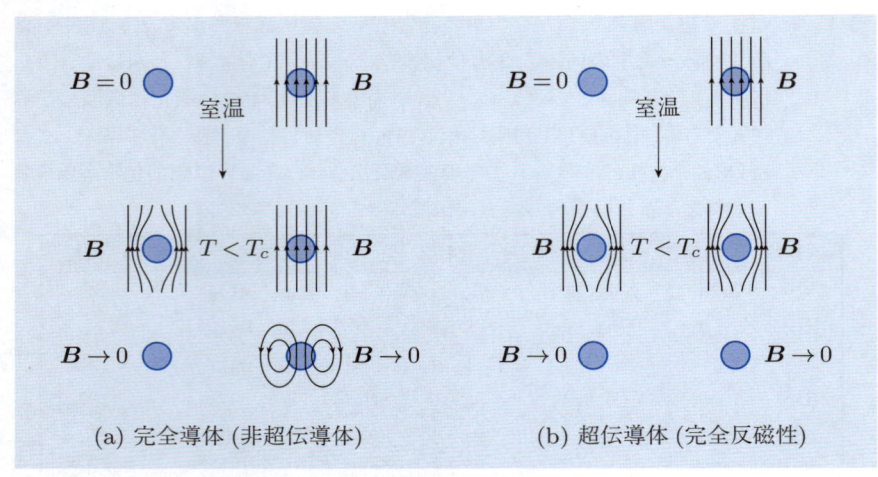

図 13.1 (a) 完全導体の場合と (b) 超伝導体 (完全反磁性) の場合. (a)(b) それぞれ左側は $B = 0$ で室温から $T < T_c$ に凍し,そこで $B \neq 0$ としさらに $B \to 0$ とする場合,右は $B \neq 0$ のまま室温から $T < T_c$ に凍し,その後 $B \to 0$ とする場合を示した.

消して 0 にしている.したがって超伝導状態では図 13.1 に示すように,$T < T_c$ にするか外部磁場を 0 にするかの順序によらず,物質中には内部磁場は残らない.

13.2　第1種超伝導，第2種超伝導

　超伝導体に外部磁場を加えたときには物質の表面に電流が流れ，それが作る磁化が物質内部の外部磁場を完全に打ち消すために，磁場は物質中に入っていかない．この場合の (反磁性) 帯磁率は $\chi/\mu_0 = -1$ で，一般の反磁性物質 ($\chi/\mu_0 \simeq -10^{-5}$) と比べて桁違いに大きなものである．

　一般に元素単体の超伝導体では，磁場がある一定の強さ (臨界磁場 H_c という) を超えると系全体がいっせいに常伝導状態に転移し，帯磁率は通常の金属の小さな値になる (図 13.2(a))．これを**第 1 種超伝導体**と呼ぶ．第 1 種超伝導体では超伝導臨界磁場 $H_c(T)$ は $H_c(T) = H_0(1 - (T/T_c)^2)$ と表される．

　一方，他の物質系では外部磁場に対する振舞いが上の例と異なることがある (図 13.2(b))．磁場 H が $0 < H < H_{c1}$ の範囲では第 1 種超伝導体と同じくマイスナー効果を示す．$H_{c1} < H_{c2}$ である磁場 H_{c2} より強い磁場 ($H_{c2} < H$) のもとでは系全体が一様に常伝導状態に転移する．一方，$H_{c1} < H < H_{c2}$ である中間の強さの外部磁場下では**混合状態**あるいは**渦状態**と呼ばれる新しい状態を示す．混合状態では磁束は細いフィラメント状に物質中に侵入し，フィラメントの中では磁場は高く電気抵抗も正常である．フィラメントの周りには狭い距離 λ で減衰する遮蔽電流が流れている．全体の電流はフィラメント間の超伝導領域を流れるため系の電気抵抗は 0 となる．以上のような振舞いを示す超伝導体を**第 2 種超伝導体**と呼び，磁場 H_{c1}, H_{c2} をそれぞれ**下部臨界磁場**，**上部臨界磁場**という．

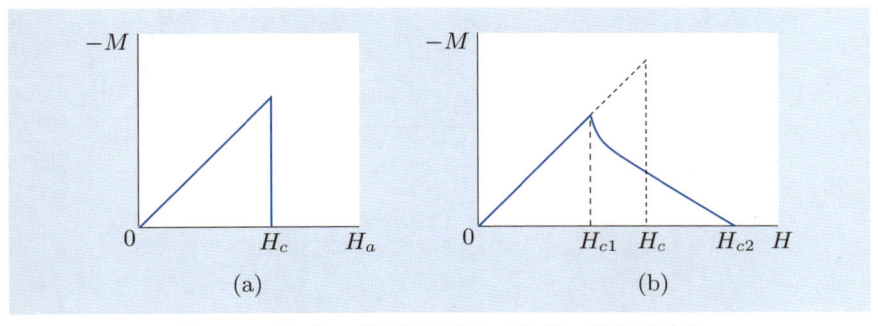

図 13.2　(a) 第 1 種超伝導体と (b) 第 2 種超伝導体

第1種，第2種超伝導体の差は，超伝導発現メカニズムの違いではなく，超伝導の**コヒーレンス長** ξ_{coh} と磁束の侵入深さ(**ロンドン侵入長**) Λ_L との大小関係で決まる(ロンドン侵入長 Λ_L は (13.23) 式，コヒーレンス長 ξ_{coh} は (13.60) 式で与えられる)．第1種超伝導体では $\xi_{coh} > \Lambda_L$，第2種超伝導体では $\xi_{coh} < \Lambda_L$ である．ほとんどの単体超伝導体は第1種超伝導体であり，一方合金や化合物系ではコヒーレンス長 ξ_{coh} が短く第2種超伝導体となる．第2種超伝導体は，一般に上部臨界磁場 H_{c2} が極めて大きいため大電流を流すことができ，また超伝導コイルとして高い磁場の中においても超伝導状態を保つことができる．このため第2種超伝導体は超伝導線材として工業的にも価値が高い．しかし第2種超伝導体においては磁束は一般に動くことができ，いったん磁束が動くとジュール熱を発生して超伝導状態を壊すことになる．したがって実用上は不純物を混ぜるなどして磁束が動き回らないようにする．

表 13.2　いくつかの物質のコヒーレント長 ξ_{coh} とロンドン侵入長 Λ_L (nm)

物質	ξ_{coh} (nm)	Λ_L (nm)	Λ_L/ξ_{coh}
非遷移金属			
Al	1600	50	0.03
Sn	230	51	0.22
In	440	64	0.15
Pb	83	39	0.47
遷移金属			
Nb	38	39	1.03
化合物			
Nb_3Ge	3		
$La_{2-x}Sr_xCuO_4$	2.5	100	40
$YBa_2Cu_3O_{7-\delta}$	1.5	130	87

13.3　ロンドン方程式

　超伝導のマイスナー効果を説明するために，F.London および H.London の兄弟は 1935 年にマクスウェル方程式に少し手を加えた現象論的式を提出した．

　超伝導に関与している電子は散乱を受けないから，(9.1) 式から衝突緩和時間を含む項を落とすことができると<u>仮定し</u>

$$m^* \dot{\boldsymbol{v}}_s = -e\boldsymbol{E} \tag{13.3}$$

を議論の出発点とする．m^* は電子の有効質量である．超伝導に関与している電子の密度を n_s とすると，超伝導電流は

$$\boldsymbol{j}_s = -en_s \boldsymbol{v}_s \tag{13.4}$$

であるから (13.3) 式は

$$\frac{\partial}{\partial t}\boldsymbol{j}_s = \frac{e^2 n_s}{m^*}\boldsymbol{E} \tag{13.5}$$

となる．これをマクスウェル方程式

$$\mathrm{rot}\,\boldsymbol{E} = -\frac{\partial}{\partial t}\boldsymbol{B} \tag{13.6}$$

と組み合わせると

$$\frac{\partial}{\partial t}\left(\mathrm{rot}\,\boldsymbol{j}_s + \frac{e^2 n_s}{m^*}\boldsymbol{B}\right) = 0 \tag{13.7}$$

を得る．この式のままでは完全反磁性は記述されず，完全導体中の磁束と電流を記述し，導線が作る閉回路を貫く磁束が一定であるという結論が得られるだけである．

　(13.7) 式を時間について積分し，その際に積分定数が 0 であると<u>仮定すると</u>

$$\mathrm{rot}\,\boldsymbol{j}_s = -\frac{e^2 n_s}{m^*}\boldsymbol{B} \tag{13.8}$$

を得る．以下に示すように (13.8) 式は完全反磁性を記述する．(13.5) 式を**ロンドンの第 1 方程式**，(13.8) 式を**ロンドンの第 2 方程式**という．

$$\lambda_L = \frac{m^*}{e^2 n_s} \tag{13.9}$$

を定義すると**ロンドン方程式**

$$E = \lambda_L \frac{\partial}{\partial t} j_s \tag{13.10}$$

$$B = -\lambda_L \operatorname{rot} j_s \tag{13.11}$$

とマクスウェル方程式

$$\operatorname{rot} H = j_s \tag{13.12}$$

$$\operatorname{rot} B = \mu_0 j_s \tag{13.13}$$

が得られる．(13.10), (13.11), (13.12), (13.13) 式より

$$\operatorname{rot} \operatorname{rot} B = \mu_0 \operatorname{rot} j_s = -\frac{\mu_0}{\lambda_L} B \tag{13.14}$$

$$\operatorname{rot} \operatorname{rot} j_s = -\frac{1}{\lambda_L} \operatorname{rot} B = -\frac{\mu_0}{\lambda_L} j_s \tag{13.15}$$

を得，またベクトル解析の公式

$$\operatorname{rot} \operatorname{rot} B = -\Delta B + \nabla(\nabla \cdot B) \tag{13.16}$$

およびマクスウェル方程式の1つ

$$\nabla \cdot B = 0 \tag{13.17}$$

を組み合わせて

$$\Delta B - \frac{\mu_0}{\lambda_L} B = 0 \tag{13.18}$$

$$\Delta j_s - \frac{\mu_0}{\lambda_L} j_s = 0 \tag{13.19}$$

を得る．

(13.18), (13.19) 式が完全反磁性を示す．たとえば半無限超伝導体 ($z < 0$) が表面に平行な方向の一様磁場 $B = (B_x, 0, 0)$ 中に置かれているとすると，表面から内側において磁場は同じく x 方向，電流は y 方向成分があって深さ方向にのみ大きさが変化し

$$\frac{\partial^2}{\partial z^2} B_x - \frac{\mu_0}{\lambda_L} B_x = 0, \quad \frac{\partial^2}{\partial z^2} j_{sy} - \frac{\mu_0}{\lambda_L} j_{sy} = 0 \tag{13.20}$$

となる．これを解いて次式を得る．

$$B_x(z) = B_x^0 \exp\left(-\frac{z}{\Lambda_L}\right) \tag{13.21}$$

$$j_{sy}(z) = j_{sy}^0 \exp\left(-\frac{z}{\Lambda_L}\right) \tag{13.22}$$

ここで

$$\Lambda_L = \sqrt{\frac{\lambda_L}{\mu_0}} = \sqrt{\frac{m^*}{\mu_0 n_s e^2}} \tag{13.23}$$

をロンドン侵入長と呼ぶ. 導体内部 ($z < 0$) に Λ_L だけ入ったところで磁場および電流が速やかに減衰してしまう.

ロンドン侵入長 Λ_L は非遷移金属たとえば Al, Sn ではそれぞれ 50 nm, 51 nm である. 遷移金属 (たとえば Nb で $\Lambda_L = 39$ nm) や化合物では多くの場合に電子の有効質量 m^* が大きいため, ロンドン侵入長は長くなる.

> **▣ 光科学と時間標準**
>
> 半導体科学と同様に光科学の進展も著しい. カミオカンデ, スーパーカミオカンデにおいて光電子増倍管が果たした役割を思い起こすことができる.
>
> 大航海時代には、従来の羅針盤に加えて安定に正確な時間を刻む時計が必要とされ, 18 世紀には高精度の時計が開発されるようになった. 1967 年以降, 時間の定義にはセシウム Cs 原子の超微細構造遷移の輻射の周波数が使われている. 現在最も精密な原子時計は, 1 年間の狂いが 1 億分の数秒程度である. また最近日本で開発された光格子時計 (レーザー冷却という手段で原子を光の波長より短い間隔で並べ, その遷移順位の間隔を測定する) では, さらに 1000 倍の精度, すなわち 1 年間に 1000 億分の数秒という高い精度が得られている. これは宇宙開闢にスタートした光格子時計はまだ最大 0.1 秒しか狂っていないということに相当する.

13.4 超伝導の熱力学

以上の議論では温度 T と磁束 $\boldsymbol{B}$ が外部変数であるのでこれから熱力学を組み立てることができる．超伝導状態の単位体積あたりのギブズ自由エネルギーを $G_s(T,\boldsymbol{B})$，常伝導状態の単位体積あたりの自由エネルギーを $G_n(T,\boldsymbol{B})$ と書く．$T<T_c$ では磁場がない場合には超伝導状態が安定であるから

$$G_s(T,0) < G_n(T,0) \tag{13.24}$$

である．また超伝導状態で磁場をかけると表面電流が流れ完全反磁性状態になるが，このときの単位体積あたりのエネルギーの増加は

$$\int^H \boldsymbol{M}\cdot d\boldsymbol{H} = \frac{\mu_0}{2}H^2 = \frac{1}{2\mu_0}B^2 \tag{13.25}$$

となる．したがって

$$G_s(T,\boldsymbol{B}) = G_s(T,0) + \frac{1}{2\mu_0}B^2 \tag{13.26}$$

である．一方，常伝導状態では帯磁率は通常の金属の帯磁率であるから極めて小さいので

$$G_n(T,\boldsymbol{B}) = G_n(T,0) \tag{13.27}$$

である．臨界磁場 $H_c = B_c/\mu_0$ では $G_s(T,B_c) = G_n(T,B_c)$ であるから

$$G_s(T,0) = G_n(T,0) - \frac{\mu_0}{2}H_c^2 \tag{13.28}$$

が得られる．自由エネルギーを温度で微分するとエントロピーを得る ($S = -\partial G/\partial T$)．よって 2 つの状態のエントロピー S_s, S_n の差として

$$S_n - S_s = -\mu_0 H_c \frac{dH_c}{dT} \tag{13.29}$$

を得る．一般に臨界磁場の温度依存性は

$$H_c(T) = H_0\left\{1 - \left(\frac{T}{T_c}\right)^2\right\} \tag{13.30}$$

と表される．これからエントロピーの差として

$$S_n - S_s = 2\mu_0 \frac{H_0^2}{T_c}\left(\frac{T}{T_c}\right)\left\{1 - \left(\frac{T}{T_c}\right)^2\right\} \tag{13.31}$$

が得られる．$S_n > S_s$ である．これにより比熱にも有限のとびがある．

$$\begin{aligned}
\Delta C &= C_s - C_n \\
&= T\frac{d}{dT}(S_s - S_n) \\
&= \mu_0\left\{TH_c\frac{d^2H_c}{dT^2} + T\left(\frac{dH_c}{dT}\right)^2\right\}
\end{aligned} \tag{13.32}$$

特に T_c では $H_c = 0$ であるから

$$\begin{aligned}
\Delta C(T_c) &= \mu_0 T_c\left[\left(\frac{dH_c}{dT}\right)^2\right]_{T=T_c} \\
&= 4\mu_0 T_c H_0^2
\end{aligned} \tag{13.33}$$

という有限のとびを示す．これらの熱力学的表式およびその結果は実験的にもよく成立している．

13.5 電子間相互作用と超伝導状態：クーパー対とBCS理論

現象論的に電磁気学方程式と熱力学を組み立てると超伝導がよく記述できることが分かった．しかし量子論的にこれらを理解するのは決して容易でない．

超伝導の理解への種々の努力により，2つの電子が対をなして新しい状態を形成したのが超伝導状態であり，通常の超伝導体(**BCS超伝導体**)では電子対形成には格子振動が重要な働きをしているということが明らかになった．負電荷を持った2つの電子が，その間に働くクーロン斥力にも関わらず格子振動を介して引力が働くことを理解してみよう．2電子間クーロン相互作用は他の電子により遮蔽されまたそれぞれの電子は電子－格子相互作用を通じて格子歪の衣をまとっている．誘電率を $\varepsilon(\omega, \boldsymbol{q})$ と書いて，クーロン相互作用のフーリエ成分は

$$V_{eff}(\omega, \boldsymbol{q}) = \frac{e^2}{4\pi\varepsilon_0} \cdot \frac{1}{q^2} \cdot \frac{1}{\varepsilon(\omega, \boldsymbol{q})/\varepsilon_0} \tag{13.34}$$

となる．比誘電率としては「格子歪の衣を着た電子」のモデルに基づいて電子系およびイオン系(角振動数 Ω_p)の寄与を考えると

$$\frac{1}{\varepsilon(\omega, \boldsymbol{q})/\varepsilon_0} = \frac{1}{\varepsilon^{ion}(\omega)/\varepsilon_0} \cdot \frac{1}{\varepsilon^{el}(\boldsymbol{q})/\varepsilon_0} \tag{13.35}$$

$$\varepsilon^{el}(\boldsymbol{q})/\varepsilon_0 = 1 + \frac{k_0^2}{q^2} \tag{13.36}$$

$$\varepsilon^{ion}(\omega)/\varepsilon_0 = 1 - \frac{\Omega_p^2}{\omega^2} \tag{13.37}$$

を用いて

$$\frac{1}{\varepsilon(\omega, \boldsymbol{q})/\varepsilon_0} = \frac{q^2}{q^2 + k_0^2} \cdot \frac{\omega^2}{\omega^2 - \Omega_p^2} \tag{13.38}$$

を得る．こうして電子-格子相互作用は

$$V_{eff}(\omega, \boldsymbol{q}) = \frac{e^2}{4\pi\varepsilon_0} \cdot \frac{1}{q^2 + k_0^2} \left(1 + \frac{\Omega_p^2}{\omega^2 - \Omega_p^2}\right) \tag{13.39}$$

となる．右辺かっこ内の第1項は通常の「他の電子に遮蔽された電子－電子相互作用」，第2項はさらにそのもとで「フォノンをやり取りすることにより生じる力」と理解することができる．一般には電子間クーロン斥力の効果が強い

13.5 電子間相互作用と超伝導状態：クーパー対と BCS 理論

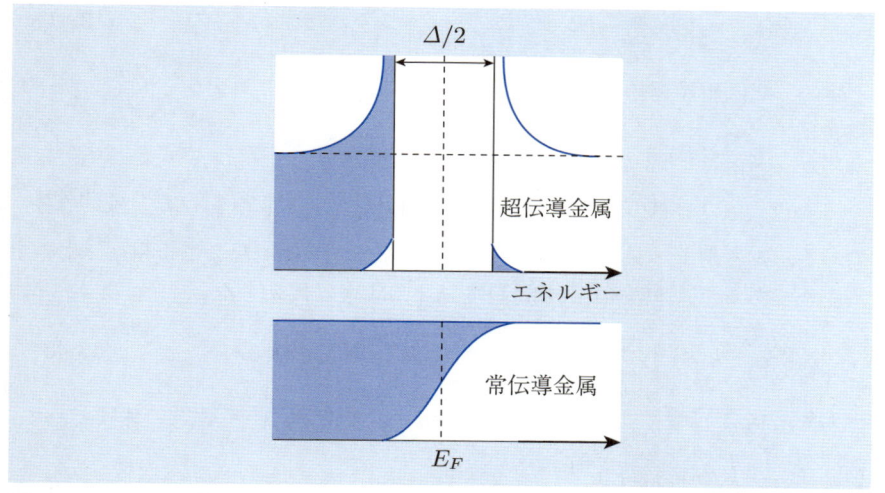

図 13.3 1 電子状態密度の変化．常伝導状態ではフェルミエネルギーでは状態密度は大きく変化しないが，超伝導状態ではエネルギーギャップがある．

が，電子の励起エネルギー $\hbar\omega$ がフォノンのエネルギー $\hbar\Omega_p$ より小さいときには電子間に正味で引力が働いている．すなわちフェルミエネルギーの上 $\hbar\Omega_p$ 程度の狭い範囲に励起された電子間には (クーロン斥力を打ち消してなお) 引力が働いているのである．

以上のような弱い引力相互作用に対しても金属のフェルミ面が極めて不安定であることを示そう．フェルミ球内にある 2 つの電子の状態 $\boldsymbol{k}$ ($E_F - \hbar\omega_D < E(\boldsymbol{k}) < E_F$), $-\boldsymbol{k}$ ($E_F - \hbar\omega_D < E(-\boldsymbol{k}) < E_F$) および散乱されてフェルミ球の外に出た 2 つの電子の状態 $\boldsymbol{k}+\boldsymbol{q}$ ($E_F < E(\boldsymbol{k}+\boldsymbol{q}) < E_F + \hbar\omega_D$), $-\boldsymbol{k}-\boldsymbol{q}$ ($E_F < E(-\boldsymbol{k}-\boldsymbol{q}) < E_F + \hbar\omega_D$) を考える．電子間相互作用は簡単のためにフェルミ面近傍で励起された電子間にだけ引力相互作用が働きそれ以外では相互作用のない形

$$V_{eff}(\omega, \boldsymbol{q}) = \begin{cases} -V_0 & (E_F < E(\boldsymbol{k}+\boldsymbol{q}), E(-\boldsymbol{k}-\boldsymbol{q}) < E_F + \hbar\omega_D) \\ 0 & (\text{それ以外}) \end{cases}$$

(13.40)

であるとする．ここでは $V_0 > 0$ (引力) である．

2 電子の波動関数を

$$\Psi(\boldsymbol{r}_1,\boldsymbol{r}_2)=\sum_{\boldsymbol{k}}g(\boldsymbol{k})\mathrm{e}^{\mathrm{i}\boldsymbol{k}\cdot(\boldsymbol{r}_1-\boldsymbol{r}_2)} \tag{13.41}$$

と書く．$\boldsymbol{k}$ は相対運動の波数ベクトルである．2 電子のシュレーディンガー方程式は

$$-\frac{\hbar^2}{2m^*}(\Delta_1+\Delta_2)\Psi(\boldsymbol{r}_1,\boldsymbol{r}_2)$$
$$+V_{eff}(\boldsymbol{r}_1-\boldsymbol{r}_2)\Psi(\boldsymbol{r}_1,\boldsymbol{r}_2)=(\Delta E+2E_F)\Psi(\boldsymbol{r}_1,\boldsymbol{r}_2) \tag{13.42}$$

である．エネルギー ΔE はフェルミエネルギーから測った 2 電子相互作用エネルギーである．式 (13.40), (13.41) を式 (13.42) に代入すると

$$2\frac{\hbar^2 k^2}{2m^*}g(\boldsymbol{k})+\sum_{\boldsymbol{k}'}g(\boldsymbol{k}')V_{\boldsymbol{k}\boldsymbol{k}'}=(\Delta E+2E_F)g(\boldsymbol{k}) \tag{13.43}$$

である．$V_{\boldsymbol{k}\boldsymbol{k}'}$ は電子間相互作用項のフーリエ変換で，V を体系の体積として

$$V_{\boldsymbol{k}\boldsymbol{k}'}=\frac{1}{V}\int d\boldsymbol{r}V_{eff}(\boldsymbol{r})\mathrm{e}^{\mathrm{i}(\boldsymbol{k}-\boldsymbol{k}')\cdot\boldsymbol{r}}$$
$$=\begin{cases}-\dfrac{1}{V}V_0 & (\text{2 つの電子の状態が } E_F \text{ と } E_F+\hbar\omega_D \text{ の間にある})\\ 0 & (\text{それ以外})\end{cases} \tag{13.44}$$

である．これから

$$g(\boldsymbol{k})=\frac{1}{\dfrac{\hbar^2 k^2}{m^*}-(\Delta E+2E_F)}\left(\frac{V_0}{V}\right)\sum_{\boldsymbol{k}'}g(\boldsymbol{k}') \tag{13.45}$$

となる．これをまた $\boldsymbol{k}$ について和をとり

$$\frac{V_0}{V}\sum_{\boldsymbol{k}}\frac{1}{\dfrac{\hbar^2 k^2}{m^*}-(\Delta E+2E_F)}=1 \tag{13.46}$$

となる．$\boldsymbol{k}$ の和をエネルギーの積分に書き換え

$$\sum_{\boldsymbol{k}'}=\frac{V}{(2\pi)^3}\int dk' 4\pi k'^2 = V\int_{E_F}^{E_F+\hbar\omega_D}dEN(E) \tag{13.47}$$

を用いると，

$$V_0\int_{E_F}^{E_F+\hbar\omega_D}N(E')\frac{dE'}{2E'-(\Delta E+2E_F)}=1 \tag{13.48}$$

を得る．ここで E' の積分は狭い間の積分であるから状態密度 $N(E')$ は一定で $N(E_F)$ に等しいとして積分の外に出し

13.5 電子間相互作用と超伝導状態：クーパー対とBCS理論

$$\frac{V_0 N(E_F)}{2} \log\left(\frac{2\hbar\omega_D - \Delta E}{-\Delta E}\right) = 1 \tag{13.49}$$

を得る．$V_0 N(E_F) \ll 1$ としてこれを書き直すと

$$\Delta E \simeq -2\hbar\omega_D \exp\left(-\frac{2}{N(E_F)V_0}\right) \tag{13.50}$$

を得る．これはフェルミエネルギー近傍 $\hbar\omega_D > \hbar^2 k^2/(2m^*) - E_F > 0$ に2個の電子を付加したとき，その間に働く引力によりフェルミ面が変形し，電子は (13.50) 式で与えられる束縛エネルギーを持った対 (**クーパー対**) を形成するというものである．したがって，超伝導状態と常伝導状態の間のエネルギーギャップは温度 0 K で

$$\Delta = 2\hbar\omega_D \exp\left(-\frac{2}{N(E_F)V_0}\right) \tag{13.51}$$

となる．言い換えるとフェルミエネルギー E_F のところに1電子あたり幅 $\Delta/2$ のエネルギーギャップが開く (図 13.3)．ギャップがあるから比熱も温度に関してベキ的ではなく指数関数的に変化する．温度を上げて，ほぼ Δ を越える程度になると対は壊れ，常伝導状態に戻る．

超伝導転移温度はもう少し込みいった計算をしなくてはならないが Δ と同程度の大きさである．きちんとした計算の結果によれば

$$k_B T_C = 1.14 \hbar\omega_D \exp\left(-\frac{2}{N(E_F)V_0}\right) \tag{13.52}$$

となる．Δ や $k_B T_C$ は常伝導状態でのフェルミエネルギーでの状態密度 $N(E_F)$ および電子–格子相互作用の強さ V_0 に指数関数的に依存し大変敏感に変化する．またこれらはデバイ振動数 ω_D (原子質量を M として $1/\sqrt{M}$ に比例する) に比例する．

Bardeen-Cooper-Schriefferは，超伝導状態の電子状態，熱力学を量子力学に基づいて詳しく議論し，超伝導についての完全な理解を得た．この理論をBCS理論という．高温超伝導に関しては格子振動の効果および磁気的相互作用がともに重要であると考えられているが，完全な理解にはいまだ至っていない．いずれにしても，超伝導では電子波動関数の位相がそろっていることが重要で，位相の**コヒーレンス**がマクロスコピックなスケールで現れたものであるということができる．

13.6 電子波動関数の位相

電子波動関数の位相が空間的に一様であるという仮定を行ってロンドン方程式 (13.11) を導いてみよう．電子対 (クーパー対) の重心座標を $\boldsymbol{R}_1, \boldsymbol{R}_2, \cdots$, 対の相対座標を $\boldsymbol{r}_1, \cdots$ とすると，超伝導状態の波動関数は

$$\Psi_{BCS} \approx A e^{i\boldsymbol{K}\cdot\boldsymbol{R}_1} e^{i\boldsymbol{K}\cdot\boldsymbol{R}_2} \cdots \Phi(\boldsymbol{K}=0; \boldsymbol{r}_1, \boldsymbol{r}_2, \cdots) \tag{13.53}$$

と書けるであろう．$\boldsymbol{K}$ はクーパー対を作って流れる電流 (電荷 $-2e$) の運動量，Φ は電流が流れていないときの，クーパー対形成を行った状態の波動関数である．位相の部分を

$$\boldsymbol{K}\cdot\boldsymbol{R}_1 + \boldsymbol{K}\cdot\boldsymbol{R}_2 + \cdots = \phi(\boldsymbol{R}_1, \boldsymbol{R}_2, \cdots) \tag{13.54}$$

と書いておく．クーパー対の波動関数は一様で，これ以外に座標に強く依存するところはないとする．この仮定の下では，超伝導電流は

$$\boldsymbol{j}_s(\boldsymbol{r}) = -\frac{2e}{4m^*} \sum_n \delta_{\boldsymbol{r},\boldsymbol{R}_n} \bigg\{ \Psi_{BCS}^* \left(\frac{\hbar}{i}\nabla_{\boldsymbol{R}_n} + 2e\boldsymbol{A}(\boldsymbol{R}_n)\right) \Psi_{BCS}$$
$$+ \Psi_{BCS} \left(\frac{\hbar}{i}\nabla_{\boldsymbol{R}_n} + 2e\boldsymbol{A}(\boldsymbol{R}_n)\right)^\dagger \Psi_{BCS}^* \bigg\} \tag{13.55}$$

と書けるであろう．これを書き直すと

$$\boldsymbol{j}_s(\boldsymbol{r}) = -\frac{e}{2m^*} \bigg\{ 4e\boldsymbol{A}(\boldsymbol{r}) \mid \Phi(\boldsymbol{K}=0) \mid^2$$
$$+ 2\hbar \mid \Phi(\boldsymbol{K}=0) \mid^2 \sum_n \delta_{\boldsymbol{r},\boldsymbol{R}_n} \nabla_{\boldsymbol{R}_n} \phi(\boldsymbol{R}_1, \boldsymbol{R}_2, \cdots) \bigg\} \tag{13.56}$$

を得る．$\nabla_{\boldsymbol{R}_n} \phi(\boldsymbol{R}_1, \boldsymbol{R}_2, \cdots) = \boldsymbol{K}$ であることにより上式右辺第 2 項が重要な空間座標依存性を持たないことが分かる．よって

$$\mathrm{rot}\, \boldsymbol{j}_s = -\frac{2e^2}{m^*} |\Phi(\boldsymbol{K}=0)|^2 \,\mathrm{rot}\, \boldsymbol{A} \tag{13.57}$$

を得る．$|\Phi(\boldsymbol{K}=0)|^2$ はクーパー対の密度 (電子密度の半分) であるから

$$|\Phi(\boldsymbol{K}=0)|^2 = \frac{n_s}{2} \tag{13.58}$$

となり

$$\text{rot}\, \boldsymbol{j}_s = -\frac{n_s e^2}{m^*}\boldsymbol{B} \tag{13.59}$$

が得られる．これはロンドンの第 2 方程式 (13.11) である．上で超伝導状態の位相が空間的に一様であることが本質的である．

第 1 種，第 2 種超伝導体を分けるパラメータにコヒーレンス長があった．コヒーレンス長とは超伝導状態の波動関数の位相のコヒーレンスが保たれる長さで，すなわち超伝導状態の波動関数の位相が空間的に一様である広がりである．超伝導状態の波動関数を作る平面波波動関数は，フェルミ運動量 p_F からその上に $\delta p \simeq 2\Delta/v_F$ 程度の幅のものである．これらの平面波から作られる波束の広がりは，不確定性原理を考慮すれば，$\delta x \sim (\hbar/\delta p)$ 程度である．これがコヒーレンス長を与える．

$$\xi_{coh} = \frac{\hbar v_F}{\pi \Delta} \tag{13.60}$$

コヒーレンス長 ξ_{coh} はフェルミ速度 v_F に比例するから，非遷移金属では ξ_{coh} が長く (Sn ; 23×10^{-8} m, Al ; 160×10^{-8} m)，遷移金属では ξ_{coh} が短い (Nb ; 3.8×10^{-8} m)．

▣ GPS と相対性理論

軍事的目的から民生に転用され，日本では自動車や携帯電話にも広く用いられている GPS (Global Positioning System：全地球測位システム) も先端技術と先端科学をたくさん用いている．GPS は原子時計を搭載した 4 つの衛星からの信号 (4 つの衛星からの時刻差) を用いて，自身の位置を決めている．GPS 受信システムでは，地表に対する人工衛星の速度と重力の効果という時間に対する 2 つの相対性理論の効果の補正が行われている．

13.7 磁束の量子化：ジョセフソン効果と超伝導エレクトロニクス

超伝導電流 j_s は (13.56) 式

$$j_s(r) = -\left\{\frac{e^2 n_s}{m^*}A(r) + \frac{e\hbar n_s}{2m^*}\nabla\phi(r)\right\} \tag{13.61}$$

と書かれる．超伝導体でリング回路を作りここに超伝導電流が流れ，またリングで囲んだところに磁束 B が閉じ込められているとする．

リングに沿って電流を積分すると

$$\oint j_s \cdot dl = -\frac{e^2 n_s}{m^*}\oint A \cdot dl - \frac{e\hbar n_s}{2m^*}\oint \nabla\phi \cdot dl \tag{13.62}$$

を得る．回路に沿った積分 $\oint A \cdot dl$ はその回路が囲む面積を貫く磁束密度 $\int B \cdot dS$ に等しい．位相 ϕ は空間的に一意的であるから，位相の変化をリングに沿って積分したものは 2π の整数倍でなくてはならない $\left(\oint \nabla\phi \cdot dl = 2\pi N\right)$．よって

$$\frac{m^*}{e^2 n_s}\oint j_s \cdot dl + \int B \cdot dS = -N\frac{h}{2e} \tag{13.63}$$

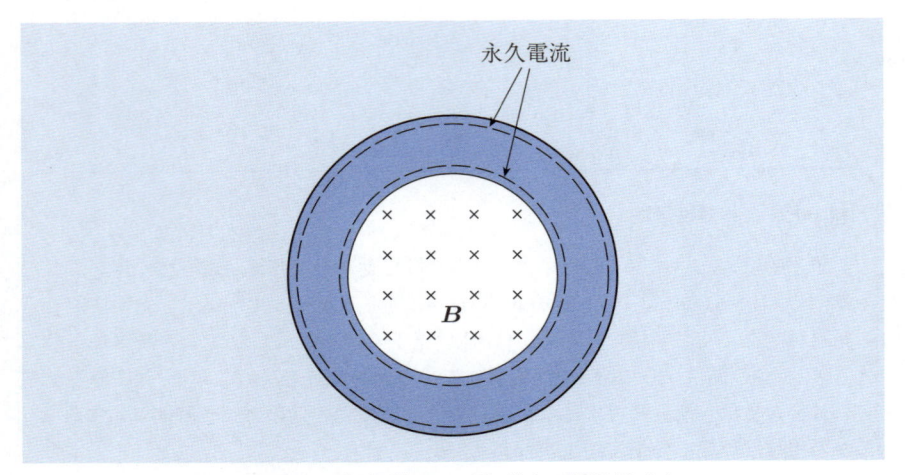

図 13.4 超伝導リングと磁束の閉じ込め

13.7 磁束の量子化：ジョセフソン効果と超伝導エレクトロニクス

となる．超伝導電流はリングの内側および外側表面近くのごく薄い領域のみを流れているから，積分路を超伝導リングの中に入ったところにとれば左辺第1項の寄与はなく，また第2項はリングを貫く磁束 Φ の大きさと方向を表す．したがって

$$|\Phi| = |N|\frac{h}{2e} \tag{13.64}$$

を得る．これは超伝導リングが磁束を

$$\phi_0 = \frac{h}{2e} = 2.0679 \times 10^{-15}\,\text{Wb} \tag{13.65}$$

を単位として囲むことを意味している．これを超伝導体の磁束量子化といい，(13.65)式を**磁束量子**という．

2つの超伝導体により絶縁体をはさみ，トンネル障壁を作ったとき，クーパー対のトンネル効果を起こすことができる．これが**ジョセフソン効果**である．ここでもクーパー対のコヒーレンスが特徴的に現れ，位相のマクロな振動を観測したりあるいはトンネル電流を制御することができる．

磁束の量子化は超伝導リングを用いて磁束の精密測定が可能であることを意味している．ジョセフソン効果を用いて作られた素子を**スクイッド** (SQUID = superconducting quantum interference device, **超伝導量子干渉計**) といい，磁化や生体の微少電流の精密測定に用いられる．

13.8 超伝導の応用

　超伝導の応用は最近では広い範囲にわたっている．リニアーモーターカーでは磁気浮上に必要な強い磁場を発生させるため超伝導コイルを用いる．医学関連でも超伝導は広く用いられている．体内の水の水素原子核 (陽子) の核磁気共鳴を測定することにより，体細胞や血流の流れを観察しそれらの異常を見出すことができる (MRI)．このための核磁気共鳴装置の中の強磁場発生コイルも超伝導線材を用いる．また SQUID を用いて脳内の微弱な電流が作る磁場を測定することができ，これは脳科学の研究や診断のためには欠かせない技術となりつつある．

13章の問題

☐ **1** 超伝導体の比熱が指数関数的に振る舞う定性的な理由を述べよ．

☐ **2** BCS 超伝導体の転移温度は，原子の質量を M とすると $M^{-1/2}$ に比例する (超伝導体の同位体効果) の理由を考えよ．

14 ソフトマターの構造

　前章までは固体を中心として物質の物理的性質を学んできた．われわれの周りには固体ばかりでなく多くの高分子物質 (ポリマー，重合体) がある．高分子物質の特徴は，固体と違い，やわらかいということである．高分子物質は今後ますます多くの用途に用いられるであろう．また今日，生命体が，複雑で未知な部分が大変多いが，1つの物質系であることを疑う人はいない．生物，生命体の構造や機能を理解し応用する機会は今後より増えていく．その際の足がかりとして高分子の構造や性質を物理学の立場から眺めてみよう．

> **14 章で学ぶ概念・キーワード**
> - ソフトマター，セグメント，1 次構造
> - 2 次構造，高次構造
> - 立体配置 (コンフィギュレーション)
> - 立体配座 (コンフォーメーション)
> - ミクロ相分離，自由連結鎖モデル
> - 自由回転鎖モデル，有効結合長
> - 体積排除効果，良溶媒，貧溶媒

第14章 ソフトマターの構造

14.1 ソフトマターとは

高分子物質を物理の立場から見たときその特徴を固体と比較しよう．結晶固体構造の基本は繰り返しパターン，周期性にある．一方高分子物質は分子論的立場からその構造を眺めれば，繰り返しパターンを見ることもできるが，さらに長さのスケールを変えることにより，違う構造上の特徴を見出すことができる．また高分子は変形できない部分と大きな変形が許される部分，あるいは同じ原子群単位が異なった配置を許されるものなど，構造的自由度が極めて大きい．そのため高分子物質には固体に見られない大きな変形が許される．たとえばゴムの弾性的性質は，ゴムは元の長さの何倍にも伸びるというように，固体の弾性的性質とは大きく異なる．

高分子物質は1つ1つはひも状の形態をとるが，それらの集団ではひもが絡み合ったりあるいは部分的に接合したりする．さらに蛋白質の機能を見ると立体構造が本質的に重要である．この立体構造には水素結合や静電的相互作用のほかに熱力学的効果が重要な働きをしている．

このように，高分子物質およびその混合系あるいは溶液を，構造の自由度に着目して論ずるとき，**ソフトマター**あるいは**複雑液体**と呼ぶ．

■ 有限の資源

発展する物質・材料科学をわれわれの生活の立場から考えてみよう．「地球環境の持続性」に関しては，物質とエネルギーおよびエネルギー変換への地球規模の配慮が必要である．優れた材料とは，その性質が利用目的に合致したものであると同時に，「資源の有限性」の立場からは地球環境の持続可能性 (Sustainability) を損なわないものである．希少資源の利用に当たっては材料の再利用が重要である．

14.2 ソフトマターの構造

14.2.1 1次構造と2次構造

原子集団 A が共有結合でつながった鎖状分子

$$\cdots\cdots-A-A-A-A-A-A-\cdots\cdots, \quad -[A]_n- \tag{14.1}$$

を高分子といい，繰り返しの原子集団 A を**モノマー**(**単量体**) という．高分子の鎖は $-C-C-$, $-Si-O-$ などがある．前者はビニル系高分子など，後者はシリコンゴムなどである．ポリエチレン

$$H-[CH_2-CH_2]_n-H \tag{14.2}$$

を見ると，常温で $n=1,2$ が気体，$n=3$~5 が液体，$n>10$ で固体となる．n が大きくなるに従って硬くなる．このように化学的に同一の成分であっても分子量 (重合度) の違いにより物性は大きく異なる．通常は $n>1000$ 程度になれば高分子としての特徴が現れる．したがって高分子といえば $n \geq 1000$ をいい，それに対して低分子から中間的な n までを高分子と区別して**低重合体** (**オリゴマー**) という．

　高分子物質を合成するには，モノマーを共有結合でつながなくてはならない．モノマーから高分子を作る反応を重合という．重合には，モノマーの2重結合を1重結合にしてラジカルをつくりそれを連結させる付加重合と，小分子の離脱を伴って重合を進行させる縮合重合，とがある．高分子鎖に沿ったモノマーの連結方法 (順序) を**1次構造**という．1次構造が決まっても高分子の構造は決まらない．

　分子鎖に沿ったモノマー相互の配置によって異なる構造をとる．モノマー間の共有結合の様式を**立体配置** (**コンフィギュレーション**) という．たとえば置換基を R として

$$\begin{array}{cccc} H & H & H & H \\ | & | & | & | \\ -C-&C-&C-&C- \\ | & | & | & | \\ R & H & R & H \end{array}, \quad \begin{array}{cccc} H & H & H & H \\ | & | & | & | \\ -C-&C-&C-&C- \\ | & | & | & | \\ H & R & R & H \end{array}$$

の2つのビニル系高分子が考えられる．両者は結合を切って組み換えない限り移り変わることはない．

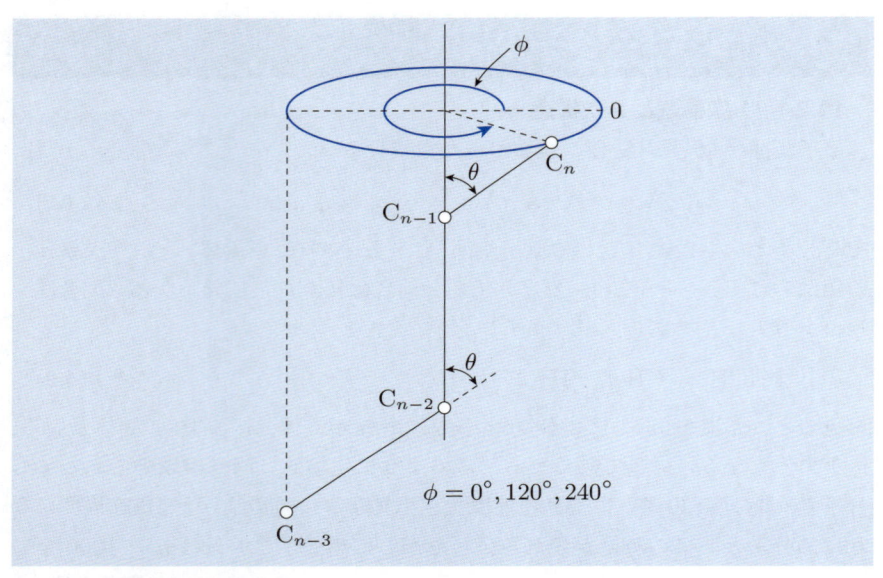

図 14.1 内部回転とコンフォーメーション. $\phi = 0°$ をトランス, $\phi = 120°$, $240°$ をゴーシュという.

ポリエチレン $H-[CH_2-CH_2]_n-H$ を考えよう. 炭素鎖 $-C-C-C-$ に注目するとボンドの長さは $l = 1.54$ Å, ボンド間の角度は $\theta = 70.53°$ ($\cos\theta = 1/3$) である. これに続く 4 つ目の炭素原子は, 図 14.1 に示すように 3 つの位置が可能であり, しかもそれらの間は有限のポテンシャル障壁で隔てられているだけで分子鎖の回転により移り変わることができる. この回転を**内部回転**といい, これらの形態を**回転異性体**, 回転異性体の空間配置を**立体配座 (コンフォーメーション)** という.

$-C-C-$ 結合の活性化エネルギーを ΔE とすると異なる配座への遷移に要する平均時間 τ は

$$\tau = \tau_0 \exp\left(\frac{\Delta E}{k_B T}\right) \tag{14.3}$$

と表される. τ_0 は $-C-C-$ ボンドの原子論的ねじれ振動の周期であり 10^{-11} s 程度である.

以上のような高分子の部分的な立体構造を **2 次構造**という. タンパク質の α

ヘリックス，β シート構造がそれの例である．2 次構造を決める要因は，(1) 内部回転のポテンシャルエネルギー，(2) コンフォーメーションによる短距離相互作用，(3) 非結合原子間のファンデルワールス力や電子雲の重なりによる相互作用，(4) イオン間の双極子相互作用，分子内水素結合など，がある．さらに高分子全体の立体構造を **3 次構造** という．

多くの分子鎖が**凝集した系**では，これ以外に分子間相互作用，あるいはブロック共重合体に見られるミクロ相分離などの相互作用があり，これらによってより大きい長さスケールの構造が決められる．このような構造を**高次構造**という．

14.2.2 高次構造

高分子の凝集相としては，溶媒に溶けた**溶液**，高分子が熔けた**溶融体**，**ゴム**や**ゲル**，**結晶**や**ガラス**，**液晶**，**ミクロ相分離**などがある．ゴムやゲルあるいはミクロ相分離は低分子物質では見られないものである．

2 種以上の高分子を結合した高分子を**ブロック共重合体**という．A, B 2 つのモノマーからなる 2 元共重合体としては，A, B の濃度と相互作用エネルギーにより，ABABA… と交互に結合したもの，AAABBAAABB… と周期的に結合したものなどがある．ブロック共重合体とは AAA… と BB… を結合させた AAA…ABB…B のタイプの高分子をいう．高分子鎖は通常相溶することはないため，A 部分同士，B 部分同士が集まってドメインを形成する．共重合体で起こるこのような相分離をミクロ相分離という．A, B 成分の濃度によりドメインの構造は，球状，棒状あるいは層状というようにそのドメイン構造を変化させる (図 14.2(a))．

高分子が結晶を作るとき，高分子鎖は折りたたまれて板状の結晶を作る．また融体から結晶化させると，単結晶が析出せずその中に非晶部分を多く含んで枝分かれしていき，最後には球状高分子の結晶化が見られる．これを**球晶**といい多くの高分子で観察される．

ゴムやゲルでは高分子間の架橋によって部分的に運動の自由度が束縛され，ネットワークを形成している．ゲルには**化学ゲル**といわれる共有結合で架橋されたものと，**物理ゲル**といわれる熱エネルギー程度の弱い相互作用で架橋されたものがある (図 14.2(b))．

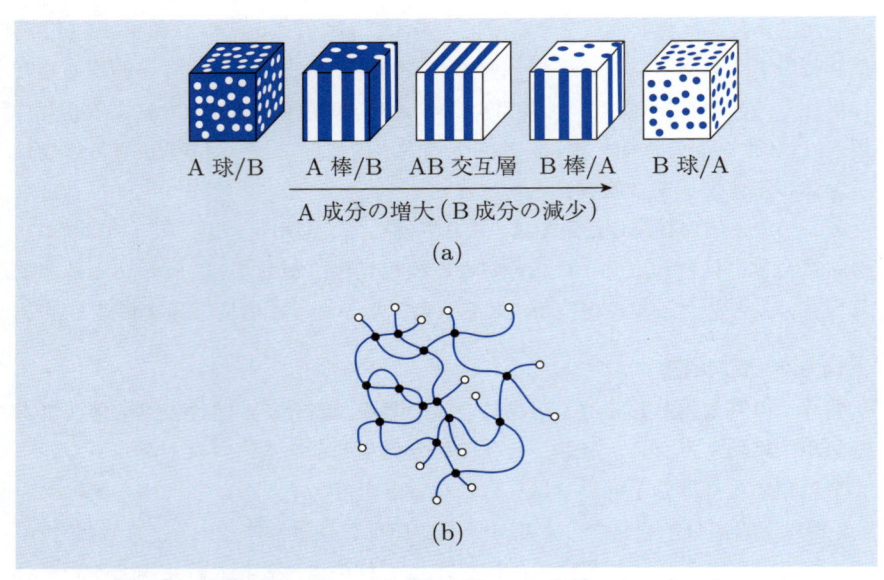

214 第 14 章　ソフトマターの構造

A 球/B　A 棒/B　AB 交互層　B 棒/A　B 球/A

A 成分の増大（B 成分の減少）

(a)

(b)

図 14.2　高次構造：(a) ミクロ相分離，(b) 架橋によるネットワーク

14.3　粗視化された鎖のモデル

　高分子の内部分子構造を忠実に記述するモデルは複雑すぎて，高分子集合体の物性を記述するには一般に不向きである．高分子の自由度を記述する簡単なモデルが好ましい．そのために分子構造を粗視化した鎖モデルがよく用いられる．

14.3.1　自由連結鎖モデル

　長さ b の棒 (ボンド) がランダムにつながってできた高分子モデルを考えよう．棒は高分子主鎖の共有結合をモデル化したものである．各結合は他の結合と無関係に自由な方向を向くことができる (**自由連結鎖**) とする．1 つの結合点から次の結合点までが統計的な繰り返しの単位でありこれを**セグメント**と呼ぶ．

　長さが b である N 個のセグメントからなる高分子鎖の両末端間距離を考えよう (図 14.3(a))．これをベクトルで $\bm{R}$ と書きまた各セグメントのボンドベクトルを $\bm{b}_i$ と書けば

$$\bm{R} = \sum_{i=1}^{N} \bm{b}_i \tag{14.4}$$

である．これから $\bm{R}^2$ の時間平均 (あるいは集団平均) を計算すれば

$$\langle \bm{R}^2 \rangle = \sum_{i=1}^{N} \langle \bm{b}_i^2 \rangle + \sum_{i,j=1\ (i\neq j)}^{N} \langle \bm{b}_i \cdot \bm{b}_j \rangle \tag{14.5}$$

である．ここで異なるセグメントには相関はない

$$\langle \bm{b}_i \cdot \bm{b}_j \rangle = \langle \bm{b}_i \rangle \cdot \langle \bm{b}_j \rangle = 0$$

と仮定したのでこれを使えば

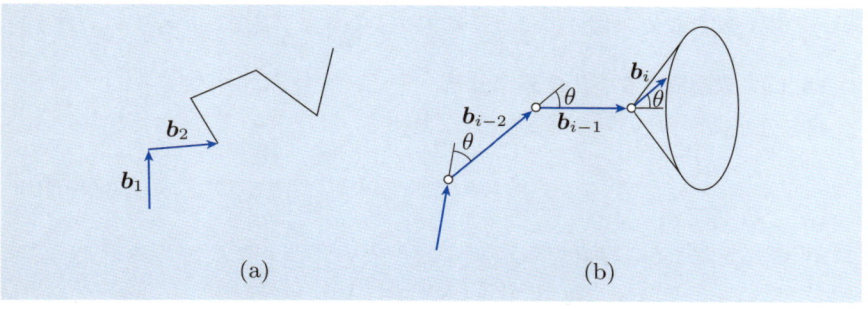

図 14.3　(a) 自由連結鎖モデル，(b) 自由回転鎖モデル

$$\langle \boldsymbol{R}^2 \rangle = \sum_{i=1}^{N} \langle \boldsymbol{b}_i^2 \rangle = Nb^2 \tag{14.6}$$

を得る．

14.3.2 自由回転鎖モデル

　隣り合うセグメントのなす角が一定値 θ に固定されていてかつ結合点の周りを自由に回転できるとする (図 14.3(b))．これを**自由回転鎖**という．このときには

$$\langle \boldsymbol{R}^2 \rangle = \sum_{i=1}^{N} \langle \boldsymbol{b}_i^2 \rangle + \sum_{i,j=1 \ (i \neq j)}^{N} \langle \boldsymbol{b}_i \cdot \boldsymbol{b}_j \rangle = Nb^2 + 2b^2 \sum_{i>j}^{N} \langle \cos\theta_{ij} \rangle$$

$$= Nb^2 + 2b^2 \sum_{i>j}^{N} (\cos\theta)^{|i-j|} \tag{14.7}$$

となる．一般に $\boldsymbol{b}_i$ と $\boldsymbol{b}_j$ との相関は i と j が離れれば急激に小さくなるので N が大きいときには

$$\langle \boldsymbol{R}^2 \rangle = Nb^2 \frac{1+\cos\theta}{1-\cos\theta} \tag{14.8}$$

を得る．

14.3.3 有効結合長

　いろいろのモデルでいずれも N が大きくなると $\langle \boldsymbol{R}^2 \rangle$ は N に比例し

$$\langle \boldsymbol{R}^2 \rangle = Na^2 \tag{14.9}$$

と書くことができることが分かった．このように書いたとき a を**有効結合長**という．有効結合長 a は個々のモデルに依存することに注意しなくてはいけない．

14.3.4 末端間ベクトルの確率分布

　同じ分布に従う N 個の確率変数 x_i の和

$$X = \sum_{i=1}^{N} x_i \tag{14.10}$$

は N が大きいときにはガウス分布

$$P(X) = (2\pi\sigma)^{-1/2} \exp\left\{-\frac{(X-\mu)^2}{2\sigma^2}\right\} \tag{14.11}$$

14.3 粗視化された鎖のモデル

に従う (中心極限定理). ただし

$$\mu = \langle X \rangle$$

$$\sigma^2 = \langle (X-\mu)^2 \rangle = \langle X^2 \rangle - \langle X \rangle^2$$

はそれぞれ X の平均と分散である.

これを $\boldsymbol{R}$ の分布に適用しよう.

$$\langle R_x \rangle = 0 \ , \quad \langle \boldsymbol{R}^2 \rangle = 3\langle R_x^2 \rangle = Na^2$$

である. これから平均および分散として

$$\langle R_x \rangle = 0 \ , \quad \langle R_x^2 \rangle = \frac{1}{3}Na^2$$

を持つガウス分布 $P(R_x)$ が求められ, $\boldsymbol{R}$ の確率分布関数

$$P(\boldsymbol{R}) = P(R_x)P(R_y)P(R_z)$$
$$= \left(\frac{2\pi Na^2}{3}\right)^{-3/2} \exp\left(-\frac{3R^2}{2Na^2}\right) \quad (14.12)$$

が得られる ($R = |\boldsymbol{R}|$). したがって両端間ベクトルの絶対値が R と $R+dR$ の間にある確率は

$$g_0(R)dR = 4\pi R^2 P(R)dR = 4\pi \left(\frac{2\pi Na^2}{3}\right)^{-3/2} \exp\left(-\frac{3R^2}{2Na^2}\right) R^2 dR \quad (14.13)$$

と書ける. a は (14.9) 式の有効結合長である. $dg_0(R)/dR = 0$ より $g_0(R)$ が極大値をとる R の値 R_0^* を求めることができる. これより

$$R_0^* = \left(\frac{2Na^2}{3}\right)^{1/2} \quad (14.14)$$

を得る.

次に述べる体積排除効果のない高分子鎖を理想鎖または, 両端間距離の分布がガウス分布に従うので, **ガウス鎖**という. ガウス鎖ではまた重心 ($\boldsymbol{R}_G$) から見た各セグメントの相対位置ベクトル $\boldsymbol{s}_i = \boldsymbol{x}_i - \boldsymbol{R}_G$ の 2 乗平均 (慣性半径という) $\langle s^2 \rangle$ は

$$\langle s^2 \rangle = \frac{1}{6}Na^2 \quad (14.15)$$

である.

14.4 排除体積効果

セグメントの両端間の距離を考えてきたが,これまではセグメントは互いに連結されている以外に相関は持たないと仮定してきた.しかし分子間力を無視しても高分子のような大きさのある物質では,あるセグメントがとり得る空間的自由度は他のセグメントがあればそこに来ることはできないというように制限されている.セグメントを半径 r_c の剛体球であると考えると他のセグメントはこのセグメントを中心とする半径 $2r_c$ の球領域の中には入れない.この球領域の体積 $v_c = (4\pi/3)(2r_c)^3$ を排除体積といい,上で述べた効果を**排除体積効果**という.排除体積効果があると高分子の広がりはより大きくなる.排除体積効果を考慮して高分子の両端間距離を計算しよう.

14.4.1 排除体積効果を考慮した高分子の広がり

排除体積効果がない場合の両端間距離を R に固定したとき,その高分子鎖のとり得る状態数を $W_0(R)$ と書こう.$W_0(R)$ は両端間の距離の分布関数に比例するので

$$W_0(R) \propto g_0(R) \propto \exp\left(-\frac{3R^2}{2Na^2}\right) R^2 \tag{14.16}$$

となる.排除体積効果によってこのうちのいくつかは禁止される.禁止される配置は排除体積に比例するから排除体積を考慮して重なりが生じない確率はセグメントの対 1 つに対して $(1 - v_c/R^3)$ と見積もることができる.したがってすべてのセグメントの組合せについて重なりが生じない確率は,$v_c \ll R^3$ および $N \gg 1$ を考慮して

$$p(R) = \left(1 - \frac{v_c}{R^3}\right)^{N(N-1)/2} = \exp\left\{\frac{1}{2}N(N-1)\log\left(1 - \frac{v_c}{R^3}\right)\right\}$$
$$\simeq \exp\left(-\frac{N^2 v_c}{2R^3}\right) \tag{14.17}$$

となる.以上により両端間距離 R を固定して排除体積鎖のとり得る状態数は

$$W(R) = p(R) W_0(R) \tag{14.18}$$

と書かれる.また排除体積鎖の両端間の分布関数 $g(R)$ も

$$g(R) \propto p(R)g_0(R) \propto \exp\left(-\frac{N^2 v_c}{2R^3} - \frac{3R^2}{2Na^2}\right) R^2 \tag{14.19}$$

となる．$g(R)$ は $g_0(R)$ の極大をとるサイズ R_0^* より大きな値 R^* で極大値を持つ．$\mathrm{d}g(R)/\mathrm{d}R = 0$ より

$$-\frac{3R^{*2}}{2Na^2} + \frac{3N^2 v_c}{4R^{*3}} + 1 = 0$$

を得，これは書き直して

$$\left(\frac{R^*}{R_0^*}\right)^5 - \left(\frac{R^*}{R_0^*}\right)^3 = \frac{9\sqrt{6}}{16} \cdot \frac{N^{1/2} v_c}{a^3}$$

となる．N が大きなところでは $R^* \gg R_0^*$ を用いて左辺第2項を無視すれば

$$R^* \simeq R_0^* \left(\frac{N^{1/2} v_c}{a^3}\right)^{1/5} \tag{14.20}$$

である．さらにこれは (14.14) 式 $R_0^* \propto N^{1/2}$ を考慮すれば

$$R^* \propto N^{3/5} \tag{14.21}$$

という結果を得る．実験の結果は高分子の広がりがおおよそ

$$(R^*)_{\mathrm{exp}} \propto N^{0.588} \tag{14.22}$$

と振る舞い，上の粗い議論が体積排除効果の物理的描像として正しいことを示している．

14.4.2 排除体積の温度依存性

排除体積 v_c は高分子鎖の幾何学的な形状 (高分子鎖のコアによる斥力部分) からだけで決まるのではなく熱力学的な量である．すなわち高分子鎖の状態数数え上げの際，セグメント間の相互作用を含む $\mathrm{e}^{-E(R)/k_B T}$ の項から出てくる．高温ではこの効果は効かず，低温では高分子鎖の引力によって排除体積を打ち消すという形で現れてくる．

引力ポテンシャルとコアによる斥力部分との競合は溶媒や温度により決まり，温度が高く ($T > \theta$) なれば斥力が勝ち他のセグメントは押し出される (**良溶媒**：溶媒によく溶ける)．一方低温 ($T < \theta$) では引力の効果が勝ち鎖は収縮する (**貧溶媒**：溶媒に溶けにくい)．温度 θ を**テータ温度**といい，この温度で引力の効果

と斥力の効果が打ち消し合って排除体積は消え理想的なガウス鎖として振る舞う．これをまとめて

$$v_c = \frac{4\pi}{3}\sigma_0^3\left(1-\frac{\theta}{T}\right) = v_c^0\left(1-\frac{\theta}{T}\right) = v_c^0\tau \tag{14.23}$$
$$\tau = \left(1-\frac{\theta}{T}\right)$$

と書く．σ_0 は斥力コアを表す剛体球半径であり，また引力ポテンシャルが深ければ θ は大きくなる．

■ 有限の地球：地球温暖化

　現在地球の温室効果は深刻な問題となっている．大気を構成する気体のうちでも，特に水蒸気と二酸化炭素は赤外線を吸収しやすく，温室効果への影響が大きい．大気中の二酸化炭素濃度は，産業革命以後それまでの変化に比して (1800 年の 200 ppm 程度から 2000 年の 370 ppm まで) 急激に上昇している．これは，化石燃料の大量消費など人為的な活動が主な原因と考えられている．地球の平均気温は過去一世紀の間に 0.6 ℃ ± 0.2 ℃ほど上昇しており，やはり過去の変化に比して顕著である．

　二酸化炭素濃度の上昇と平均気温の上昇の間にある因果関係については，科学者間でさまざまな議論がある．1970 年代半ば以降の二酸化炭素濃度の急上昇と地球上の平均気温の上昇という事実の符合からだけでは，それらのどちらが原因でどちらが結果かは言い難い．争点の 1 つは，二酸化炭素 (地球大気中 370 ppm = 0.037 %) よりも圧倒的に多い水蒸気 (場所と季節で大きく変わるが、おおよそ 0.1〜1 %) の影響をどう評価するかである．これに対して多数の観測結果やシミュレーションの結果に基づき，「気候変動に関する政府間パネル第 4 次評価報告書 (2007)」で二酸化炭素の人為的増加が地球温暖化の (ほとんど確実に) 主たる原因であると結論づけている．

　地球環境に配慮した快適な日常生活を維持するためには，将来も化石燃料に大部分を依存することはできない．太陽光発電，小規模の水力発電，バイオエネルギーなどの再生可能エネルギーなど，あるいは，原子力発電を含むエネルギー利用の多様性と効率向上を目指した技術開発が重要である．

14 章の問題

☐ **1** 1次元格子モデルを用いて，N 個のボンドからなる高分子の両端間の距離の 2 乗平均を求めよ．

☐ **2** 自由回転鎖の (14.7), (14.8) 式を導け．

15 ソフトマターの物性

　第 14 章では高分子の構造とそのモデルについて学んだ．この章では高分子の運動に特徴的である分子鎖の絡み合いおよび物性，特にスケーリングという考え方について学ぶ．
　ソフトマターは今後さらに応用面で確実に重要になる．物理現象としては，固体物性と大きな違いはないと思う．ただし，固体になくてソフトマターにある物性，すなわち可塑性とそれぞれの単位が (固体の場合には原子であったが) 分子であり，しかもそれらが大きくてもよい，形の異方性と体積排除効果などが避けられない，といった面が絡んだ性質が興味深く，われわれにとって未知の現象がまだまだ存在する可能性がある．

---

15 章で学ぶ概念・キーワード
- ゴム弾性，協同拡散，レプテーション運動
- ゲル，膨潤，ゾル・ゲル転移，粘弾性
- 応力緩和，クリープ，高分子半導体

15.1　1本の高分子鎖

15.1.1　高分子鎖の張力：ゴム弾性

理想鎖 (ガウス鎖) の形態の数 $W(R, N)$ は (14.12) 式の分布確率 $P(R, N)$ に比例するのでエントロピーは

$$S = k_B \ln W(R, N) = -\frac{3k_B R^2}{2Na^2} + 定数 \tag{15.1}$$

である．折りたたまれた鎖を伸ばしても鎖の内部エネルギーは変化しないとすれば，高分子鎖の張力 f は伸びによるエントロピーの変化が担い，

$$f = -T\frac{\partial S}{\partial R} = \frac{3k_B T}{Na^2} R \tag{15.2}$$

となる．これは伸び R に比例するから，高分子鎖の張力はフックの法則に従う．バネ係数 $3k_B T/Na^2$ は温度に比例して大きくなる．張力の原因が分子間力ではなくエントロピーによるもので，高温になるに伴いセグメントの熱運動が活発になり張力が増えるからである．これを**ゴム弾性**あるいは**エントロピー弾性**という．ゴム弾性に対して，一般の固体の弾性は分子間相互作用エネルギーによるため**エネルギー弾性**ということもある．

15.1.2　排除体積効果と高分子鎖の形態

高分子鎖は高温では広がっていくが，全体が一様に広がるのではなく，いくつかのつながったセグメントが互いに斥力をおよぼしながら全体としてガウス鎖としての性質を示す．このまとまったいくつかのセグメントのグループを**ブロッブ** (blob) という (図 15.1(a))．したがって高温では高分子鎖はちょうどブロッブが数珠のようにつながった形をとっていると理解すればよい．低温領域ではブロッブ同士が引力で互いに引き合って全体として密に充填された形態をとる (図 15.1(b))．通常これらの 2 つの形態は連続的に移り変わるが分子量の非常に大きな高分子の溶液では温度によって急激で不連続な転移を見せる．これを**コイル・グロビュール転移**と呼ぶ．

15.1 1本の高分子鎖

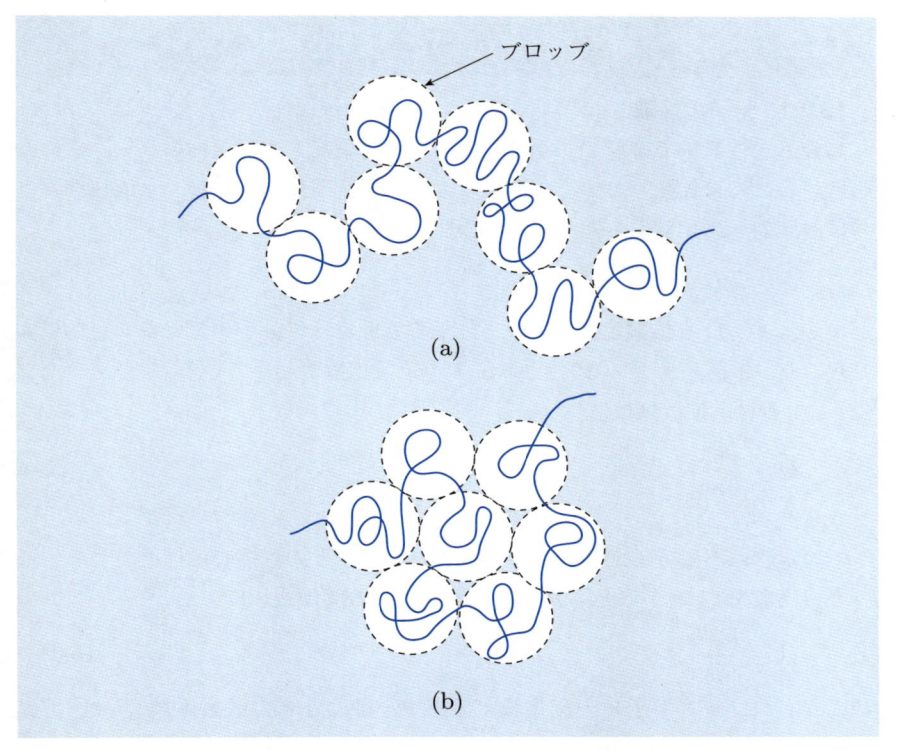

ブロップ

(a)

(b)

図 15.1 高分子の形態. (a) 高温, (b) 低温

15.2 高分子鎖の絡み合いと分子運動

15.2.1 分子の拡散

高分子が溶液中で濃度が一様でないとき，溶質高分子は濃度の高いところから低いところに拡散していく．拡散の流速を J，濃度を c と書くと流速ベクトルは濃度勾配に比例し (**フィックの定理**)

$$J = -D\nabla c \tag{15.3}$$

と書かれる．D を**拡散定数**という．分子の拡散はその分子のブラウン運動により起こり，単位ステップ時間 τ に a_0 の単位で拡散が起きている (拡散ステップ長) とすると，拡散係数は

$$D = \frac{a_0^2}{6\tau}$$

となる．

拡散定数は溶質分子が移動するときの溶媒分子との摩擦に関連している．この摩擦係数を ξ_0 とすると，**アインシュタインの関係式**

$$D = \frac{k_B T}{\xi_0} \tag{15.4}$$

が成り立つ．一方半径 a の剛体球が溶媒中を動くときの摩擦係数 ξ_0 は，溶媒の**粘性係数**を η_0 とすると

$$\xi_0 = 6\pi a \eta_0$$

で与えられる．高分子の場合には剛体ではないが半径 R_H の等価な球に置き換えて

$$\xi_0 = 6\pi R_H \eta_0 \tag{15.5}$$

と書くことができる．

15.2.2 分子鎖の協同拡散

高分子鎖が溶媒中で濃度が一様でないとき濃度の高いところから低いところに拡散していく．分子鎖はお互いに絡まり合っているので自由に動くことはできない (トポロジー的制限)．高分子鎖は網目のすき間 d 程度 (これを相関長という) の空間に広がったひと連なりのブロブを単位としてそれが数珠のよう

につながりそれがまた絡み合っている (図 15.2). 各ブロブ内では各々のモノマーは直接溶媒と接触し孤立した高分子鎖と同じように振る舞う.

絡み合った高分子鎖の各ブロブは両端のセグメントを固定したまま網目のすき間の大きさ d 程度動くことができ, そのようにして全体を一様な濃度にしようとする. したがってこのような濃度拡散の係数 D_c はアインシュタインの関係式から

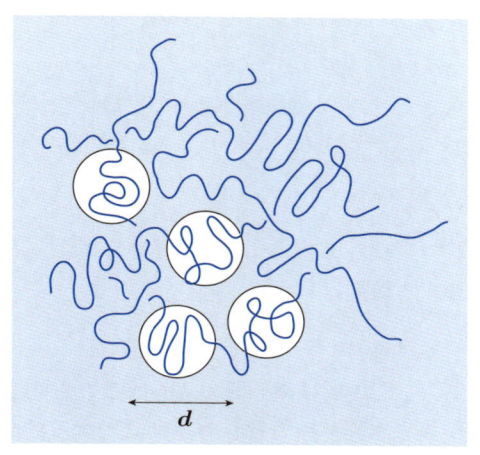

図 15.2 高分子鎖の絡み合いと相関長 d

$$D_c = \frac{k_B T}{\xi_d}, \quad \xi_d = 6\pi\eta_0 d \tag{15.6}$$

と書くことができる. η_0 は溶媒の粘性係数である. このように高分子鎖全体が絡まり合ったまま濃度を一様にしようと揺れる運動を**協同拡散モード (ゲルモード)** と呼ぶ.

15.2.3 分子鎖のレプテーション運動

絡み合った高分子鎖のもう1つの運動はブロブが数珠つなぎになって閉じ込められた管状領域を蛇がはうように管に沿って移動するものである. 管の全

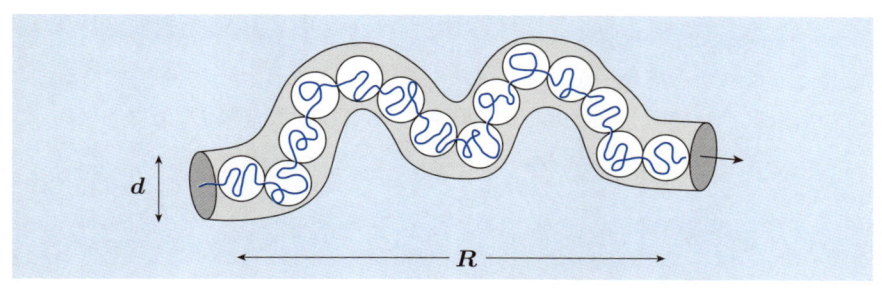

図 15.3 レプテーション運動：相関長 d と同じ程度の径の広がりを持ったチューブとその中を運動する高分子鎖. 高分子の全体の長さは L, 慣性半径は R.

長を L であるとすると**全摩擦抵抗係数**は

$$\xi_L = 6\pi\eta_0 L = \xi_d \frac{L}{d} \tag{15.7}$$

である．したがってこの運動の拡散係数は

$$D_t = \frac{k_B T}{\xi_L} \tag{15.8}$$

となる．

管の全長が L であるから分子が L だけ移動しこの管がなくなってしまうまでに要する時間は

$$\tau_t = \frac{L^2}{D_t} \tag{15.9}$$

である．この間に高分子の重心はその慣性半径 R だけしか移動していない．したがって高分子鎖の重心の運動に対する拡散定数は

$$D_{rep} = \frac{R^2}{\tau_t} \tag{15.10}$$

となる．このように高分子鎖が障害を避けながら管に沿って進む運動を，蛇がはう運動にたとえて**レプテーション** (reptation) という．

関係

$$R^2 = Ld$$

を用いれば (15.9), (15.10) 式から

$$D_{rep} \simeq \frac{D_t}{\frac{L}{d}} \tag{15.11}$$

である．$D_t \simeq k_B T/\xi_L$ であるから

$$\tau_t = \frac{\xi_d}{k_B T} d^2 \left(\frac{L}{d}\right)^3, \quad D_{rep} = \frac{k_B T}{\xi_d}\left(\frac{L}{d}\right)^{-2} \tag{15.12}$$

を得る．これから高分子鎖のセグメント数を N とすると，$L \propto N$ であることを用いれば，レプテーションの緩和時間 τ_t および拡散定数 D_{rep} は

$$\tau_t \propto N^3 \tag{15.13}$$

$$D_{rep} \propto N^{-2} \tag{15.14}$$

で変化する．すなわち分子量が増えるとレプテーションの緩和時間は分子量の3乗に比例して長くなり，拡散係数は分子量の2乗に逆比例して小さくなる．

15.3 高分子ネットワーク

15.3.1 ゲルと膨潤

多数の高分子鎖の間が架橋でつながり3次元的な無限の網目を**ゲル**という．ゲルは古くからの食材 (こんにゃく，寒天，ゼリー) や吸水材を用いたオムツなどに広く用いられている．ゲルは架橋の強さにより，強い共有結合で架橋した**化学ゲル**と熱エネルギー程度の弱い相互作用 (ファンデルワールス結合，水素結合) で架橋した**物理ゲル**とに分けられる．物理ゲルは分子運動の過程で架橋がつながったり切れたりし，温度や溶液の濃度調整でゲルの形成を調整し可逆的にコントロールできる．また観測時間の長短により網目構造が凍結したりあるいは架橋が生成消滅しているように見える．

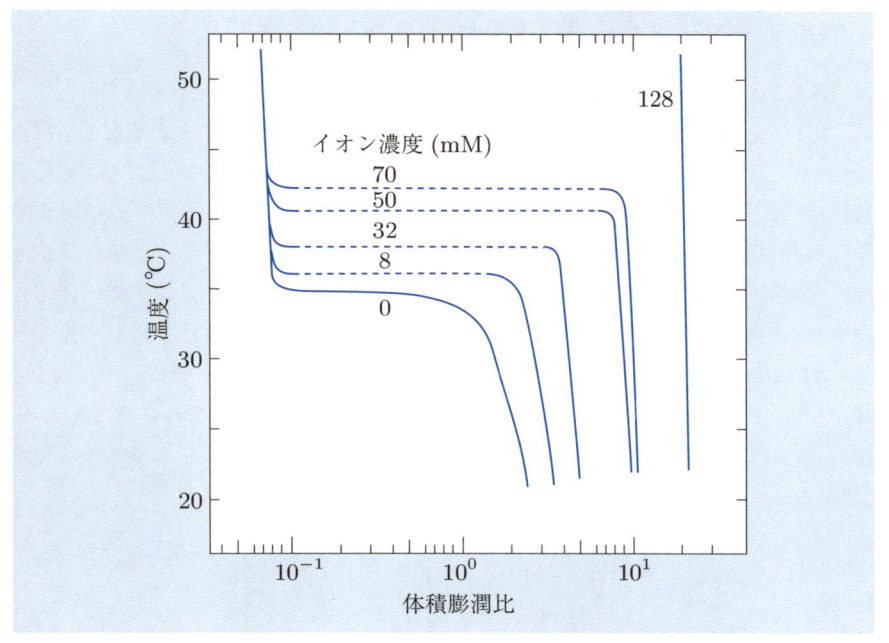

図 15.4 架橋ポリイソプロピルアクリルアミドゲルの水溶液の体積の温度変化．S.Hirotsu, Y.Hirokawa and T.Tanaka J.Chem. Phys. **35**, 237 (1986) より．

乾燥したゲルを溶媒中に浸すとゲルは溶媒を網目の中に抱え込み体積が大きくなる．このように網目の中に溶媒を抱え込んで膨らんだ状態を**膨潤**という．ゲルの生成する時点を**ゲル化点**という．一方，網目状につながらない分子量の小さい可溶性ポリマーを**ゾル**という．ゲル化点では網目は無限に広がると同時にゾルも大量に含んでいる．

ゲルの膨潤が起こるのは，高分子と溶媒の混合系の自由エネルギーを安定化させるためである．高分子系が架橋されていなければそれは自由エネルギー (混合のエントロピーからの寄与) を下げるため溶媒と溶け合い，全体が一様な混合溶液となる．高分子系が架橋され網目構造をとっていれば一様になろうとしてゲルは溶媒を吸い込み，高分子網目の弾性エネルギーとつり合ったところで全体の平衡に達する．これがゲルの膨潤である．

さまざまな高分子溶媒系で**ゲル化反応** (**ゾル・ゲル転移**) あるいはゲルの膨潤の体積の不連続な変化 (体積相転移) が見られる．

15.3.2 ゴム弾性

ゴムは金属に比べると弾性率は 10^{-5} も小さくまた切れることなく数100％も伸ばすことができる．(15.1) 式に示したように，1次元高分子鎖の張力は分子間引力によるのではなくエントロピーによるものであり，エントロピー弾性あるいはゴム弾性という．ゴム弾性の張力は温度と高分子鎖の両端間距離に比例する．架橋を持った高分子でもこのような弾性を持った鎖が網目状に継ったものであるから，同様なゴム弾性を示す．(15.1) 式から1つの高分子鎖がバネ定数 $k = 3k_B T/Na^2$ のバネとして働くことが分かる．この系は平衡状態では $\sqrt{N}a$ 程度のひろがりを持っているのに，伸ばすと Na になる．すなわち系は $\sqrt{N}$ 倍にもなるということであり，これがゴムを数100％も伸ばすことができる理由である．

15.4 粘弾性（レオロジー）

　物質に外力を働かせるとそれに応じて物質は変形する．固体では小変形のもとでは弾性変形を示し，大変形に対しては塑性変形を示す．これに対して高分子物質の力学的性質は時間依存性を示し，外力を取り去った後も変形がすぐに消滅して元に戻るということがなく時間をかけて変形が消滅する．これを**弾性余効変形**という．

　高分子物質は多くの場合液体としての特徴を備えている．これが弾性余効の原因である．液体としての特徴とは大きな粘性を持って流動するということである．z–x面に平行な2平面間をx方向に流れる液体の粘性率ηは，せん断応力σ_{xy}と速度勾配$\partial v_x/\partial y$の比

$$\eta = \frac{\sigma_{xy}}{\partial v_x/\partial y} \tag{15.15}$$

で定義される．粘性率は液体中でのエネルギー散逸と結びついて粘性流体の流れの中で単位体積中で単位時間に発生する熱量が$\eta(\partial v_x/\partial y)^2$で与えられる．

　高分子物質は弾性と粘性をともに備えているのがその特徴でありこのような物質を粘弾性体と呼ぶ．粘弾性は弾性をバネで，粘性は液体中を抵抗の大きい

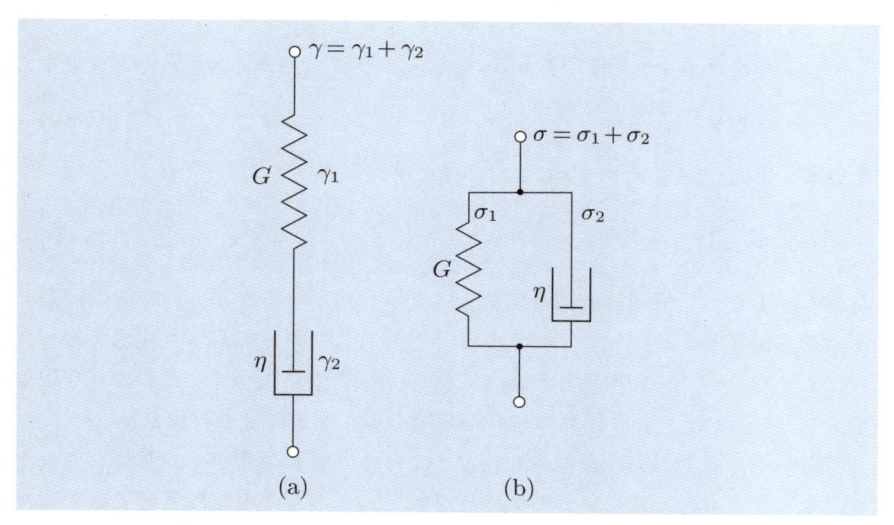

図 15.5 (a) マクスウェル模型，(b) フォークト模型

板が上下するダッシュポットで表現される．この2つが直列で組み合わされたモデルと並列で組み合わされたモデルが可能である．前者を**マクスウェル模型**，後者を**フォークト模型**という．

バネ定数を G，ダッシュポットの粘性係数を η，応力を σ，変形を γ とする．マクスウェル模型ではバネとダッシュポットの変形を各々 γ_1, γ_2 とすると

$$\gamma = \gamma_1 + \gamma_2, \quad \sigma = G\gamma_1 = \eta \frac{d\gamma_2}{dt} \tag{15.16}$$

である．これから

$$\frac{d\gamma}{dt} = \frac{1}{G} \cdot \frac{d\sigma}{dt} + \frac{\sigma}{\eta} \tag{15.17}$$

を得る．これより時刻 $t=0$ で瞬間的に歪みを加えてそれを保持したときの時間変化を求めると，$t>0$ で $d\gamma/dt = 0$ を解き

$$\sigma = \gamma_0 G e^{-t/\tau}, \quad \tau = \frac{\eta}{G} \tag{15.18}$$

となる．最初に変形 γ_0 を与えたとき変形はほとんどバネ部分で担いダッシュポットは変形しない．しかし十分時間が経つとダッシュポットが適当に変形し，応力 σ が時間に関して指数関数的に減衰していく．これを応力緩和という．$t \ll \tau$ では応力はほぼ一定で弾性的であるとみなせるが，時間が経って $t \gg \tau$ では応力は緩和しほぼ液体的とみなせる振舞いを見せる（図 15.6(a)）．

同じようにフォークト模型を $\sigma = \sigma_1 + \sigma_2$，$\gamma = \gamma_1 = \gamma_2$ のもとで書き下すと

$$\sigma = G\gamma + \eta \frac{d\gamma}{dt} \tag{15.19}$$

を得る．応力一定 $\sigma = \sigma_0$ のもとでこれを解くと歪み γ として

$$\gamma = \frac{\sigma_0}{G}(1 - e^{-t/\tau}), \quad \tau = \frac{\eta}{G} \tag{15.20}$$

を得る．すなわち最初は変形せず荷重はダッシュポットが担う．時間の経過に伴い荷重はダッシュポットとバネとで分け持ちしたがってバネも変形する．これにより $t \sim \tau$ で γ が増加し $t \gg \tau$ で歪みが平衡値に近づく．このような現象をクリープという．τ は延びの遅れの時間を表し遅延時間と呼ばれる．

実際の系は以上のような簡単なモデル，たとえば緩和時間が1つしかないモデル，で表せるものではない．時間 t を対数でとったものの関数として緩和弾性率 $G = \sigma/\gamma_0$（$\gamma = \gamma_0 e^{i\omega t}$）の対数を縦軸に，無定形高分子の粘弾性の振舞いを

15.4 粘弾性 (レオロジー)

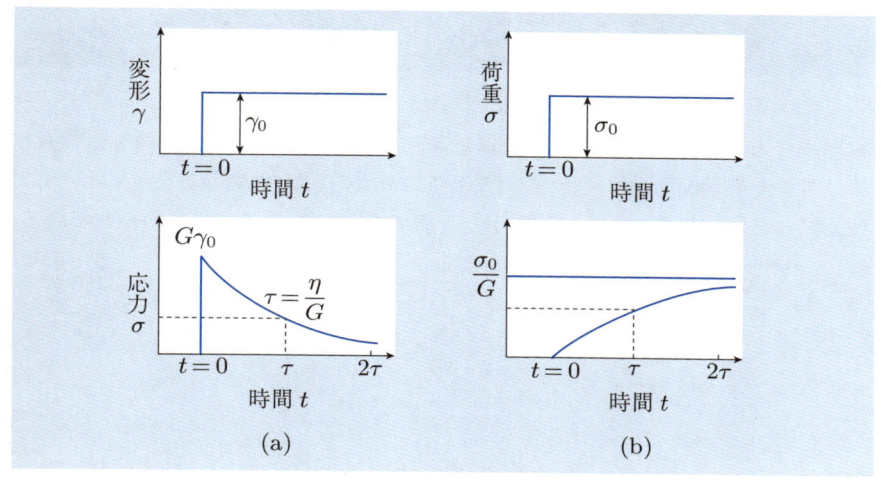

図 15.6 (a) 応力緩和, (b) クリープ

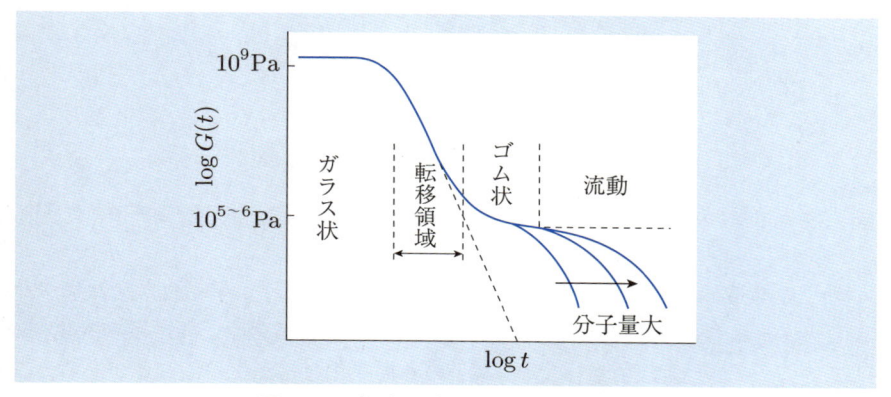

図 15.7 無定形高分子の粘弾性挙動

図 15.7 に示す．弾性率の変化は**ガラス域，ガラス転移領域，ゴム状域，流動域**の 4 つに分けられる．短い時間では高分子は外部の動的変化に追随できず固体のように振る舞う (ガラス域) が，十分長い時間に対しては高分子網目の絡み合いによるゴム状の振舞いを示す．やがてさらに長い時間に対しては高分子の絡み合いが解けてマクロな流動 (流動域) を示すようになる．ゴム状域の広さは高分子の分子量にあらわに依存し，分子量を大きくしていくと G はほぼ一定のままゴム状域が長時間側に伸びていく．

15.5　高分子物質の電子物性

これまで電気を通す物質として，われわれは金属あるいは半導体について学んだ．一方，高分子物質は電気を通さないものとして理解され，高分子物質はポリエチレンやベークライト (フェノールとホルマリンの反応によってできる樹脂，フェノール樹脂) あるいはエポキシ樹脂などは絶縁体として知られている．

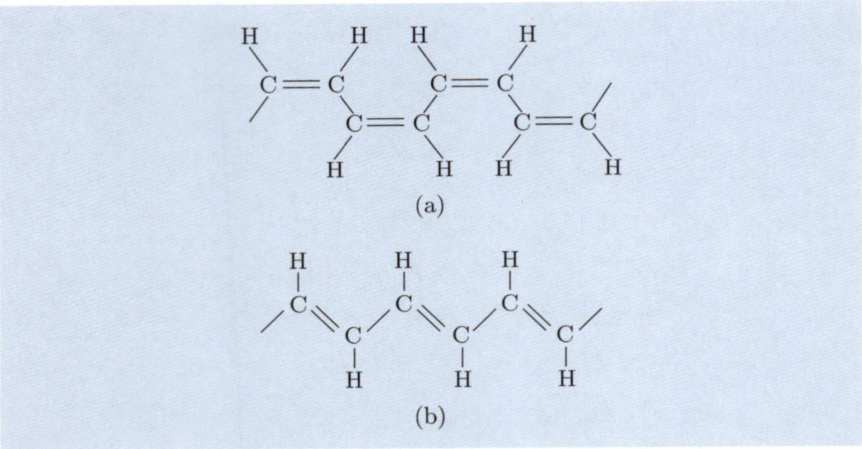

図 15.8　ポリアセチレンの (a) トランスおよび (b) シス構造．共役型高分子の典型例．

分子の構造で，**不飽和結合** (2 重結合，3 重結合など) と単結合が交互につながると，π 結合の電子の相互作用により，構造変化 (結合原子間距離の変化) による安定化 (たとえば **2 量体化**) や電子の非局在化などが生じることがある．このような系を**共役系** (多重結合の共役系) **高分子**と呼ぶ．ポリアセチレン，ポリチオフェン，ポリアニリンなどがある．これまで有機化合物に対して半導体と同じようなキャリア・ドーピングが可能であるとは考えられていなかった．これを行ったのが，日本の白川英樹博士らである (2000 年ノーベル化学賞受賞)．ポリアセチレンにヨウ素などをアクセプターとして添加するかあるいはアルカリ金属などをドナーとして添加することにより π 軌道の欠陥を作り，それにより高い導電性を付与することができる．一般に共役系高分子はドーピングによって急激に導電性を上げることができる (**伝導性高分子**，**高分子半導体**)．

ポリビニルカルバゾール (PVK) は TCNQ(テトラシアノキノジメタン) やトラチオフルバレン (TTF) などの**電子受容性有機分子**を少量ドープすることにより導電率を上げ，さらに可視光を吸収する増感剤 (**色素**) を加えることにより，可視光線感光体として利用することもできる．

極性のある基を持った高分子結晶では，結晶構造によっては分子の双極子モーメントの配向をそろえることが可能である．これらの系では**圧電性高分子**として結晶の変形と電場がカップルする．またこれらの現象が温度依存性を持って焦電性を示すことがある．ポリフッ化ビニリデンがその例である．

液晶には単位の構造が異方的であるため配列 (配向) も異方的であり，そのため全体として多様な構造が現れる．また液晶分子が大きな電気双極子モーメントを持つものもある．これらは強誘電性，反強誘電性のさまざまな性質を温度や溶媒，あるいは外部電場などに応じて示し，また制御することができる．

上記の現象およびその理論は，これまで結晶について説明してきた事柄と共通性も多く，あるいは同様に取り扱うことが可能である．その意味では分子の形と配向という高分子特有の問題を除けば，同じ枠の中で同じように議論をすることができる．しかし，高分子材料は大きく薄い膜を作ることができ，またそれらは曲げることもでき，さらには印刷技術を使って成形することができるなど，固体とは異なった有用な特性もあり，基礎および応用の両面からこれらの研究がますます盛んになることは確実である．

15 章の問題

☐ **1** ゲルを身のまわりに探してみよう．

☐ **2** 1 次元空間で長さ b の棒が N 個ある．これを端同士をつなぎ折りたたんだとき，± 向きにある棒をそれぞれ n_+, n_- 個ずつあるとする．配置の数を求め分配関数を計算せよ．($n_\pm \gg 1$ としてスターリングの公式 $n! \sim n^n e^{-n}$ を用いよ) これからゴム弾性を議論せよ．

問題の解答

第1章

1 光スペクトルの色，波長，エネルギーを表にする．波長をエネルギーに換算するには式 (1.10) を用いる．

色	波長 (nm ナノメートル)	エネルギー (eV)
赤	780〜 620	1.6 〜 2.0
黄	580〜 576	2.1 〜 2.2
緑	530〜 498	2.3 〜 2.5
青	483〜 455	2.6 〜 2.7
紫	430〜 380	2.9 〜 3.3

2 宇宙の年齢は約 120 億年といわれている．また現在観測されている最も離れた宇宙の電波源 (クエーサーという) が約百数十億光年離れていると考えられている．その距離は約 10^{26} m ということになる．これが今日確認され得る限りの宇宙の大きさ (の下限) である．さらに宇宙は光速に近い速度で膨張を続けている．太陽系の広がり (冥王星の軌道の直径) が約 100 億キロメートル (10^{13} m) である．一方，細胞の大きさが約 10^{-5} m，DNA の 2 重らせんの全長が 20 〜 30 μm，さらに原子の広がりが 10^{-10} m，原子核の大きさは 10^{-13} m ぐらいである．現在考え得る長さの最小のものはプランク長さと呼ばれるもので 10^{-35} m 程度のものである．

3 気体分子がマクスウェル分布をしているとすると

$$f(v) = N \left(\frac{m\beta}{2\pi}\right)^{3/2} \exp\left(-\frac{m\beta}{2}v^2\right), \quad \beta = 1/k_B T$$

となる．3 次元の方向を考慮して速度の分布は

$$F(v) = N \left(\frac{m\beta}{2\pi}\right)^{3/2} \exp\left(-\frac{m\beta}{2}v^2\right) 4\pi v^2$$

である．この分布関数の最大ピークは $dF/dv = 0$，すなわち

$$v_{max} = \sqrt{\frac{2k_B T}{m}} = \sqrt{\frac{2}{3}}\sqrt{\frac{3k_B T}{m}}$$

にある. よってマクスウェル分布をしている 300 K の酸素分子の速度分布の最大ピークにおける速度は

$$v_{max} = 395\,\text{m}.$$

第2章

1 結晶以外にも植物の花弁や枝のつき方の構造, クラゲやヒトデなどの単純な生物, 蜂の巣, 寒い土地で窓ガラスにつく氷の模様, など自然の中に幾何学的模様を見出すことができる. 大きなものでは, 砂丘の風紋や山で見る樹木の縞枯れなど風が作るパターンなどにも面白いものがたくさんある. また墨流しや昔からある刺繍や伝統的な織物, 建築物の中に使われている装飾模様などにもさまざまな周期的あるいは非周期的な模様が活かされている. ヘルマン・ワイルの「シンメトリー」(紀伊国屋書店), C.H. マックギラフィの「エッシャー シンメトリーの世界」(サイエンス社) などを見ると楽しい.

2 単純立方格子 sc の場合, 格子定数を a とすれば互いに接して配置した剛体球の半径は $a/2$ である. sc では単位胞に球は 1 つだけである. 単位胞の体積は a^3, 球の体積は $4\pi(a/2)^3/3$ であるから, 体積充填率は $4\pi(1/2)^3/3 = \pi/6$ となる. bcc, fcc, hcp の場合も同様.

3 省略

4 省略

5 第 3 章参照

6

$$2\left[1 - \frac{1}{2} + \frac{1}{3} - \frac{1}{4} + \frac{1}{5} - \frac{1}{6} + \cdots\right] = 2\log 2$$

第3章

1 省略

2 fcc 結晶では単位胞内の原子は (000), $\left(0\frac{1}{2}\frac{1}{2}\right)$, $\left(\frac{1}{2}0\frac{1}{2}\right)$, $\left(\frac{1}{2}\frac{1}{2}0\right)$ にあるから, 構造因子 $S_{hkl} = f\{1 + e^{i\pi(k+l)} + e^{i\pi(l+h)} + e^{i\pi(h+k)}\}$ となる. したがって 3 つの指数 h, k, l のうち 1 つだけが奇数または偶数であるなら散乱は起こらない.

3 ダイヤモンド構造の単位胞を立方格子 (図2.6) にとる．ブラッグ散乱は h, k, l がすべて偶数の場合には $h+k+l=4n$ (n は整数) のときあるいは h, k, l がすべて奇数のときだけおきて他の場合には散乱は起こらない．

4 転位線は結晶内で閉じた輪を作るかあるいは結晶表面に出るかのいずれの場合のみ消え，転位線が結晶内で終わることはない．3次元的な格子を描いてみれば分かるであろう．

第4章

1 τ_{ik} は i 軸に垂直な面に働く k 方向の力，τ_{ki} は k 軸に垂直な面に働く i 方向の力であるからこの両者が等しくないと固体内の微小体積要素は (i でも k でもない) もう1つの軸を回転軸として回転してしまう．

2 たとえば Ni を例にとれば結晶軸方向に進む縦波弾性波の速度は

$$v_0 = \left(\frac{c_{11}}{\rho_0}\right)^{1/2} = \sqrt{\frac{2.48 \times 10^5}{8.91 \times 10^{-3}}} = 5275 \,\mathrm{m/s}$$

3 Ni, Cu, W などの金属と共有結合物質 Si やイオン結晶 NaCl とでは，この順で強度と脆さが理解できる．Ca はやわらかい金属でしたがって弾性定数は小さい．また金属は他と比べて異方性が小さい．

第5章

1 縦波は圧縮あるいは延びに関わる弾性波であるが，一方横波ではズレの力 (すなわち原子間距離は変わらない) が関与する．原子間の力で圧縮 (延び) に関する力のほうがズレの力より大きいのが普通である．

2 デバイ温度程度で固体の比熱は，古典的なデューロン・プティの法則に従う領域に変わる．デバイ温度は Na 158 K，K 91 K，Fe 470 K，Si 645 K，C 2230 K である．

3 各原子の番号を (l, m) として，その原子の変位を $u_{l,m}$ と書く．最近接原子同士しか相互作用しないとして運動方程式は

$$M\frac{d^2 u_{lm}}{dt^2} = K\{(u_{l+1,m} + u_{l-1,m} - 2u_{lm}) + (u_{l,m+1} + u_{l,m-1} - 2u_{l,m})\}$$

である．これから振動の解として

$$u_{lm} = u^0 \exp\{\mathrm{i}(k_x a + k_y a - \omega t)\}$$
$$\omega^2 = \frac{2K}{M}(2 - \cos k_x a - \cos k_y a)$$

を得る.

4 アインシュタイン模型では角振動数は一定 (ω_0) で振動子の総数は $3N$ であるから内部エネルギーは

$$U = 3N \frac{\hbar\omega_0}{\exp\left(\dfrac{\hbar\omega_0}{k_B T}\right) - 1}$$

したがって比熱は

$$C_v = 3Nk_B \frac{\exp(\hbar\omega_0/k_B T)}{\left(\exp\left(\dfrac{\hbar\omega_0}{k_B T}\right) - 1\right)^2} \left(\frac{\hbar\omega_0}{k_B T}\right)^2$$

となる．これは低温での固体の比熱の実験結果とは一致しない．

第6章

1 束縛状態を考えるのだから，$V_0 < 0$ および固有エネルギーを $E < 0$ とし，また $E + V_0 > 0$ とする.

$$k^2 = \frac{2m(E + V_0)}{\hbar^2}, \quad k'^2 = \frac{2m(-E)}{\hbar^2}$$

とするとシュレーディンガー方程式は

$$\frac{d^2}{dx^2}\psi + k^2\psi = 0 \quad (|x| < a/2)$$
$$\frac{d^2}{dx^2}\psi - k'^2\psi = 0 \quad (|x| > a/2)$$

となる．これらの解のうち境界条件を満足しかつ束縛状態となるものは

$$\psi(x) = \begin{cases} C_1 \exp(+k'x) & (x < -a/2) \\ D_1 \cos(kx) + D_2 \sin(kx) & (|x| < a/2) \\ C_2 \exp(-k'x) & (x > a/2) \end{cases}$$

である．さらにこれらをパリティが偶の解 ψ_e と奇の解 ψ_o に分けてまとめつと

$$\psi_o(x) = \begin{cases} B \exp(+k'x) & (x < -a/2) \\ A \sin(kx) & (|x| < a/2) \\ -B \exp(-k'x) & (x > a/2) \end{cases}$$

となる．$x = \pm a/2$ で解がなめらかに接続することからパリティが偶あるいは奇の解について，

$$\begin{cases} k\tan(ka) = k' & (\text{偶}) \\ k\cot(ka) = -k' & (\text{奇}) \end{cases}$$

を得る．これが固有エネルギーを決定する方程式である．波動関数の係数 A, B は接続条件および波動関数の規格化条件により決められる．

2 $[\hat{\ell}_x, \hat{\ell}_y]$

$$= \left(\frac{\hbar}{i}\right)^2 \left\{ \left(y\frac{\partial}{\partial z} - z\frac{\partial}{\partial y}\right)\left(z\frac{\partial}{\partial x} - x\frac{\partial}{\partial z}\right) - \left(z\frac{\partial}{\partial x} - x\frac{\partial}{\partial z}\right)\left(y\frac{\partial}{\partial z} - z\frac{\partial}{\partial y}\right) \right\}$$

$$= \left(\frac{\hbar}{i}\right)^2 \left\{ y\frac{\partial}{\partial x} - x\frac{\partial}{\partial y} \right\} = i\hbar\hat{\ell}_z$$

同様に $[\hat{\ell}_y, \hat{\ell}_z] = i\hbar\hat{\ell}_x$, $[\hat{\ell}_z, \hat{\ell}_x] = i\hbar\hat{\ell}_y$ も示される．

3 極座標 r, θ, ϕ

$$x = r\sin\theta\cos\phi$$
$$y = r\sin\theta\sin\phi$$
$$z = r\cos\theta$$

を用いると

$$\hat{\ell}_x = i\hbar\left(\sin\phi\frac{\partial}{\partial\theta} + \cot\theta\cos\phi\frac{\partial}{\partial\phi}\right)$$

$$\hat{\ell}_y = i\hbar\left(-\cos\phi\frac{\partial}{\partial\theta} + \cot\theta\sin\phi\frac{\partial}{\partial\phi}\right)$$

$$\hat{\ell}_z = -i\hbar\frac{\partial}{\partial\phi}$$

$$\hat{\ell}^2 = -\hbar^2\left[\frac{1}{\sin\theta}\frac{\partial}{\partial\theta}\left(\sin\theta\frac{\partial}{\partial\theta}\right) + \frac{1}{\sin^2\theta}\frac{\partial^2}{\partial\phi^2}\right]$$

となる．

4 自由なフェルミ粒子に対する大正準集合の状態和は

$$Z = \sum_{\{n_r=0,1\}} \exp\left\{-\beta\left(\sum_r e_r n_r - \mu\sum_r n_r\right)\right\} = \Pi_r\left(1 + e^{-\beta(e_r-\mu)}\right)$$

である．熱力学ポテンシャルは

$$\Omega = -\frac{1}{\beta}\ln Z = -\frac{1}{\beta}\sum_r \ln\left(1 + e^{-\beta(e_r-\mu)}\right)$$

また分布関数は

$$f(e_r) = \frac{1}{e^{\beta(e_r-\mu)} + 1}$$

となる．化学ポテンシャル μ は
$$\sum_r f(e_r) = N$$
により決められる．

第7章

1 1次元結晶の場合には $\pm a$ に最近接原子が位置するからタイトバインディング近似でのエネルギーは
$$E(\boldsymbol{k}) = E_0 + 2\cos(ka).$$

2 Na および Cl イオンの孤立イオン準位をそれぞれ E_{Na}, E_{Cl} とし，2 つの準位間のとび移り積分を t_0 とする．$t(\boldsymbol{k}) = 2t_0(\cos k_x a + \cos k_y a + \cos k_z a)$ とすると NaCl 結晶のタイトバインディング近似での固有値方程式は，
$$\begin{vmatrix} E_{Na} & t(\boldsymbol{k}) \\ t(\boldsymbol{k}) & E_{Cl} \end{vmatrix}$$
である．したがってエネルギー固有値は
$$E^\pm(\boldsymbol{k}) = \frac{1}{2}\left\{(E_{Na} + E_{Cl}) \pm \sqrt{(E_{Na} - E_{Cl})^2 + t(\boldsymbol{k})^2}\right\}$$
となる．

第8章

1 アボガドロ数 0.6022×10^{24}，原子量を A，重量密度を ρ $(\mathrm{kg\,m}^3)$ とし，1 原子あたりの価電子数を Z とすると，電子数密度は $n\ (\mathrm{m}^{-3}) = 0.6022 \times 10^{24} Z\rho/(A \times 10^{-3})$ であるからたとえば Na では $n = 0.6022 \times 10^{24} \times 1 \times (1.012 \times 10^3)/(22.99 \times 10^{-3}) = 2.65 \times 10^{28}\ \mathrm{m}^{-3}$ である．平均原子量，自由電子密度およびプラズマ振動数は表の通り．実験的に観測されるプラズマ振動数はこれらより小さいが，それはプラズマ振動に寄与する電子が結晶のポテンシャルや電子間相互作用を反映して完全には自由電子ではないことによる．

	平均原子量	自由電子密度 $(10^{28}\ \mathrm{m}^{-3})$	$\omega_p\ (10^{15}\ \mathrm{s}^{-1})$	$\hbar\omega_p\ (\mathrm{eV})$
Na	22.99	2.65	9.19	6.05
Ag	107.87	5.86	13.66	8.99

2 電子 (電荷 $-e$, 密度 n) と正イオンが等密度で全体に電気的中性が保たれている系を考える．電子が $\xi(\boldsymbol{r})$ だけ x 方向に変位したとき生ずる空間電荷密度は $\rho = e\partial(n\xi)/\partial x = en\partial\xi/\partial x$ である．このとき生ずる電場は $\nabla \cdot \boldsymbol{E} = \rho/\varepsilon_0$ より $E_x = (en/\varepsilon_0)\xi$ である．電子の運動方程式は

$$m\frac{d^2\xi}{dt^2} = -eE_x = -\frac{e^2n}{\varepsilon_0}\xi$$

である．これから角振動数 $\omega_p = \sqrt{e^2n/\varepsilon_0 m}$ を得る．

3 エキシトンの半径を (8.38) 式で見積もる．相対運動の有効質量 μ は

$$\frac{1}{\mu} = \frac{1}{m_e} + \frac{1}{m_h} = \frac{1}{0.15}$$

であるから $\mu = 0.15\,m$ である．よって $a = 0.529 \times \dfrac{12}{0.15} = 42.3$ Å．

第 9 章

1 Na についてフェルミエネルギーは (9.13) 式を用いて
$E_F = (3\pi^2)^{2/3} \times (1.055 \times 10^{-34})^2/(2 \times 9.11 \times 10^{-31}) \times (2.65 \times 10^{28})^{2/3} = 5.20 \times 10^{-19}$ J $= 3.24$ eV $= 3.77 \times 10^4$ K,
フェルミ速度 $v_F = \sqrt{2 \times (5.20 \times 10^{-19})/(9.11 \times 10^{-31})} = 1.07 \times 10^6$ m/s,
フェルミ波数 $k_F = (3\pi^2)^{1/3} \times (2.65 \times 10^{28})^{1/3} = 0.92 \times 10^{10}$ m^{-1}.

2 Na について E_F での状態密度 $D(E_F)$ は，電子数密度 N/V を用いて (9.10) 式を書き直すと $D(E_F) = (3/2)((N/V)/E_F)$．したがって
$D(E_F) = (3/2) \times (2.65 \times 10^{28})/(5.20 \times 10^{-19}) = 0.76 \times 10^{47}$ (J$^{-1}\cdot$m^{-3}).
単位体積あたりの比熱は $C_v = (\pi^2/3) \times (1.38 \times 10^{-23})^2 \times (0.76 \times 10^{47}) = 4.76 \times 10^1$ J$\cdot$K$^{-2}\cdot$m^{-3}.
モル体積は (原子量/密度) で求められるから $22.99/1.012$ cm^3/mole $= 2.27 \times 10^{-5}$ m^3/mole.
よって 1 モルあたりの比熱は $C_v = (4.76 \times 10^1) \times (2.27 \times 10^{-5}) = 1.08 \times 10^{-3}$ J$\cdot$K^{-2}/mole,
これをカロリー単位で表せば $C_v = 1.08 \times 10^{-3}/4.184$ cal$\cdot$K^{-2}/mole $= 2.58 \times 10^{-4}$ cal$\cdot$K^{-2}/mole

3 内部エネルギー U は

$$U = \int_0^\infty dE \cdot E D(E) f_{FD}(E,T)\,.$$

ただしフェルミ分布関数は $f_{FD}(E,T) = 1/[\exp\{(E-\mu)/k_BT\}+1]$ で化学ポテンシャル μ は温度に依存する．ここで便利な公式

$$\int_0^\infty dE\, y'(E) f_{FD}(E,T) = y(\mu) + (\pi^2/6)(k_BT)^2 y''(\mu) + \cdots$$

がある．恒等式 $n = \int_0^\infty dE\, D(E) f_{FD}(E,T)$ にこれを用いると

$$n = \int_0^\mu D(E) dE + (\pi^2/6)(k_BT)^2 D'(\mu) + \cdots$$

である．さらにこれから上の n についての恒等式を差し引くと

$$\int_{\mu_0}^\mu D(E) dE + (\pi^2/6)(k_BT)^2 D'(\mu) + \cdots = 0$$

である．ここで十分低温を考えると $\mu - \mu_0 \ll \mu_0$ であるから上式は

$$(\mu - \mu_0) D(\mu_0) + (\pi^2/6)(k_BT)^2 D'(\mu) + \cdots = 0$$

となる．これらを内部エネルギーの式に使うと

$$\begin{aligned}
U &= \int_0^\mu dE \cdot E D(E) + (\pi^2/6)(k_BT)^2 \left\{\frac{d}{dE} E D(E)\right\}_{\mu=\mu_0} + \cdots \\
&\simeq \left\{\int_0^{\mu_0} dE \cdot E D(E) + (\mu-\mu_0)\mu_0 D(\mu_0)\right\} \\
&\quad + (\pi^2/6)(k_BT)^2 \left\{\frac{d}{dE} E D(E)\right\}_{\mu=\mu_0} + \cdots \\
&= \left\{\int_0^{\mu_0} dE \cdot E D(E) - (\pi^2/6)(k_BT)^2 \mu_0 D'(\mu_0)\right\} \\
&\quad + (\pi^2/6)(k_BT)^2 \left\{\frac{d}{dE} E D(E)\right\}_{\mu=\mu_0} + \cdots \\
&= \int_0^{\mu_0} dE \cdot E D(E) + (\pi^2/6)(k_BT)^2 D(\mu_0) + \cdots.
\end{aligned}$$

第1項は 0K での電子系の内部エネルギーだから温度には依存せず，第2項を温度で微分し比熱

$$C_v = (\pi^2/3) k_B^2 D(\mu_0) T$$

を得る．

第10章

1 簡単のために真性半導体の電子正孔密度を以下のように書き直しておく.

$$n_c = (4.83 \times 10^{21}) \left(\frac{m_e}{m}\right)^{3/2} (T[\text{Kelvin}])^{3/2} \, \text{m}^{-3}$$

$$n_v = (4.83 \times 10^{21}) \left(\frac{m_h}{m}\right)^{3/2} (T[\text{Kelvin}])^{3/2} \, \text{m}^{-3}$$

Si の伝導帯での電子の平均質量は $6^{2/3}(m_l m_t^2)^{1/3}$, Ge の伝導帯での電子の平均質量は $4^{2/3}(m_l m_t^2)^{1/3}$ で与えられる (これは伝導帯でのエネルギー極小がいくつ (Ge ではブリルアンゾーンの端に 8 つ, したがってブリルアンゾーンの内側としては 4 つ, Si ではブリルアンゾーンの内側に 6 つ) あるか, また等エネルギー面の形が回転楕円体であることによる. 読者による解答では自由電子質量 m と考えてもかまわないだろう). また価電子帯の正孔の平均質量は重い正孔と軽い正孔の質量の平均をそれぞれ m_{hh}, m_{hl} と書いて $m_h = (m_{hh}^{3/2} + m_{hl}^{3/2})^{2/3}$ と見積もる. これも読者自身の計算では m と考えてかまわない.

以上を Si について具体的に計算すると $m_e/m = 1.084$, $m_h/m = 0.591$ を得る. バンドギャップは $E_g = 1.17 \, \text{eV} = 1.35 \times 10^4 \, \text{K}$ を用いると, Si 300 K で

$$\begin{aligned} n_e &= n_h \\ &= (4.83 \times 10^{21}) \times (1.084 \times 0.591)^{3/4} \times 300^{3/2} e^{-1.35 \times 10^4/(2 \times 300)} \\ &= 3.04 \times 10^{15} \, \text{m}^{-3} \end{aligned}$$

以上の値は実際の値とは少し違うがそれはバンドギャップの値が温度とともに少し狭くなるなどの効果があるためである.

2 ドナー濃度は $N_d = 10^{21} \, \text{m}^{-3}$, また $E_c - E_D = 49 \, \text{meV} = 0.56 \times 10^3 \, \text{K}$. ここでは (10.27) 式より

$$\begin{aligned} n_e &= \{(4.83 \times 10^{21}) \times 1.084^{3/2} \times 50^{3/2} \times (10^{21}/2)\}^{1/2} e^{-0.56 \times 10^3/(2 \times 50)} \\ &= 1.15 \times 10^{20} \, \text{m}^{-3}. \end{aligned}$$

第11章

1
$$\begin{aligned} H &= \frac{1}{2m}(\boldsymbol{p} - (-e)\boldsymbol{A})^2 \\ &= \frac{1}{2m}\boldsymbol{p}^2 - \frac{(-e)}{2m}(-yp_x + xp_y)B + \frac{e^2}{2m}\frac{B^2}{4}(x^2 + y^2) \end{aligned}$$

となる. B の 1 次の項に現れたのは軌道角運動量 $\ell_z = xp_y - yp_x$ である. $\boldsymbol{A} = (B/2)(-y, x, 0)$ であるから, $\boldsymbol{p} \cdot \boldsymbol{A} = \boldsymbol{A} \cdot \boldsymbol{p}$ が成り立つことを用いた. したがってハミルトニアンは

$$H = \frac{1}{2m}\boldsymbol{p}^2 - \frac{(-e)}{2m}\ell_z B + \frac{e^2 B^2}{8m}(x^2 + y^2)$$

となる.

2 省略

3 (11.34) 式を書き直して

$$M_A = \chi_0(H - \alpha_{eff} M_B + \alpha'_{eff} M_A)$$
$$M_B = \chi_0(H - \alpha_{eff} M_A + \alpha'_{eff} M_B)$$

とし, 以下はテキストと同じようにすればよい.

第12章

1 誘電体の相転移には 1 次相転移も 2 次相転移ともに存在する.

相転移			
1 次相転移		2 次相転移	
	秩序パラメータ		秩序パラメータ
気体—液体 (気化)	密度	強磁性 (反強磁性):$H = 0$	磁化
液体—固体 (融解)	密度 (原子相関)	超伝導	波動関数
固体—気体 (昇華)	密度	超流動 (^{3}He)	波動関数
秩序無秩序転移 (AB$_3$ 合金)	原子相関	秩序無秩序転移 (AB 合金)	原子相関
ゾル・ゲル転移	体積分率	液晶の (反) 強誘電性相転移	分子配向

第13章

1 超伝導ギャップ Δ が存在するため, ここを熱的に飛び越えて初めてエネルギーが吸収される.

2 格子振動の角振動数は原子質量 M の平方根に反比例する. 一方, T_c は格子振動の角振動数 (デバイ振動数) に比例する.

第14章

1 ボンドの全数が N 個,1端から出発して右向きのボンドが m 個,左向きのボンドが $N-m$ 個あるとする.鎖の全長 R は $R/a = m - (N-m) = 2m - N$.このようなボンドの配置になる確率は,ボンドの並び方によらないから,

$$W(m) = \left(\frac{1}{2}\right)^m \left(\frac{1}{2}\right)^{N-m} \frac{N!}{m!\,(N-m)!}$$

よって鎖の2端間の距離は

$$\langle R^2 \rangle = a^2 \sum_{m=0}^{N} (2m-N)^2 W(m) = na^2$$

2 省略

第15章

1 身のまわりのゲルとしては,寒天,ゼリーなどの食品,オムツなどの吸水性の衛生用品などたくさんある.

2 長さ x であるとき N, $n_\pm$ には関係 $n_+ + n_- = N$, $n_+ b - n_- b = x$,したがって $x_\pm = (1/2)(N \pm x/b)$.またこのような棒の配置の数は

$$W = \frac{N!}{n_+!\,n_-!}$$

$N, n_\pm \gg 1$ としてスターリングの公式 $N! \sim (N/e)^N$ を使うと

$$\log W = \frac{N}{2}\left[2\log 2 - \left(1+\frac{x}{Nb}\right)\log\left(1+\frac{x}{Nb}\right)\right.$$
$$\left. - \left(1-\frac{x}{Nb}\right)\log\left(1+\frac{x}{Nb}\right)\right]$$

したがってエントロピーは $S = k_B \log W(x)$ であるから $x \ll Nb$ を考慮して張力は

$$f = -T\frac{\partial S}{\partial x} = \frac{k_B T}{2b}\log\frac{Nb+x}{Nb-x} \simeq \frac{k_B T}{Nb^2}x$$

索　引

あ　行

アインシュタインの関係式　226
アクセプター　151
圧電性　125
圧電性高分子　235
圧電体　125
泡模型　42
イオン結合　23
イオン結晶　23
一般化固有値問題　106
易動度　130, 148
井戸 (障壁) 型ポテンシャル　96
色中心　124
インフレーション　2
渦状態　193
宇宙マイクロ波背景放射　2
ウムクラップ過程　72
ウルツァイト構造　146
ウルツ鉱 (蛍石) 型格子　25
エキシトン　123
液晶　213
液相　178
エネルギーギャップ　108
エネルギー弾性　224
エネルギーバンド　99
エミッター　160
エントロピー弾性　224

オイラー–コーシーの応力原理　48
応力　44
応力テンソル　48
応力ベクトル　44
オームの法則　112
オリゴマー　211
音響 (acoustic) モード　60, 62

か　行

回折像　30
回転異性体　212
回転対称性　17
ガウス鎖　217
化学ゲル　213, 229
化学ポテンシャル　90
角運動量　81
角運動量演算子　81
拡散定数　226
核子　3
重なり積分　103
価電子バンド　108
下部臨界磁場　193
ガラス　213
ガラス域　233
ガラス転移領域　233
干渉　8
間接遷移　122

完全導体　190
完全反磁性　190
気相　178
基礎吸収端　121
期待値　79
気体定数　64
軌道角運動量　81
軌道角運動量の消失　166
基本逆格子ベクトル　34
基本単位格子　16
逆格子　34
逆格子ベクトル　34
キャリア　148
球関数　83
吸収　115
球晶　213
球対称ポテンシャル　81
球面調和関数　83
キュリー温度　171
キュリー則　169
キュリー–ワイス則　171, 174
キュリー–ワイスの法則　126
鏡映　17
強結合近似　104
強磁性　170
協同拡散モード　227
共役系高分子　234
共有結合　24
強誘電体　125
協力現象　6
禁止帯　101, 108
金属　108
金属結合　23
ギンツブルク–ランダウ理論　186
空間反転　17
偶奇性　122
空格子 (empty lattice) エネルギーバンド　100
クーパー対　203
クォーク　2
ゲージ粒子　4
結合軌道　106
結合の手　24
結晶　16, 213
結晶面　21, 35
ゲル　213, 229
ゲル化点　230
ゲル化反応　230
ゲルモード　227
原子核　2
原子間力顕微鏡　30
原子空孔　40
原子散乱因子　38
コイル・グロビュール転移　224
工学歪　45
光学 (optical) モード　62
交換関係　81
交換子　82
交換相互作用　89
格子　16
光子　2
格子欠陥　40
高次構造　213
格子スリット　31
格子定数　17
構造因子　39
高分子半導体　234
高分子物質　210
固相　178
コヒーレンス　203
コヒーレンス長　194
ゴム　213
ゴム状域　233
ゴム弾性　224

固有エネルギー 79	準結晶 16
固有関数 79	昇華曲線 178
固有状態 79	晶系 16
コレクター 160	状態密度 133
混合状態 193	焦電性 126
コンフィギュレーション 211	焦電体 125
コンフォーメーション 212	蒸発曲線 178
	上部臨界磁場 193
	消滅則 39
さ 行	常誘電体 125
	ジョセフソン効果 207
サイクロトロン振動数 141	ジンクブレンド構造 24
残留抵抗 139	進行波 101
磁化 112	刃状転位 41
磁界 112	真性半導体 149
磁化率 112	真性領域 153
時間に依存しないシュレーディンガー方程式 79	侵入型不純物 40
色素 235	水素結合 26
磁気モーメント 136	水素様原子 84
磁気量子数 83	垂直応力 48
磁束密度 112	垂直帯磁率 175
磁束量子 207	スクイド 207
磁場 112	スピン角運動量 86
自由イオンの常磁性 167	スピン波動関数 86
自由回転鎖 216	スレーター (Slater) 行列式 88
周期境界条件 59	ズレ弾性率 (せん断弾性率, shear modulas) 54
周期表 91	正孔 123
周期律 91	整流特性 158
集団運動 6	セグメント 215
自由電子 133	絶縁体 108
充満バンド 108	接合トランジスタ 160
重力 4	閃亜鉛鉱 (ZnS) 構造 24
自由連結鎖 215	閃亜鉛鉱構造 146
縮退 91, 150	線形性 77
縮退した電子 134	選択則 121
シュレーディンガー表示 79	せん断応力 48
シュレーディンガー方程式 78	

潜熱　178
全摩擦抵抗係数　228
占有バンド　108
走査トンネル顕微鏡　30
操進操作　98
増幅作用　160
塑性　45
塑性変形　45
ソフトマター　210
素粒子　2
ゾル　230
ゾル・ゲル転移　230

た 行

体心格子　17
体積充填率 (packing fraction)　19
体積弾性率 (バルクモデュラス，bulk modulas)　54
体積力　44
タイトバインディング (tight-binding) 近似　104
ダイヤモンド構造　24, 146
第1種超伝導体　193
第2種超伝導体　193
縦波　58
多電子ハミルトニアン　87
単位胞　17
単純格子　16
弾性　44
弾性コンプライアンス定数　49
弾性散乱　32
弾性スティフネス定数　49
弾性定数　49
弾性余効変形　231
単量体　211
置換型不純物　40

秩序パラメータ　178
秩序変数　178
中性子　2
超伝導　190
超伝導量子干渉計　207
直接遷移　121
強い相互作用　4
低重合体　211
定在波　97, 101
底心格子　16
テータ温度　219
デバイ温度　66
デバイ振動数　66
デバイ模型　66
デューロン–プティの法則　65
転位　41
転位線　41
電界　112
電気伝導度　130
電気伝導率　130
電気変位　112
点欠陥　40
電子　2
電子ガス　135
電子顕微鏡　30
電子受容性有機分子　235
電磁波の波長とエネルギーのスケール　11
電子比熱　135
電子密度　79
電磁力　4
電束密度　112
伝導性高分子　234
伝導度　113
伝導バンド　108
電場　112
伝播速度　55

索　引

電流　112
同位体効果　190
透過　115
透過波　97
等方性の条件　54
ドナー　151
とび移り積分　103
ド・ブロイ波長　9
ドリフト速度　130
ドルーデの直流伝導度　117
ドルーデモデル　130

な 行

内部回転　212
ネール温度　174
熱拡散係数　71
熱伝導方程式　71
熱伝導率　70, 71
熱膨張　69
粘性係数　226
ノーマル過程　71

は 行

バーガース (Bergers) ベクトル　41
ハートリー項　89
排除体積効果　218
ハイゼンベルクハミルトニアン　181
ハイゼンベルク表示　79
パウリ原理　87
パウリ常磁性　137, 162
パウリの排他律　87
波束　96
発光ダイオード　160
波動関数　76
ハミルトニアン　79

パリティ　122
反強磁性　170
反結合軌道　106
反磁性　163
反射　115
反射波　97
半導体　109
半導体レーザー　160
バンド間遷移　118, 121
バンドギャップ　101, 108
非縮退　149
非晶質　16
歪　44
歪エネルギー密度　50
歪成分　45
歪テンソル　47
非占有バンド　108
非調和項　69
非調和性　69
ビッグバン　2
比熱　64
比誘電率　112
表面力　44
貧溶媒　219
ファンデルワールス結合　27
フィックの定理　226
フーリエの法則　71
フェルミ運動量　133
フェルミエネルギー　90
フェルミ速度　131
フェルミ–ディラック統計　132
フェルミ–ディラック分布　90
フェルミ波数　133
フェルミ面　133
フェルミ粒子　67
フォークト模型　232
フォノンの衝突緩和時間　72

複雑液体　210
複素屈折率　114
不純物　40
不純物半導体　151
不純物領域　153
フックの法則　44
物理ゲル　213, 229
部分格子　173
不飽和結合　234
プラズマ振動数　117
ブラッグの回折条件　31
ブラベー (Bravais) 格子　17
プランク定数　8
ブリルアン関数　169
ブリルアンゾーン　35
フレンケル (Frenkel)・エキシトン　124
ブロック共重合体　213
ブロップ　224
ブロッホ関数　99
ブロッホ (Bloch) の定理　99
分散関係　59
分子場近似　183
フント (Hund) の規則　165
平均自由行程　131
平衡位置　22
平行帯磁率　175
並進対称性　17
ベース　160
ペロブスカイト構造　38
方位量子数　83
膨潤　230
飽和蒸気圧曲線　178
飽和領域　153
ボーア半径　85
ボーアマグネトン　136
ボーズ–アインシュタイン統計　67

ボーズ–アインシュタイン分布　67
ボーズ粒子　67
ホール　123
ホール (Hall) 係数　142
ホール効果　142
ホール電場　142
ポテンシャル井戸　96
ポテンシャル障壁　96
ボルン–フォンカルマン (Born–von Karman) の条件　59
本来性のキャリア濃度　150

ま 行

マーデルング定数　28
マイスナー効果　190
マクスウェル (Maxwell) 方程式　112
マクスウェル模型　232
マティーセンの規則　139
ミクロ相分離　213
ミラー (Miller) 指数　21
面心格子　16
モノマー　211

や 行

融解曲線　178
有機材料　126
有効結合長　216
有効質量　147
有効分子磁場　170
誘電 (率) テンソル　125
誘導放出　160
誘電率　112
ユニバーサル　180
溶液　213
陽子　2

索　引

溶融体　213
横波　58
弱い相互作用　4

ワイス理論　170
ワニエ (Wannier)・エキシトン　124

ら 行

ラーモアの反磁性　164
らせん転位　41
ラメ (Lamé) の弾性定数　54
ランジェバン関数　167
ランダウ反磁性　137, 164
ランダウ量子化　164
ランダウ理論　184
ランデのg因子　166
立体配座　212
立体配置　211
リデイン–ザックス–テラーの関係　120
流動域　233
良溶媒　219
履歴曲線　126
臨界現象　179
臨界指数　180
臨界点　178
励起子　123
レプテーション　228
レンツの法則　163
ローレンツモデル　115
ロンドン侵入長　194
ロンドンの第1方程式　195
ロンドンの第2方程式　195
ロンドン方程式　196

わ 行

ワイス温度　174

数字・欧字

1次構造　211
1次相転移　178
1電子エネルギーバンド　99
2次構造　212
2次相転移　179
2重結合　24
2量体化　234
3次構造　213
3重結合　24
3重点　178

π 結合　25
σ 結合　24
AFM　30
BCS 超伝導体　200
BCS 理論　190
CsCl 構造　22
NaCl 構造　22
n 型半導体　151
pn 接合　157
p 型半導体　151
sp^2 混成軌道　24
sp^3 混成軌道　24
STM　30

著者略歴

藤原　毅夫（ふじわら　たけお）

1967 年	東京大学工学部物理工学科卒業
1970 年	東京大学大学院工学系研究科博士課程退学
1970 年	東京大学工学部助手(物理工学科)
1977 年	筑波大学物質工学系助教授
1984 年	東京大学工学部助教授(物理工学科)
1990 年	東京大学大学院工学系研究科教授(物理工学専攻)
2007 年	東京大学大学院工学系研究科教授定年退職
現　在	東京大学大学総合教育研究センター特任教授
	工学博士

主要著書

"Quasicrystals"（共編, Elsevier, 2007）
演習量子力学［新訂版］（共著, サイエンス社, 2002）
固体電子構造—物質設計の基礎（朝倉書店, 1999）
大学院物性物理 3（共著, 講談社, 1997）
常微分方程式（共著, 東京大学出版会, 1981）

新・工科系の物理学＝TKP-6

工学基礎 物性物理学

2009 年 5 月 25 日 ©	初版発行
2018 年 4 月 25 日	初版第 2 刷発行

著者　藤原毅夫	発行者　矢沢和俊
	印刷者　中澤　眞
	製本者　米良孝司

【発行】　　　株式会社　数理工学社
〒151-0051　東京都渋谷区千駄ヶ谷 1 丁目 3 番 25 号
編集 ☎(03)5474-8661(代)　サイエンスビル

【発売】　　　株式会社　サイエンス社
〒151-0051　東京都渋谷区千駄ヶ谷 1 丁目 3 番 25 号
営業 ☎(03)5474-8500(代)　振替 00170-7-2387
FAX ☎(03)5474-8900

組版　ビーカム
印刷　シナノ　　　製本　ブックアート
《検印省略》

本書の内容を無断で複写複製することは、著作者および出版者の権利を侵害することがありますので、その場合にはあらかじめ小社あて許諾をお求め下さい。

ISBN978-4-901683-65-4
PRINTED IN JAPAN

サイエンス社・数理工学社の
ホームページのご案内
http://www.saiensu.co.jp
ご意見・ご要望は
suuri@saiensu.co.jp　まで